Jürgen Herold

Das ging ja wohl VORBEI, Genosse Minister

Meine 13 Jahre als Leiter der Staatlichen Jagdwirtschaft Lindow in der Inspektion Staatsjagd der DDR

Impressum

Herausgeber:
cw Nordwest Media Verlagsgesellschaft mbH • Am Lustgarten 1 • 23936 Grevesmühlen
Tel./Fax: 03881/2339 • info@nwm-verlag.de • www.nwm-verlag.de

Jürgen Herold
1. Auflage 2022

Fotonachweis:
Fotos Archiv Jürgen Herold
Weber: S. 1, 48, 49,
ADN-Zentralbild: S. 44,
Frank Kietzmann: S. 115, 122b, 137, 144, 217
Jürgen Reich: 138
Michael Paasch: 141
Frank Eckler: 151, 154

Gesamtherstellung:
cw Nordwest Media Verlag
Erscheint unter dem Label: FOX

ISBN: 978-3-946324-61-4

Das ging ja wohl …
VORBEI,
Genosse Minister!

Meine 13 Jahre als Leiter der Staatlichen Jagdwirtschaft Lindow in der Inspektion Staatsjagd der DDR

von Jürgen Herold

Inhaltsverzeichnis

Vorbemerkung

Was ich über die Staatliche Jagdwirtschaft Lindow zu berichten habe, ist keine wissenschaftliche Dokumentation, sondern bezieht sich auf persönliche Aufzeichnungen, Erinnerungen und Restdokumente. Letztere sollten nach Ankündigung durch die Leitung der Inspektion Staatsjagd im Dezember 1989 abgeholt und nach Berlin gebracht werden. Das erfolgte nicht.

Die Beschreibung der Abläufe in Lindow/Zippelsförde folgt weitgehend der Realität, ist aber bei Weitem nicht allumfassend.

Für das aufgebrachte Verständnis meiner Familie hinsichtlich gedanklicher Rückwendungen bedanke ich mich sehr. Das gilt vor allem für meine Frau. Sie schrieb mein Manuskript in eine für alle lesbare Form und hat mit mir – nicht immer friedlich, aber realistisch – die Vergangenheit langsam ruhen lassen.

Schild Staatliche Jagdwirtschaft Lindow

So fing es an ... erste bedrückende Bilder

Fertigteil-Bungalow als erster Wohnsitz 1976/77

So fing es an

An einem Januartag 1976 klingelte das Telefon in meinem Arbeitszimmer in der Oberförsterei Straupitz.

Ich nahm ab und hörte: „Hier ist die Inspektion Staatsjagd der DDR, mein Name ist Richter, ich bin der Leiter der Inspektion der Staatsjagd. Genosse Herold, ich möchte dich übermorgen besuchen und eine wichtige Angelegenheit mit dir besprechen." Ich antwortete, ja, das ist möglich.

Ich wusste, dass es die Inspektion Staatsjagd gibt, hatte aber bisher keinen direkten Kontakt zu ihr.

Als Vorsitzender der Jagdgesellschaft Straupitz, welcher ich zu dieser Zeit war, nahm ich an, dass es um die Durchführung irgendeiner Jagd gehen würde. Wir hatten als Jagdgesellschaft schon Treibjagden auf Hasen für NVA-Offiziere organisiert und deshalb war diese Annahme für mich der einzige Grund des Besuches.

Dann erschien pünktlich Oberforstmeister Johannes Richter, Leiter der Inspektion Staatsjagd der DDR.

Er setzte sich mir gegenüber und ohne jede Umschweife sagte er: „Genosse Herold, wir suchen dringend Mitarbeiter, sowohl für die Zentrale in Berlin als auch als Leiter für einige Staatsjagdgebiete. Ich habe mich bei deinem Direktor und in der Abt. Forstwirtschaft im Bezirk Cottbus informieren lassen. Die sind zwar nicht erfreut, falls du weggehen würdest, sagen aber alle, dass du eine Tätigkeit in der Zentrale gar nicht annehmen würdest, deshalb kurz und bündig. Wir möchten dich als Leiter einer Staatlichen Jagdwirtschaft einsetzen und der Minister erwartet, dass du ja sagst. Du hast 14 Tage Bedenkzeit."

Ich war natürlich überrascht und fragte, welches Gebiet denn überhaupt infrage käme. Er antwortete, das ist noch nicht spruchreif und ergänzte: „Falls du dich positiv entscheidest, was wir wie gesagt erwarten, müssen deine Personalunterlagen erst mal zur Überprüfung durch die Sicherheitsorgane, das kann bis zu zwei Monate dauern." Über Inhalt der neuen Tätigkeit, Arbeitsort und Ähnliches wurde nicht gesprochen.

Am Abend dieses Tages saß ich nun mit meiner Frau zusammen. Wir redeten und redeten und erwogen alles Für und Wider einer Veränderung unserer Lebenssituation. Nach langem Hin und Her kamen wir zum Entschluss, das Angebot anzunehmen.

Es gab dafür gute Gründe: Jagdliche Passion bei der praktischen Jagdausübung und aktive Tätigkeit in Vorständen von Jagdgesellschaften, in verschiedenen Wildwirtschaftsgremienausschüssen sowie persönliche Kontakte zu Jagdwissenschaftlern, speziell zu Dr. Briedermann, - seit eh und je bestimmten meine persönlichen Vorstellungen vom Beruf. Ich war und bin noch heute absolut überzeugt, dass Forstwirtschaft und Jagd, Wald und Wild untrennbar und unmittelbar verbunden sind.

Problematisch ist nur, dass dieses Miteinander dem Zeitgeist unterliegt. Das hat zur Folge, dass ständiges Abwägen nötig ist, da ständige Zugeständnisse oder auch harte Forderungen abwechselnd aus verschiedenen Richtungen den Zustand und die Entwicklung dieses so sensibel gewordenen Bereichs beeinflussen.

Diese Einsicht spielte natürlich bei der damaligen Entscheidung keine Rolle. Wichtig war, dass meine Frau und ich uns eigentlich schon entschlossen hatten, zurück in die Sächsische Schweiz, Heimat meiner Frau, zu gehen. Dort wurde im gleichen Jahr eine Oberförsterei frei und ich hatte bereits eine Vorabsprache mit dem damaligen Direktor des Staatlichen Forstwirtschaftsbetriebes Königstein, mit Zusicherung, die Oberförsterei übernehmen zu können. Insofern hatten wir innerlich eigentlich unsere Zelte schon abgebrochen und da meine Frau ebenfalls aktive und passionierte Jägerin war, wurde entschieden: Wir gehen zur Inspektion Staatjagd!

Meiner Zusage folgte eine Einladung Richters zur Besichtigung der „neuen Heimat“. Richter holte uns ab und dann landeten wir etwa 8 km von Altruppin entfernt in Zippelsförde und damit in einer wahren Symphonie von Schutt, Brennnesseln und maroden Gebäuden. Als wir dieses Ruinenfeld verließen, weinte meine Frau bittere Tränen und ich sagte, dass ich meine Zusage sofort zurücknehmen würde. Aber sie blieb tapfer an meiner Seite. Immerhin bewohnten wir bis dahin ein neugebautes Einfamilienhaus in einem gut mit Versorgungseinrichtungen ausgestatteten Ort.

Beim Umzug Anfang November 1976 fragte sogar der Fahrer des Möbelwagens meine Frau, ob ich strafversetzt wurde.

Unsere Kinder erlebten natürlich ebenfalls zunächst einen tiefen Einschnitt in ihre Umwelt und mussten sich neue Schulfreunde suchen. Der bequeme Schulweg von 10 Minuten zu Fuß in Straupitz wurde in eine längere Busfahrt umgewandelt. Als erstes wurde für uns nach wochenlangem Warten ein Leichtbau-Bungalow errichtet, zunächst ohne Heizung. Von Anfang November bis Anfang Dezember 1976 wurde ein Elektrokabel durch ein geöffnetes Fenster in die kleine Diele verlegt und jeder Raum mit einem Heizlüfter beheizt. Das Kabel wurde im Fenster in Decken und leere Säcke eingeklemmt und abgedichtet. In jedem Raum, wie gesagt, wurde ein Heizlüfter installiert, und die waren damals laut!

Anfang Dezember 1976 kam dann endlich eine Sonderbaubrigade und baute innerhalb einer Woche eine Schwerkraftzentralheizung ein. Fast gleichzeitig bekamen wir, welch ein Wunder, auch einen Telefonanschluss.

So wurde das Weihnachtsfest 1976 dann doch noch zum besinnlichen Ereignis. Nein nicht ganz, denn ein Gast aus dem Regierungsheim hatte das dringende Bedürfnis, ausgerechnet am 1. Feiertag zu jagen. Sein Name ist unwichtig, aber er gehörte erfreulicherweise nicht zu den späteren Gästen.

Das Frühjahr 1977 galt dann im Wesentlichen der Neuordnung und Gestaltung der nächsten Umgebung unseres Wohnsitzes – unsere Hauptaufgabe in der Freizeit. Wir lebten uns ein. Erst mit Beginn des Jahres 1980 konnten wir dann in das neue errichtete Haupthaus einziehen. Die Kinder mussten nicht mehr, wie vorher, wenn Gäste kamen, entweder in ihrem Kinderzimmer bleiben oder bei Freunden in der nächsten Stadt, Altruppin, übernachten. Wie gesagt, ab 1980 wohnten wir dann gut in einer neuen Wohnung.

Am Tage meines Dienstantritts in der staatlichen Jagdwirtschaft Lindow am 1. September 1976 übernahm ich einen PKW „Lada 1500" als Dienstfahrzeug. Das war damals natürlich ein repräsentatives Fahrzeug. Zugleich mit der Übergabe informierte mich Richter über Fahrtenbuchführung und das Verbot, „betriebsfremde Mitfahrer" mitzunehmen. Ich durfte aber das Auto auch für private Fahrten nutzen, natürlich mit abrechenbarem Nachweis im ordentlich geführten Fahrtenbuch und nur innerhalb der DDR.

Gleichzeitig teilte mir Richter mit, dass ich grundsätzlich Tag und Nacht erreichbar und einsatzbereit sein müsste, auch bei Urlaub und Familienfeiern. Tatsächlich kam es häufig dazu, dass ich Urlaub, Ferienfahrten oder Familienfeiern unterbrechen musste. Als Ausnahme galten lediglich alle Auslandsreisen, welche allerdings vor Reiseantritt an Richter gemeldet werden mussten.

Entstehung und Entwicklung der StJW Lindow

Anlass für die Bildung und den Aufbau einer Staatlichen Jagdwirtschaft in diesem Landschaftsteil der DDR war das Vorhandensein des Regierungsheimes Lindow in Gühlen.

Idyllisch gelegen am Gudelacksee wurde es nach 1945 im Zuge der Enteignung politisch belasteter Personen dann als Regierungsheim genutzt.

Nach Mitteilung des damals zuständigen Revierförsters M. Genge, Leiter des Forstreviers Gühlen, traten schnell nach Verabschiedung des Jagdgesetzes der DDR vom 25. November 1953 die ersten Jagdscheininhaber unter den Heimgästen mit dem Wunsch auf Jagdgelegenheit zunächst an das erste Jagdkollektiv der GST und später an die entsprechende Jagdgesellschaft heran. Im Lauf der Zeit erhielten das Revier Gühlen wegen der unmittelbaren Nähe zum Regierungsheim und mit gutem Dam-, Schwarz- und Rehwildbestand sowie fast gleichzeitig das nahegelegene Revier Fristow – Glienicke mit Revierförster Helle wegen des guten Rotwildbestandes den Status von Staatsjagdgebieten. Allmählich wurde die Anzahl der Jagdgäste aus Partei und Staatsführung immer größer und gleichzeitig stieg auch der Bedarf an Jagdmöglichkeiten für ausländische Gäste. Deshalb wurde durch Einbeziehung der Forstreviere Lietze, Rägelsdorf und Schwanow 1957 die Voraussetzung für die Bildung das Staatsjagdgebiet Lindow auf der Grundlage des Gesetzes vom 14.4.1962 geschaffen.

Die Einordnung als „Staatliche Jagdwirtschaft" erfolgte per Dienstanweisung vom 6. Februar 1968. Im gleichen Jahr, am 21. November 1968 wurde der Revierförster und Jagdleiter des Jagdgebietes Gühlen, M. Genge, mit der Ehrennadel der Obersten Jagdbehörde der DDR in Gold geehrt. Die zu diesem Zeitpunkt noch als „Staatsjagdgebiet Lindow" bezeichnete StJW erhielt die Ehrenurkunde und Ehrenplakette der Obersten Jagdbehörde der DDR. Damit wurden die vollbrachten hohen jagdlichen Leistungen geehrt, die sich erfreulicherweise auch in den Folgejahren nachweisen ließen. Die Entwicklung der Staatlichen Jagdwirtschaft Lindow muss auch im Zusammenhang mit den Vorstellungen und Initiativen des ehemaligen Ministers für Land-, Forst- und Nahrungsgüterwirtschaft Georg Ewald (Minister von 1963 bis 1973), gesehen werden. Er war häufig Gast im Regierungsheim Lindow und erkannte die jagdlichen Möglichkeiten im Umfeld. Er prägte und beeinflusste maßgeblich auch die Entwicklung der Staatsjagdgebiete insgesamt.

Für Lindow initiierte er schon in den 60er Jahren die Entwicklung eines Saugatters mit eingesetzten Zuchtsauen und einspringenden Wildschweinkeilern sowie die Auswilderung von importierten Wildtruthühnern. Letzteres ging natürlich „schief". Einheimische erzählten mir, dass sich einige „Pfiffikusse" in der Dunkelheit die großen Braten mit Taschenlampen, Steinen und Stangen von den Bäumen geholt hätten.

Bis 1971 gehörte die StJW verwaltungsmäßig noch zur VVB Forstwirtschaft Waren und wurde als „Staatliche Jagdwirtschaft Glienicke-Fristow" bezeichnet. Problematisch war von Anfang an die Suche nach einem Leiter der StJW. Die Jagdleiter vor Ort hatten untereinander z.T. erhebliche Beziehungsprobleme. Die Ursachen dafür waren unterschiedliche Bewertungen der Jagderfolge durch Gäste gegenüber dem jeweiligen Minister für Land-, Forst- und Nahrungsgüterwirtschaft als gesetzlich festgelegtem „Obersten Jagdherren". Gleichzeitig war dies Grundlage für die sich unter den Jagdleitern entwickelnden gegenseitigen Beschuldigungen.

Ein von der Inspektion Staatsjagd (ISJ) eingesetzter kommissarischer Leiter konnte die Situation nicht lösen und stabilisieren, da er nicht in dem Gebiet wohnte und gesundheitlich belastet war.

Die ersten Informationen, welche ich

vom Leiter der ISJ, J. Richter, erhielt, waren bezüglich der kollegialen Situation in Lindow sehr vorsichtig bzw. zögerlich. Hingegen gab es zur Aufgabenstellung und Gesamtsituation bei einem ersten intensiven Gespräch mit Minister H. Kuhrig folgende klare Zielstellung:

1. Für die Staatliche Jagdwirtschaft Lindow ist eine klare Leitungsstruktur aufzubauen und durchzusetzen.
2. Völlig unabhängig vom Regierungsheim Lindow in Gühlen ist in Zippelsförde ein Gebäudekomplex zur Gästebetreuung, Verwaltungsräume, Gebäude für diverse Zwecke wie Garagen, Wildannahme- und Kühlraum, Werkstätten sowie Wohnungen für Leiter uns Mitarbeiter zu errichten.
3. Die Wildbewirtschaftung hat sich völlig auf die Zielstellung: „Sicherung des Jagderfolges der Gäste bei Entwicklung hoher Trophäenqualität unter Beachtung der zulässigen Wilddichte“ zu orientieren.
4. Der Leiter der StJW Lindow hat völlig freie Hand hinsichtlich Auswahl, Beschäftigung bzw. Weiterbeschäftigung des vorhandenen Personalbestandes.

Das alles möglichst schnell zu realisieren, erschien mir von Anfang an sowohl von den örtlichen Gegebenheiten her als auch unter den Möglichkeiten der realen Situation in der DDR kaum machbar.

Ich machte Bedenken hinsichtlich schneller Ergebnisse geltend. Das wurde von Kuhrig zwar zur Kenntnis genommen, hatte aber keine begrenzende Auswirkung auf seine Vorstellung von langwierigen Abläufen und zu erwartenden Problemen.

Nun, die ersten Aufgaben hinsichtlich der Leitungsstabilisierung waren relativ schnell zu lösen. Ich legte konkrete Aufgaben in Arbeitsplänen fest und führte regelmäßige Dienstberatungen durch. In persönlichen Gesprächen machte ich allen Revierförstern, die bis auf einen älteren Kollegen auch gleichzeitig Jagdleiter waren, klar, dass die gegenseitigen Beschuldigungen und Verdächtigungen sofort beendet werden müssen. Andernfalls würde es ein jähes Ende der Beschäftigung in der SJW geben. Erfreulicherweise war festzustellen, dass diese Vorgaben weitgehend eingehalten wurden und im Laufe der Jahre zumindest von der „Oberfläche“ her fast völlig verschwunden waren.

Die „Nachbeben“ waren zwar menschlich verständlich, endeten aber, wie gesagt, wirkungslos.

In einem Fall musste ein Jagdleiter, allerdings in völlig anderem Zusammenhang, von der Beschäftigung in der StJW ausgeschlossen werden. Er hatte während der Führung eines Jagdgastes seine Jagdwaffe verloren. Sie wurde erst spät am Abend von ihm zusammen mit einem von mir losgeschickten Suchtrupp wiedergefunden. Er hatte die Waffe aufs Auto gelegt und war einfach losgefahren. Da er mehrmals gehalten hatte, konnte er sich völlig erregt nicht mehr genau an mögliche „Nachsuchorte" erinnern. Der Vorfall war ein schwerer Verstoß gegen geltende Sicherheitsbestimmungen und hatte eine sofortige Ablösung als Jagdleiter und Umsetzung in den StFB Neuruppin zur Folge.

Die zweite große Aufgabenstellung, also Aufbau eines Verwaltungs-, Wirtschafts- und Wohnkomplexes, wurde zum Beginn einer vor mir anfangs völlig unerwarteten Entwicklung.

Es zeigte sich sehr bald, dass der vorgegebene Standort zwar bereits ausgewählt, aber weder strukturell noch inhaltlich wenigstens in den Grundzügen planvoll vorbereitet war.

Minister Kuhrig sagte einfach, mach dir mal eine Grundvorstellung, wie die Aufgaben gelöst werden könnten. Ich nahm ein Stück vom kleinkarierten Schreibblock, skizzierte die erste Version und legte diese Kuhrig vor. Der betrachtete sich die Sache, stellte einige kurze Fragen und sagte: „Einverstanden!" Ich ahnte lange Zeit nicht, was auf mich zukam.

Die Vorbereitungen für den Aufbau eines solchen neuen, großen Objektes waren tatsächlich völlig unzureichend. Es begann eine Zeit intensiver Planung mit den entsprechenden zuständigen Verwaltungsstellen und potenziellen Ausführungsbetrieben.

Es zeigte sich, dass die im Kreis Neuruppin ansässigen Baukapazitäten sowohl hinsichtlich Materialbereitstellung als auch Bestand an Arbeitskräften bereits auf örtliche Bauvorhaben orientiert und auf Jahre hinaus ausgeplant waren. Dazu kam das Dilemma, dass die Staatsjagdgebiete im Rahmen der Inspektion Staatjagd einem Sonderfondsträger zugeordnet waren, welchen die beauftragten Planungs- und Ausführungsbetriebe zur bevorzugten Realisierung der Aufträge verpflichtete. Andere Autoren, z.B. Schumann und Ißleib, haben das ausführlich beschrieben.

Ich wendete mich an die Zentrale, und Richter sagte mir, geh zum Ratsvorsitzenden und zum 1. Sekretär der SED-Kreisleitung und mache Druck! Ich sprach mehrmals mit beiden und konnte feststellen, dass sie zwar die „notwendige Vorgabe" erkannten, aber einfach keine Mittel zur Realisierung zur

Verfügung hatten. Als im Sommer 1978 immer noch kein sichtbares Baustellenergebnis vorhanden war – abgesehen vom Abriss der alten Gebäude – kam der Ratsvorsitzende zur Baustelle und holte alle Leiter der beauftragten Gewerke zum Rapport vor Ort.

Ich erinnere mich noch sehr gut an einen noch relativ jungen Leiter eines der Baubetriebe, dem vom Ratsvorsitzenden vorgeworfen wurde, trotz der „hochrangigen" Planvorgabe noch nicht eine einzige Stunde geleistet zu haben. Der junge Mann verlor die Fassung und schrie, dass man ihn verhaften, einsperren oder erschießen könne, aber er sei nicht in der Lage, alle Planauflagen zu erfüllen.

Letztendlich zeichnete sich Folgendes ab: Mit den auf Kreisebene vorhandenen Kapazitäten und Möglichkeiten hätte die Fertigstellung des Objektes, selbst wenn nur das Hauptgebäude vorrangig errichtet werden würde, im vorgesehenen Zeitraum bis 1978 nicht die geringste Chance. Guter Rat war wirklich teuer. Der Büroleiter von Minister Kuhrig, U. Deichsler, riet mir, Unterstützung bei Fachleuten zu holen. Ich sprach mit einem im zulässigen Rahmen nebenberuflich tätigen Bauingenieur. Er übernahm nach und nach die Kontrolle über Planung und Ausführungen auf der Baustelle und empfahl, wenn möglich, eine betriebseigene Baubrigade aufzubauen. Ich fragte in der Zentrale nach, ob das gewünscht und möglich wäre und erhielt „grünes Licht".

Diese Entscheidung und die mehr oder weniger „freie Hand" in der Personal- und Kaderauswahl bekamen im Rahmen der Zunahme und Summierung von Aufgaben einen zunehmend höheren Stellenwert.

Die Einstellung von Jagdleitern musste grundsätzlich mit dem Leiter der ISJ abgesprochen werden. Die Anforderungen an die Jagdleiter waren eindeutig: Mitgliedschaft in der SED, keine Westkontakte, entsprechende Berufliche Qualifizierung und, falls zutreffend, eine vom Alter abhängige ordnungsgemäß beendete Dienstzeit in den bewaffneten Organen.

Ähnliche Anforderungen wurden im Verlauf des weiteren Ausbaus der Aufgabenstellung auch an die Leiter von Arbeitsbereichen gestellt, wobei die Mitgliedschaft in der SED und Dienstzeiten in den bewaffneten Organen nicht mehr erforderliche Voraussetzungen waren. Alle Beschäftigten der Staatsjagdgebiete wurden grundsätzlich in den Kaderabteilungen der zuständigen Staatlichen Forstwirtschaftsbetriebe erfasst und nachgewiesen. Für die direkt in der StJW eingestellten Arbeiter war nur gute Berufsausbildung bzw. Berufserfahrung, keine Vorstrafen sowie persönliche charakterliche Eignung als Voraussetzung für eine Beschäftigung vorgegeben. Alle

Beschäftigten wurden belehrt, Kenntnisse über die Ausstattung der StJW und über Anzahl und Häufigkeit bestimmter Gäste nicht in der Öffentlichkeit zu diskutieren.

Für die ausschließlich im Bereich der Forstwirtschaft Tätigen gab es keinerlei Vorgaben. Dieses Personal unterstand arbeitsrechtlich dem StFB Neuruppin, wurde aber durch die jeweils zuständigen Revierförster/Jagdleiter der STJW eingesetzt. Neben den als eigentliche Hauptaufgabe vorgesehenen jagdlichen Arbeiten und dem Schwerpunkt Gästeführung und Gästebetreuung zeichnete sich immer deutlicher die Erkenntnis ab: Ohne Eigenleistung kein Vorankommen!

Während andere Staatsjagdgebiete in anderen Bezirken z.T. persönliche Kontakte zu den zeitweiligen Bezirkschefs oder eine völlige andere Gästestruktur hatten, war Lindow zunächst nur auf den Minister für Land-, Forst und Nahrungsgüterwirtschaft orientiert. Die Führungskader im Bezirk Potsdam waren jagdlich nicht besonders engagiert.

Die Aufgabenstellung war der Bezirksplankommission offensichtlich kaum bekannt und eine spürbare Unterstützung gab es nur von der Abteilung Forstwirtschaft beim Rat des Bezirkes Potsdam.

Neben den als eigentliche Hauptaufgabe vorgesehenen jagdwirtschaftlichen Arbeiten und der Gästeführung und Gästebetreuung entwickelte sich für mich in einigen Etappen eine völlig neue Situation mit etwa folgender inhaltlicher Reihung:

1976 – 1978: Stabilisierung der Leitungstätigkeit, Bemühungen und Beginn des Aufbaues des Gesamtobjektes mit der Erkenntnis: Ohne Eigenleistung kein Vorankommen!

1978 – 1984: Aufbau einer eigenständigen Bauabteilung, Errichtung von Garagen, Schlosser- und Tischlerwerkstatt, Bau von Speise- und Versammlungsraum, Wildannahmestelle und Kühlraum, Entwicklung von Pferdehaltung und -Zucht, Falknerei u.a.

Ab 1984: Am 5. Juni 1984 kam erstmals Werner Felfe, Mitglied des Politbüros und zuständig für Land-Forst und Nahrungsgüterwirtschaft, als Gast zur Jagd. Mit seinem Besuch begann eine völlig neue Aufgabenorientierung für mich. Ich berichte davon im Abschnitt: 8 Minister Bruno Lietz und PB – Mitglied Werner Felfe.

1985 – 1989: Bildung und Aufbau der „Zentralen Arbeitsgruppe zur Materiellen-Technischen Versorgung der Inspektion Staatsjagd der DDR“ (ZAG). Aufbau eines neuen Sägegatters, Aufbau und Einrichtung einer Waffenwerkstatt, Einrichtung einer Fahrschule für Beschäftigte und Angehörige der Inspektion Staatsjagd, Durchführung von Jagdeignungsprüfungen usw.

Zusätzlich sollte die StJW Lindow zu einer Art Leit- und Versorgungbetrieb für die gesamte ISJ ausgebaut werden. Anlass dafür sei die bereits vorhandene Entwicklung, die bestehenden Strukturen und Kontakte sowie die Nähe zu Berlin und die relativ zentrale Lage im Lande.

Im Weiteren werde ich versuchen, die neu entstehenden Aufgaben nach Inhalt und Problematik darzustellen. Gleiches gilt für bestimmte Einzelheiten und Situationen aus den Bereichen Jagdwirtschaft, Gästeführung und Gästebetreuung. Einige Überschneidungen und Wiederholungen im Text sind der wechselnden Aufgabe und Umständen der beschriebenen Zeit geschuldet. Ich bitte, das zu berücksichtigen und zu entschuldigen.

Verweisen möchte ich an dieser Stelle noch auf die Tatsache, dass meine mehr oder weniger relativ enge Nähe zum jeweiligen Minister die Zusammenarbeit mit Richter zeitweilig erschwerte. Es kam aber nie zu direkten oder wirklich verletzenden Auseinandersetzungen zwischen ihm und mir.

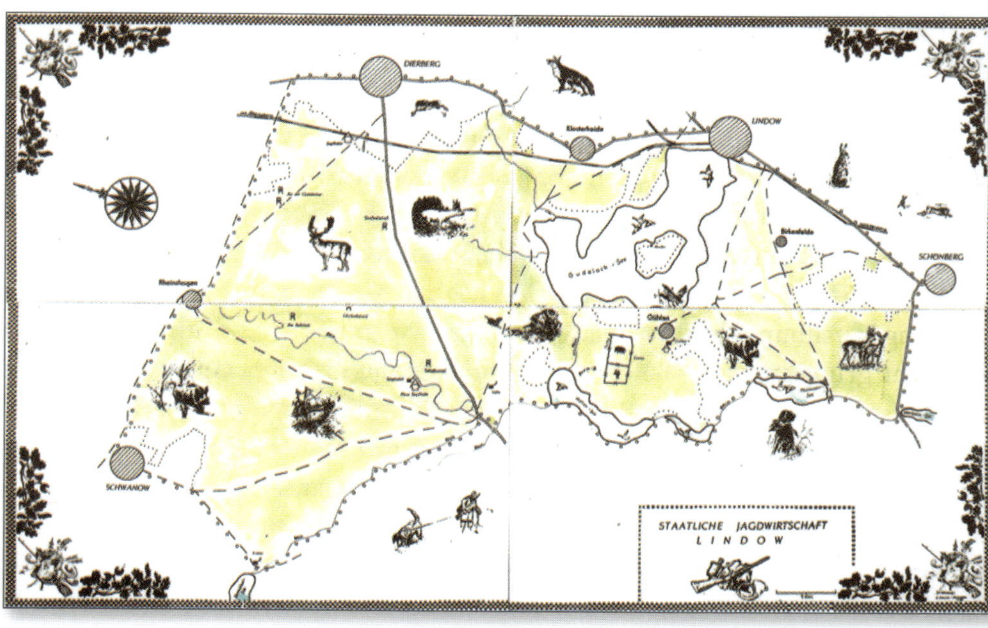

Minister Heinz Kuhrig

Anfang September 1976, also bei Dienstantritt in der ISJ, musste ich mich beim damaligen Minister für Land-, Forst- und Nahrungsgüterwirtschaft, Heinz Kuhrig, vorstellen. Er war als Staatssekretär nach dem plötzlichen Unfalltod seines Vorgängers Georg Ewald 1973 Minister geworden und amtierte bis 1983. Es gab nur ein kurzes ziemlich unpersönliches Gespräch mit seinem Hinweis, dass ich mich auf längere und intensivere Zusammenkünfte in seiner Jagdhütte in Zippelsförde einstellen sollte. Bei diesen später regelmäßigen, aber kurzen Beratungen, waren auch ab und zu sein persönlicher Referent, U. Deichsler, dabei. Im Übrigen waren es kaum Gespräche, sondern überwiegend Monologe Kuhrigs, die ich manchmal kommentieren musste. Er erschien mir als ein nachdenklicher, aber sich sehr auf seine eigene Meinung beziehender und für mich völlig unerwartet auch misstrauischer Mensch. Einige seiner Ansichten oder Angewohnheiten waren für mich nicht immer einleuchtend. So war z.B. für mich zwar nicht unmittelbar wichtig, aber unverständlich, dass kaum 10 Minuten Fußmarsch von seiner einsam gelegenen Jagdhütte entfernt auf einer kleinen Wiese eine geschlossene Kanzel stand, welche mit Schlafstelle, Glasfenster und dicken Fußbodenbelag ausgestattet war. Er hätte zum Schlafen wirklich bequem in seine schöne Jagdhütte gehen können. Im Übrigen wurde von dieser „Schlafkanzel" aus nie ein Stück Wild gestreckt und ich durfte sie – nach vorsichtiger Argumentation – dann 1978 abbauen.

Ebenso erstaunlich war seine kategorische Forderung, weder ihn noch seine Mitarbeiter oder Gäste oder auch Jagdstrecken und alles Bemerkenswerte in Zippelsförde zu fotografieren. Ich versuchte, mich weitgehend daran zu halten. Außer vom Baugeschehen und von Gästen gemachten Fotografien ist bis zur Ablösung Kuhrigs nur wenig an Bildnachweisen vorhanden.

Zur Jagdausübung hatte er zunächst sehr eigene Ansichten. Auf Sauen wollte er grundsätzlich allein ansitzen und Damwild sollte im ganzen Gebiet möglichst scharf bejagt werden.

1977 führte ich ihn erstmalig auf den Brunfthirsch. Das ging etwa so: „Wie sieht der Hirsch aus, wie alt, wann und wo kommt er?" Ich berichtete kurz, dass auf einem neu angelegtem Wildacker ein älterer ungerader Achtzehnender allabendlich zu meist bereits ausgetretenem Kahlwild kommt. Allerdings kam er meist ziemlich spät, aber noch bei gutem Licht.

Wir bestiegen rechtzeitig die Kanzel, das Kahlwild kam planmäßig.

Frage Kuhrig: „Wann kommt der Hirsch? „Meine Antwort: „Nicht vor 18.00 Uhr", Ruhe. Vom Hirsch, der sonst meist ziemlich lautstark vom Suhlen kam, war bisher nichts zu sehen oder zu hören.

18.05 Uhr: „Wo bleibt der Hirsch?" Meine Antwort: „Es wird nicht mehr lange dauern." 18.15 Uhr: „Du hast doch gesagt der Hirsch kommt 18 Uhr! „Meine Antwort: Auf die Minute genau kommt er natürlich nicht, also es kann noch dauern". Die Zeit verging, eisiges Schweigen, das Kahlwild näherte sich schon dem Hauptwechsel, der weiter zu den benachbarten Feldern führte, da tauchten drei junge Hirsche auf und endlich ertönte der erste tiefe Trenzer.

Er kommt! Ich bemühte mich, ruhig zu bleiben und sagte nur, Kuhrig sollte sich nur auf die rechte Ecke des Wildackers konzentrieren, weil der Hirsch von da aus anwechseln würde. Es wurde dunkler und dunkler und man hörte den Hirsch immer deutlicher kommen. Endlich, es war schon ziemlich am Ende des Büchsenlichts, stand der Hirsch am Rande des Wildackers. Kuhrig nahm die Waffe hoch und im gleichen Moment trollte der Hirsch, nach rechts abbiegend und laut schreiend auf die Beihirsche los. Die gingen ab ins angrenzende Kiefernstangenholz und der Platzhirsch folgte nur so weit, dass man ihn gerade noch erkennen konnte. Kuhrig sah mehrmals durchs Zielfernrohr. Dann endlich bewegte sich der Hirsch wieder und kam ganz langsam zurück auf die Freifläche gezogen. Es fiel kein Wort, aber vernünftigerweise auch kein Schuss. Im Fernglas war noch erkennbar, wie der Hirsch am Dickungsrand entlang dem bereits verschwundenen Kahlwild hinterher zog. Außer „Gute Nacht und pünktlich morgen früh um fünf Uhr" fiel kein Wort. Dieser Jagdtag wurde auch nie wieder erwähnt.

1978 hatten wir dann im Revier Fristow einen Hirsch „angebunden". Kuhrig sagte, der Koll. Helle soll ihn dort führen. Spät abends kam Helle am Jagdtag zu mir und berichtete, Kuhrig hätte bei letztem Licht einen starken Hirsch beschossen. Am nächsten Morgen war Nachsuche. Ergebnis: ein Tier! Helle bat mich, diese unangenehme Nachricht nicht dem Minister überbringen zu müssen. Er war blass, erregt und außerstande, eine evtl. Reaktion Kuhrigs zu verarbeiten. Nun gut, ich machte die Meldung kurz und sachlich und es gab außer einem finsteren Gesicht und der Bemerkung: „So ein Mist" keine weiteren Reaktionen außer der Festlegung, dass nur noch ich ihn führen solle. Kollege Helle war damit, erfreulicherweise für ihn, aus der „Schusslinie" geraten.

Ein Jahr später standen die Chancen, den Minister auf einen starken Hirsch zu führen, wieder sehr gut. Der Hirsch, ein starker 16-Ender, zog morgens mit einem etwa 20 Stück starkem Kahlwildrudel regelmäßig über eine im Vorjahr angelegte Kiefernkultur und verschwand dann tagsüber in einem angrenzenden Kiefernstangenholz mit reichlich eingesprengten Birken. Vorm ersten Morgenlicht waren wir rechtzeitig vor Ort. Am Rande der Kiefernkultur stand auf der Ostseite eine offene Kanzel, von der aus man die gesamte Fläche gut einsehen konnte. Von den Feldern kommend, erschien das Wild schon bei Sonnenschein auf der Fläche und zog dann langsam in die angrenzenden Dickungen.

Am Jagdmorgen lag bei ruhigem Wetter eine dicke Dunstschicht über der Fläche und ließ nur knapp einen Meter Sicht über dem Waldboden zu. Neben den Hochsitz befanden sich noch einige Stapel Brennholz und ich empfahl Kuhrig, nicht auf diese Kanzel zu steigen, sondern hinter dem Brennholz in Deckung zu gehen und zu warten, bis der Dunst sich heben und der Hirsch frei stehen würde. Die Sonne schien schon und der Dunst begann sich schon teilweise zu heben. Ich stand etwa 50 m von der Kanzel entfernt gut gedeckt auf dem Pirschsteig hinter einer alten Kiefer und konnte im Fernglas schon deutlich Läufe und Körper des Wildes erkennen. Dann sah ich, für mich unbegreiflich, dass der Minister nicht hinter dem Holzstapel wartete, sondern auf die Kanzel kletterte! Es kam, wie es kommen musste:

Drei Schüsse fielen, ich konnte den Hirsch gut sehen, weil der Dunst sich schnell hob. Ich sah, dass der Hirsch nicht zeichnete, sondern hoch flüchtig das Kiefern-Birkenstangenholz annahm. Das Kahlwild verschwand gleichzeitig in entgegengesetzter Richtung. Ich ging zur Kanzel, Kuhrig saß noch oben. Er stieg wortlos ab, stapfte mitten auf die Fläche und folgte der deutlich sichtbaren Fluchtfährte bis zu den ersten Birken. Ich folgte ihm und konnte im Birkenlaub gut sehen, dass die Fluchtfährte bald in ruhiges Ziehen überging und kein Tropfen Schweiß vorhanden war. Kuhrig war der Fährte etwa 150 m in das lückige Stangenholz gefolgt, kam zurück und sagte mir: „Das war wohl nichts". Kein Wort zum unklugen Besteigen der Kanzel. Erst als ich ihn in seiner Hütte absetzte, meinte er, eine Kontrollsuche wäre wohl überflüssig. Er wäre der Ansicht gewesen, dass man den Hirsch, weil er ja „Geweih" hat, von oben hätte besser erkennen können.

Natürlich wurde eine Kontrollsuche gemacht, aber tatsächlich ohne Ergebnis. Es gab seinerseits keine weiteren Kommentare, aber für mich zwei Tage später eine Überraschung.

Kuhrig sagte nach dem Abendansitz zu mir: „Bestelle morgen zu 10.00 Uhr deine Jagdleiter zu einer kurzen Beratung!"

Sie standen pünktlich vor dem Haupteingang. Kuhrig hatte gefrühstückt, ging voraus auf die etwas erhöhte Treppenstufe und sagte: „Guten Morgen, Genossen, ich möchte euch nur sagen, dass ich euren Leiter sehr schätze und zu ihm volles Vertrauen habe. So, das wärs." Wir schwiegen alle. Kuhrig ging zurück zum Frühstückstisch und ich sagte zu meinen Kollegen nur schnell, wir reden später zusammen. Das machten wir und ich merkte, dass doch noch einige „Wunden" aus der Zeit vor meinem Dienstantritt behandelt werden mussten.

Seit diesem „historischen Spruch" war Kuhrig mir gegenüber viel aufgeschlossener und sagte noch am gleichen Tag, „wenn du jemals Schwierigkeiten mit deinen Leuten bekommen solltest, brauchst du nur Bescheid zu geben. Ich schmeiße jeden, der nicht funktioniert, raus". Wie mir einige Gespräche mit den „dienstalten" Kollegen deutlich machten, gab es wahre oder unreale Geschehnisse in der Vergangenheit, die wohl auch von Kuhrig oder von seinem Vorgänger Ewald nicht aufgearbeitet und nicht geklärt worden waren.

Bezogen auf die gesamte aktuelle Entwicklung der StJW Lindow einschließlich der ständigen Erweiterung der Aufgaben und dem nach und nach erfolgenden Abschluss einiger geplanten Baumaßnahmen gab es aber nur selten entsprechende positive Bemerkungen von Kuhrig.

Er übernachtete, ganz gleich ob in Begleitung oder allein, immer in der Jagdhütte und kam auch nach Fertigstellung des Gästehauses nur zu den Malzeiten zum Haupthaus.

Eine Zeitlang kam er nicht zur Rotwildbrunft, sondern ließ sich von mir an zwei seiner „Lieblingskirrungen" ansetzen. Er legte Wert darauf, mir zu sagen, dass er auch ohne Begleitung in der Lage sei, Wild zu erlegen. Auf diese Weise streckte er ein paar Frischlinge und Überläufer und war ansonsten jagdlich eher zurückhaltend.

Erst 1981 führte ich ihn wieder auf einen Brunfthirsch, einen ungeraden 14-Ender. Es lief an diesem Abend, dem 20. September 1981, eigentlich alles „nach Plan". Wir saßen rechtzeitig, das Kahlwild, etwa 15 Stück, und dazu vier Beihirsche zogen wie immer auf eine große Kiefernkultur, der Hirsch meldete zeitig und erschien plötzlich im Troll aus dem rechts liegenden Stangenholz. Es gab wieder einmal dieses immer wieder beeindruckende Bild: Der mächtige Hirsch verhoffte mitten im Rudel, schrie drei- bis viermal und die Beihirsche beäugten inzwischen aus sicherer Entfernung die Szenerie. Es war alles „normal". Der Hirsch stand breit, der erste Schuss fiel, es stiebte am Hirsch und wie so oft im Ablauf der Brunft erlebt, stand alles wieder still! Repetiergeräusche und zweiter Schuss, Entfernung etwa 120 m – Staub! Jetzt kam Bewegung ins Wild. Das Kahlwild ging flüchtig ab und der Hirsch trollte hinterher. „Peng" – knallte der dritte Schuss. Ergebnis: Staubwolke und hochflüchtig wurde der Hirsch.

Natürlich Kontrollsuche, und wieder ohne Ergebnis. Das Geschehen wurde auch nicht beim Abendessen kommentiert. Es gab nur die Bemerkung: „Man müsste mal wieder einen Probeschuss machen." Obwohl Kuhrig meist ruhig und konzentriert bei der Jagd wirkte, zeigte sich anderseits bei ihm wie bei fast allen anderen Gästen kurzzeitig eine merkwürdige Erregung, die sich nicht mit Jagdfieber erklären ließ. Das kam wie gesagt häufig vor und äußerte sich immer wieder in Form zahlreicher Fehlschüsse. Die meisten kommentierten mit bekannten Kraftausdrücken und verwiesen oft auf mangelnde Konzentration infolge der nervlichen Belastung und Anspannung in ihrer Tätigkeit.

Ende 1982 meldete erstmals der „Buschfunk": Mit Kuhrig gibt es Probleme, da ist was im Gange. Eines Abends saß ich mit ihm auf der „Bohrlochkanzel", als er plötzlich unvermittelt anfing, laut zu sprechen: „Gegen mich ist eine Hetzjagd im Gange..." Diese Worte höre ich heute noch deutlich. Ebenso die letzten Worte dieses für mich bei ihm völlig unerwarteten emotionalen Ausbruch: „Ich habe den Generalsekretär um Entbindung von meinen Aufgaben gebeten. So, nun weißt du`s." Dann war Ruhe und ich wusste nicht so recht, was ich sagen sollte. Stumm wurde die Kanzel verlassen, der Heimweg angetreten und seinerseits aufs Abendessen verzichtet.

Alles Weitere ging dann ziemlich schnell.

Ich musste nach seiner Abreise zusammen mit meiner Frau und „unter Zeugen" alle persönlichen Dinge Kuhrigs, welche sich noch in der Jagdhütte befanden, in mehrere Koffer packen und im Ministerium in Berlin abliefern.

Kuhrig kam letztmalig im Oktober 1983 zur Jagd, blieb aber fast wortlos, nur zwei Tage ohne Erfolg.

Obwohl er häufig verschlossen oder gar misstrauisch wirkte, ließ er sich von mir über alle Vorgänge in der StJW Lindow berichten, ohne das intensiv oder gar negativ zu kommentieren. Es gab eigentlich im Nachhinein, einen einzigen, für mich an sich unverständlichen Rüffel, und das kam so:

Am 16. 10.1977 führte ich erstmals Gerhard Schürer, Kandidat des Politbüros der SED und Vorsitzender der Staatlichen Plankommission.

Wir besetzten früh eine Kanzel am Rückwechsel von den Feldern. Von dort zogen jeden Morgen bei passendem Wind mehrere Rotwildrudel zurück in Richtung auf die ruhigen Tageseinstände mitten im Gebiet. Mit angehendem Büchsenlicht kamen über eine breite Schneise auf etwa 300 m Entfernung, die ersten drei kleinen Rudel mit jeweils bis 5 Stück Kahlwild. Einem dieser Rudel folgte auch ein starker, aber wegen der Entfernung nicht sicher anzusprechender Hirsch.

20 Minuten später näherte sich, von den Feldern kommend und immer wieder röhrend, drei oder vier Hirsche. Es war also Nachbrunft noch voll im Gange und plötzlich stand Kahlwild dicht an dicht und langsam ziehend oder teilweise verhoffend auf der Schneise und mitten zwischen diesen etwa 30 bis 40 Stücken Kahlwild erschien ein Hirsch mit langen Stangen und auffälliger Auslage.

Schürer hatte keinen starken Hirsch frei und wäre in diesem Gedränge auch nicht zu Schuss gekommen. Nach und nach verschwanden Kahlwild und Platzhirsch im Stangenholz und einer der folgenden Beihirsche, ein ungerader Zwölfender stellte sich frei auf die Schneise. Ich hatte zu Schürer bereits nach dem Verschwinden des großen Rudels gesagt, er solle sich bereit machen. Er war schnell im Anschlag, ich sagte „Schießen!", der Schuss brach und der Hirsch lag im Feuer. – Entfernung etwa 60 m. Nach dem Schuss trollten noch einige Stücken Kahlwild über die Schneise. Ich sagte zu Schürer: „Bleiben sie im Anschlag, das war noch nicht alles". Kaum gesagt, stellte sich ein Spießer fast neben den gestreckten Hirsch und beäugte den Verendeten. „Peng" – er lag daneben! Letztendlich stellte sich noch ein Kalb frei, es fiel ebenfalls.

Kommentar von Kuhrig bei meiner Meldung: „Solche Massenstrecken möchte ich hier nicht mehr erleben. Merke dir das". Das war, gelinde gesagt, inkonsequent, denn seine für ihn offensichtlich wichtigen Partner, wie der ehemalige Generaldirektor der VVB Nahrungs- und Genussmittel, Claussen, und ein enger Mitarbeiter Schalcks, Forgber, hatten freie Büchse. Außerdem entsprach es nicht seinen eigenen Vorstellungen zur Senkung der hohen Wildbestände.

Ansonsten beschränkten sich Kuhrigs persönlichen Ansprüche, nachdem 1980 der große Essenraum im Haupthaus fertig gestellt war, eigentlich nur auf die Mittagsmahlzeit, seltener auf Kaffee und Kuchen oder das Abendbrot.

Sehr selten hatte er persönliche Sonderwünsche, so z.B. folgendes: Er hatte einen geringen Hirsch gestreckt und als ich ihn an seiner Jagdhütte absetzte, bat er mich: Seine Familie war anwesend und sein Enkel hätte ja noch nie einen Hirsch gesehen. Ob es möglich wäre, den Hirsch am nächsten Morgen irgendwie vor der Jagdhütte nochmal zur Strecke zu legen.

Nun, das war menschlich verständlich und kein Problem. Meine wie immer fleißigen Mitarbeiter platzierten den Hirsch am nächsten Morgen rechtzeitig in annähernd sitzender Haltung, gestützt mit kurzen Pfählen und umrahmt mit kleinen Kiefern, so dass Enkel, Opa und Familie einen, wie ich dazu hörte, „hervorragenden Anblick“ hatten.

Insgesamt, wie bereits gesagt, verbesserte sich sein Gesamtverhalten zu mir im Laufe der Jahre. Er wurde weniger misstrauisch, blieb aber noch zurückhaltend. Es entstand nicht die Offenheit, wie ich sie später mit B. Lietz als Nachfolger und G. Weiß als einer der Hauptgäste erlebte.

Kuhrig wurde nach den Ausscheiden als Minister mehr oder weniger in der Kadernomenklatur nach unten geschoben und bekam nur noch eine Aufgabe: Generalsekretär des Zentralvorstandes der Gesellschaft für Deutsch-Sowjetische Freundschaft – DSF. Letztendlich war sehr positiv, dass er mir bei der Gestaltung und Anordnung aller Bauten und des Gesamtobjektes sowie bei Grundsätzen der Jagd- und forstwirtschaftlichen Perspektive grundsätzlich freie Hand lies. Trotz oder gerade wegen seiner Eigenart vermittelt mir das Zusammensein mit ihm die Erfahrung, dass man auch mit unterschiedlicher Lebensauffassung gemeinsame Ziele erreichen kann. Er bleibt mir im gewissen Sinne als „tragischer Held“ trotzdem in guter Erinnerung.

50. Geburtstag von Minister H. Kuhrig (r.)
v.l.:
J. Richter,
Leiter ISG
H. Vogt,
Leiter StJG Oderberg
J. Herold,
Leiter StJG Lindow
E. Götze,
Büroleiterin ISG
H. G. Schumann,
Stellv. Leiter des ISG

Minister Bruno Lietz und PB-Mitglied Werner Felfe

Im November 1982 wurde Bruno Lietz als Nachfolger von H. Kuhrig als Minister für Land-, Forst- und Nahrungsgüterwirtschaft der DDR eingesetzt. Ich hatte ihn bereits bei einer Gesprächsrunde in der ISJ-Zentrale im Beisein von Richter kennengelernt. Er war von 1981 bis 1982 Leiter der Abtlg. Landwirtschaft im ZK der SED. Mein erster Eindruck war: Lietz ist ein umgänglicher, aber zielstrebiger Leiter, der hinter im Gespräch immer wieder eingestreuten Späßen eine „klare Linie" vertrat. Und genau so kam es. Im Nachhinein gab es von ihm auch keinerlei bösartiges oder herabsetzendes „Nachtreten" gegen H. Kuhrig.

So hatte ich von Anfang ein offenes Verhältnis zu ihm, d.h. ich konnte mit ihm über alle Probleme sprechen, welche sich nach und nach abzeichneten. Er wiederum war in seinen Informationen und Äußerungen zur Gesamtsituation und über andere Minister oder viele seiner Gäste sachlich und zurückhaltend. Natürlich wurde auch über die Leitung der ISJ gesprochen, aber ebenfalls immer sachlich informativ und mit der Herausstellung von Problemen und deren Lösungen.

Es entstand im Laufe der Jahre ein fast freundschaftliches, offenes Verhältnis. Wenn wir alleine waren, wurde das vertrauensvolle „Du" benutzt und die Gespräche gingen thematisch von rein fachlichen und politischen Problemen bis hin zu persönlichen und familiären Angelegenheiten.

Ich habe übrigens diesen Vertrauensaufbau bei vielen Gästen, welche ich regelmäßig führte, erlebt. Voraussetzung dafür und überhaupt für das „Überleben" in dieser Aufgabenstellung war natürlich die absolute Diskretion meinerseits.

Die jagdlichen Ambitionen von Lietz bezogen sich hauptsächlich auf Rotwild. Zur Jagd auf den Brunfthirsch kam er jährlich mehrere zusammenhängende Tage. Erfreulicherweise ging es ihm nie um den „Großen Klotz".

Als erstes Stück Rotwild erlegte er am 11. Juli 1983 einen Rotspießer in der StJW Lindow. Er wartete auch grundsätzlich ab, bis ich sagte, kannst schießen! Er schoss schnell mal schlecht oder vorbei.

Eines Tages sagte er unvermittelt: „Von jetzt an schießt du wenn möglich immer gleichzeitig mit!"

Ich brauchte längere Zeit, diesen Vorschlag oder Auftrag innerlich zu realisieren. Das lief aber dann ähnlich wie bei G. Weiß, ziemlich gut und ich schoss nach und nach meist sehr schnell in kürzestem Zeitintervall mit. Solange es um Kahlwild oder geringe Hirsche ging und häufig zwei Einschüsse erkennbar waren, hatte ich keine Gewissensbisse. In zwei Fällen erschien mir die Sache doch etwas zu heikel.

1986 hatte sich wiederholt bereits in der Feistzeit ein zwar kurzstangiger, aber endenreicher Hirsch in der Nähe eines Brunftplatzes sehen lassen. Dass die stärkeren bzw. älteren Hirsche bereits so zeitig im Gebiet standen, kam selten vor. Meist bevorzugten sie die angrenzenden Feldgebiete und tauchten dann eben erst zu Brunftbeginn, und zwar die allermeisten unbekannt und unerwartet, auf den Hauptbrunftplätzen auf. So auch der „Vielender". Aber dass er am Ende der Feiste bereits ins Gebiet einwechselte, war neu. Ich konnte ihn mehrmals bestätigen und als Lietz kam, war der „Vielender" natürlich „Kandidat Nr. 1", um erlegt zu werden. Am ersten Jagdabend mit Lietz lief eigentlich alles sehr gut, das Kahlwild stand schon zeitig auf dem Brunftplatz, einer etwa 2 ha großen Waldwiese. Es herrschte trockenes Wetter und das Gras war schon stark beäst. Aber der Hirsch kam erst im allerletzten Licht und ich riet vom unsicheren Schießen ab.

Am zweiten Abend ging dann alles viel schneller. Wir saßen gegen 16.30 Uhr auf der Kanzel und schon nach etwa 10 Minuten trat das erste Kahlwild auf die Freifläche. Kurz darauf hörten wir aus dem benachbarten Lärchenstangenholz den ersten Trenzer und schon einen Sprengruf. Der galt einigen jungen Hirschen, welche eilig über eine dicht an der Kanzel vorbeiführende Schneise trollten. Dann hörten wir den Hirsch immer wieder mal ziemlich tief und relativ kurz schreien. Er veränderte kaum seinen Standort. Plötzlich erschien auf der Freifläche ein Tier mit Kalb und dicht dahinter der „Vielender". Entfernung etwa 120 m – der Hirsch verhoffte und drehte sich dabei auf fast spitz von hinten. Lietz und ich lagen im Anschlag und ich sagte: „Warte nur, er wird sich bald breitstellen." Der Hirsch drehte sich etwas nach links und in diesem Moment schoss Lietz. Der Hirsch knickte kurz hinten ein und bekam sofort meine Kugel schräg hinters Blatt. Ein paar schwerfällige Fluchten und der Hirsch lag. Nach 10 Minuten – Lietz hatte nur gesagt „Donnerwetter, das war knapp" – standen wir vor dem verendeten Hirsch. Dann geschah für mich völlig überraschend Folgendes: Lietz ging zum Bestandesrand, holte einen riesigen Ast und sagte: „Weidmannsheil, das ist der Bruch für deinen Hirsch!" Lietz hatte den linken Hinterlauf getroffen.

Der zweite Fall: Mitten in der Brunft 1988 wechselte früh gegen 9.00 Uhr ein bis dahin unbekannter starker Hirsch ohne Kahlwild in ein lückiges Kiefernstangenholz. Entfernung etwa 250 m. Das Kahlwild stand, auch gut sichtbar, im naheliegenden Kiefernaltholz. Einige Stücke hatten sich bereits niedergetan. Zwischen dem eingewechselten Hirsch und dem ruhenden Kahlwild im Altholz befand sich eine Wildwiese mit einer unserer stabilen halboffenen und mindestens 5m hohen Kanzeln.

Der Plan war schnell gemacht: Lietz hatte diesmal seine liebenswerte Frau mitgebracht und so bestiegen wir zur vorgesehenen Zeit die Kanzel. Gegen 18.00 Uhr konnten wir das erste Kahlwild aus dem Kiefernaltholz anwechseln sehen. Bald stand das 17 Stück starke Rudel auf der Wildwiese. Erstaunlicherweise tauchte nirgends ein Beihirsch auf. Es bot sich ein regelrecht idyllisches Bild, denn das Kahlwild äste ruhig und nur einige Kälber spielten fast tanzend zwischen den Tieren. Unvermittelt aus dem Kiefernstangenholz vor uns ein voller, tiefer Brunftschrei! Das Kahlwild warf auf und plötzlich trollte der wirklich starke Geweihte mitten auf die Wiese und schrie regelrecht von den Strahlen der sinkenden Sonne eingehüllt! Der Zauber dieses Augenblicks war unbeschreiblich. Obwohl ich viele Male Brunftgeschehen bei unterschiedlichem Wetter und verschiedener Umgebung erlebt habe, so ist mir doch dieser Moment deutlich in Erinnerung. Kurz und gut: Ich brauchte nur zu hauchen: Schießen! Wir hatten gleichzeitig die Waffen hochgenommen und mein Schuss brach nur Sekunden nach dem von Lietz, weil nach dem Schuss des Ministers eine Staubwolke am Hirsch oder unter dem Hirsch ganz kurz sichtbar war. Der Hirsch machte keinen Schritt, sondern sank ganz langsam in sich zusammen. In diesem Moment wurde mir bewusst: Oh, das war sehr schnell von mir und kann Ärger geben! Aber nein: Am Hirsch angekommen, fanden wir unmittelbar an der Brunftrute einen Streifschuss, die Bauchdecke war angerissen, aber kein Gescheide ausgetreten. Die Brunftrute selbst war an der Spitze verletzt. Diesmal holte Lietz keinen Bruch, sondern wünschte mir ein ehrliches „Weidmannsheil!“. Sein Kommentar, dass der Hirsch eigentlich Glück hatte, erlegt zu werden, ohne Schwierigkeiten bei der Begattung der „vielen Weiber“ zu bekommen, stieß auf heftigen Protest seiner Frau. Sie sparte auch nicht mit mehrfacher Wiederholung des schönen Titels: „Bruno, du Schlumpfschütze!“

So kam ich, den Umständen nach unverhofft zu zwei interessanten Trophäen. Beide Geweihe erreichten Silbermedaillen, letzte dicht vor Gold.

Lietz hatte mir, im Gegensatz zu Kuhrig, von Anfang an folgendes vorgegeben: Erste Aufgabe ist, alle seine auf Rothirsch eingewiesenen Gäste sollten Erfolg haben. Wenn er dann für ein paar Tage zur Brunftjagd kam, erlegte er noch diesen oder jenen jagdbaren Hirsch. Bei seiner Abreise sagte er mir jedes Mal: „Alles, was noch frei ist, kannst du selbst strecken oder durch deine Jagdleiter erlegen lassen." Das war sehr gut gemeint, aber nach dem er und seine Gäste abgereist waren, war die geplante Anzahl jagdbarer Rothirsche auch meist schon gestreckt.

Im Jahre 1988 kam für Lietz dann das große Weidmannsheil. Am 11. September1988 saß ich morgens mit Lietz am sog. „Lärchenacker". Auf der vor uns liegenden Wildwiese stand einiges Kahlwild und ein paar geringe Geweihte. Im angrenzenden Lärchenbestand aber schrie und tobte bis gegen 8.30 Uhr ein kaum bekannter Hirsch. Ich hatte ihm vorher nur zweimal gesehen, konnte ihn aber bei schlechtem Licht nie genau ansprechen. Aber nach allem, was ich sehen konnte, war das auch ein starker Hirsch. Ich war mir sicher, dass er noch einmal zum Kahlwild auf die Wiese kommen würde. Aber es kam anders: Völlig unerwartet verließ er den Lärchenbestand und zog langsam rechts von uns über eine etwa 30 m breite Freifläche. Ich flüsterte sofort: Schießen!"

Lietz saß, wie alle Gäste, rechts von mir. Er hatte glücklicherweise die Waffe schon in Erwartung des Hirsches auf der Wildwiese hochgenommen und kam, kurz bevor der Hirsch im Bestand verschwunden war, noch zum Schuss. An ein „Mitschießen" war in der gegebenen Situation natürlich nicht zu denken. Ich hatte im Schuss jedenfalls ein kurzes Anrucken im Wildkörper bemerkt.

Also: Warten! Nach 20 Minuten baumte ich ab. Lietz wurde schon etwas ungeduldig, denn es war sein letzter Ferientag und ab 10.00 Uhr stand sein Fahrzeug zur Rückfahrt nach Berlin bereit.

Ich pirschte vorsichtig etwa 20 m ins Stangenholz hinein und sah plötzlich vom verhoffenden Hirsch die Hinterläufe und die rechte Keule. Ich ging in Anschlag und hoffte, dass der Angeschweißte sich entweder nieder tat oder beim Weiterziehen in irgendeiner Lücke Gelegenheit zu einem Schuss bieten würde. Es vergingen 3 bis 4 Minuten, dann drehte sich der Beschossene spitz von mir weg und ich sah ihn nur noch langsam ziehend in den Kiefernstangen verschwinden.

Ende der Geschichte: Lietz bedauerte, dass ich nicht mitschießen konnte, wir stiegen ins Auto, gingen zu einem kurzen Frühstück, der Fahrer kam und Lietz sagte, ruf mich an! Ich hatte inzwischen unser erfahrenes „Nachsuchengespann", bestehend aus den Jägern H. Blum und P. Welzel" mit der Hannoverschen Schweißhündin „Traudel" zu 10 Uhr an den von mir verbrochenen Anschuss losgeschickt. Die Stunden verrannen. Endlich, gegen 13 Uhr, kam der Geländewagen ARO auf den Hof gefahren und auf dem Wildträger schaukelte leicht eine starke Rothirschtrophäe!

Die beiden Kollegen und „Traudel" waren erschöpft. Die Wundfährte zeigte nur selten Schweiß und führte mehrfach wechselnd durch den Rheinsberger Rhin. Nach 7,5 km, hinterher anhand der Revierkarte ermittelt, wurde der Hirsch verendet gefunden. Der Schuss saß hoch mitten auf dem Wildkörper und hatte das Zwerchfell durchschlagen. Die Trophäe erreichte mit 208,53 IP eine hohe Silbermedaille und war bis zum Ende meiner Tätigkeit in Zippelsförde stärkste Rothirschtrophäe.

Lietz hatte nach meinem Anruf sofort bestimmt, dass diese Trophäe in Zippelsförde bleiben soll.

Minister Bruno Lietz betrachtet die Gesamtjahresstrecke der Rothirsche 1987

Im Verlaufe der Wendeergüsse wurde die Trophäe an den Hundeführer H. Blum zur Erinnerung übergeben.

Anders als Kuhrig interessierte sich Lietz viel mehr für das Geschehen und die organisatorischen, ökonomischen und auch personalpolitischen Probleme im Staatsjagdgebiet. Etwa ab Sommer 1983 sprach er mit mir immer öfter über Möglichkeiten, die Staatliche Jagdwirtschaft anders zu profilieren. Grundgedanke: Es könnte eine neue Betriebsform entwickelt werden, mit dem Ziel, örtliche Gegebenheiten wie Wildbret und Holz auch örtlich zu vermarkten. Mehrfach befragte er mich, ob ich nicht auch die benachbarte Forellenzucht- und Mastanlage am Rheinsberger Rhin übernehmen würde. Ich äußerte dabei immer Bedenken über die schon vorhandenen und sich abzeichnenden Aufgaben hinaus, also die Bereiche Bauwirtschaft, Sägegatter, Reparaturwerkstatt, ZAG und das gesamte jagdwirtschaftliche Profil, weitere Aufgaben als nicht mehr beherrschbar zu übernehmen.

Eines Tages, wir fuhren zur Jagd gerade an der Forellenanlage vorbei, sagte er wörtlich: „Ich frage dich zum letzten Mal. Übernimmst du das Ding oder nicht?“ Ich antwortete ebenso klar: „Nein“. Darauf er so sinngemäß, wir sprechen nie mehr darüber, aber nicht, dass du dich später über deine Ablehnung ärgerst. Ich habe mich nie über diese Entscheidung geärgert und der Lauf der Geschichte gab mir dazu auch keinerlei Veranlassung. Schon stark unter dem Eindruck der heraufziehenden „Endzeit“ sagte mit Lietz im September 1989, dass er sich nochmals bei meiner Frau und mir bedanken wollte und bat uns zum 22. September zu einen „kleinen Treffen“ in Potsdam.

Wir besuchten Sanssouci, aßen zusammen im Cecilienhof zu Mittag, fuhren 2 Stunden auf einem Ausflugsboot und beendeten dann den Tag mit Stadtrundfahrt und Kaffeetrinken im Hotel „Potsdam“.

Er sagte zum Schluss leise: „Das ist wohl der persönliche Abschied.“

Als im Herbst 1989 sich die Anzeichen des Scheiterns der DDR immer mehr verstärkten, kam es zu einem für mich kaum mehr überraschenden Gespräch mit Bruno Lietz.

Wir saßen nach der Frühpirsch am Frühstückstisch und Lietz sagte: „Mach mal Radio an, jetzt kommen Nachrichten.“ Nach den Nachrichten, in denen über die drängende Situation, die großen Probleme und die sich abzeichnenden Veränderungen schon berichtet wurde, fragte ich ihn, was nun geschehen würde. Er antwortete ruhig und klar: „Hier geschieht nichts mehr“. Dann sprach er ebenso klar, dass die Staatsjagd keine Chance mehr haben wird und zeichnete ein visionäres Bild vom Ende der DDR und mögliche Varianten der zukünftigen Entwicklung.

Seine Ahnungen und Darlegungen ließen mich drei Tage und Nächte nicht zur Ruhe kommen. Dann war mir klar, dass man sich auf eine Zeitenwende und eine neue Lebenssituation vorbereiten musste. Lietzens Worte waren klar und führten logisch zu dem Ergebnis, mich schnellstens um eine neue Arbeitsstelle zu bemühen. Einige meiner damals ebenfalls als Leiter von Staatsjagdgebieten tätigen Kollegen haben Gesamtsituationen entweder nicht klar oder zu spät erkannt und bekamen Probleme. Einigen anderen fiel das wohl leichter.

Anlässlich des 40. Jahrestages der DDR geschah am 3. Oktober 1989 etwas absolut Unerwartetes.

Die Kollegen Manfred Ißleib und Roland Wolf wurden in unser Objekt eingeladen.

Gemeinsam wurden wir vom Minister zu Oberlandforstmeistern ernannt. Als wir eine Zeitlang allein dastanden, schüttelten wir nur die Köpfe und wussten nicht recht, was wir sagen sollten. Die meisten Kollegen in den Staatlichen Forstwirtschaftsbetrieben reagierten sowieso schon voller Unverständnis, dass die Leiter der Staatsjagdgebiete immer mal wieder befördert wurden. Ißleib, Wolf und ich waren der Meinung, dass wir als Landforstmeister bis dahin ausreichend hoch eingeordnet waren. Am Abend war ich mit Lietz allein und fragte geradezu, warum diese für die brisante politische Situation und die speziell für die Staatsjagd sich abzeichnenden Probleme völlig unsinnige Aktion erfolgte. Er sagte fast wörtlich: „Ich habe keine andere Möglichkeit mehr, mich bei euch zu bedanken." Und dann, wie oft mit Augenzwinkern: „Ich wollte schon immer mal paar eigene Generäle um mich haben."

Ich habe die verliehenen Rangabzeichen nie getragen.

Als „Revierförster ohne Geschäftsbereich" war das für mich nach dem 1.1.1990 auch nicht mehr „tragbar".

Werner Felfe, seit 1981 Nachfolger des verstorbenen Gerhard Grüneberg als Sekretär des ZK der SED für Landwirtschaft und PB-Mitglied, kam am 5. Juni 984 erstmals zu Gesprächen mit Lietz und zur Jagd nach Zippelsförde. Seine jagdliche „Heimat" war das Wildforschungsgebiet Rothemühl.

Lietz erwartete ihn schon und beide sprachen sehr intensiv miteinander. Gegen Abend führte ich Felfe zur Jagd, er erlegte zwei mittelmäßige Rehböcke und war offensichtlich auch mit Anlagen und Ausstattung unseres Objektes sehr zufrieden. Lietz reise ab, aber inzwischen kam J. Richter. Er hatte mich vorher angerufen und mitgeteilt, dass er mit Felfe „auf höchster Ebene“ über viele jagdrechtliche organisatorische Probleme sprechen müsste.

Nach dem Abendessen fragte Felfe, ob Richter und ich zu einer Skatrunde bereit wären. Wir beide: „Na klar!“ Vierter Mann war der Personenschutzbegleiter Felfes. Der Skatabend verlief so, dass ausgerechnet ich ein gutes Blatt nach dem anderen in die Hand bekam. Felfe wurde immer missmutiger und beschimpfte vor allem seinen Begleiter als „stümperhaften Spieler“. Gegen 24 Uhr warf er sichtlich verärgert die Karten auf den Tisch und sagte: „Ich komme wieder und dann gibt es Revanche und ich lege fest, in welcher Reihenfolge am Tisch gesessen wird!“ Grußlos gab er mir die Hand und rauschte ab. Die Autotür war kaum zu, da nahm Richter mich fast wütend an und fragte, ob ich zu blöde sei, zu bemerken, dass Felfe unbedingt gewinnen will. Das darf nicht nochmal passieren, sonst bekommst du Probleme!

Am 29.8.1984 kam Felfe wieder, diesmal zusammen mit einem der „9 Commandantes“ aus Nicaragua, zur Jagd. Außer 8 Begleitern des Gastes waren noch Minister Lietz und Richter dabei. Der Gast erlegte einen Rehbock, fehlte einen geringen Rothirsch und fuhr kurz nach dem Abendessen zügig ab in Richtung Berlin. Auch Lietz fuhr los. Felfe war, obwohl er einen Rotspießer gefehlt hatte, guter Stimmung. Er sagte mir schon beim Ansitz, dass er abends unbedingt die Skat-Revanche gewinnen will. Nun ja, ich wusste ja nun, wie das so laufen soll. Felfe bestimmte die Sitzordnung am Skat-Tisch, gewann haushoch und alle Beteiligten, vor allem auch Richter, waren sehr zufrieden.

Es gab diesmal ein kräftiges Händeschütteln zum Abschied und Felfe fuhr ruhig und glücklich nach Berlin zurück.

Am Nachmittag vor Beginn der Zweiten Skatrunde gab es eine Diskussion über die Klasseneinteilung der Trophäenträger nach Güte und Alter sowie wie über die Eingriffstärke bei notwendiger Bestandesreduzierung und die Vorgabe von Abschusskriterien bei Rotwild. Er fragte z.B., welche Klasseneinteilung ich für geeignet halten würde. Ich antwortete, dass die in der DDR bestehende Regelung, also die Bildung von Güteklassen nach Trophäenkriterien ausgehend von der geringsten Güteklasse 4 zur besten Klasse 1 nicht mit der international üblichen Einteilung nach Altersklassen, also 0 für Jung und 4 für reif, übereinstimmen würde. Es sei meiner Meinung nach besser, diese Regelung ebenfalls anzuwenden.

Er war inzwischen aufgestanden und trat, einen Kopf größer als ich, dicht an mich heran und sagte freundlich, aber mit „Unterton“: „Überlege dir, mit wem du sprichst und was du sagst. In der DDR ist die Klasse 1 immer das Beste und das wird auch nicht geändert!“ Damit war das Thema beendet und mir war absolut klar, dass, wie bereits beschrieben, nur der zweite Skatabend möglichen Ärger von mir abhalten würde. Was glücklicherweise ja auch geschah.

Einige Wochen später kam Felfe nochmals zu einer Gesprächsrunde mit Lietz nach Zippelsförde. Es gab eine gemeinsame Begehung und Bewertung der bestehenden und zukünftigen baulichen und technischen Ausstattung und der momentanen Leistungsfähigkeit. Felfe sagte mir kurz, er bewerte diesen Aufbau sehr gut und weiter entwicklungsfähig. Wie an anderer Stelle beschrieben, gab mir Lietz am nächsten Tag eine mehr oder weniger klare Zielstellung – wobei weniger klar zutraf – für die Weiterentwicklung der StJW Lindow vor. Es war folgendes vorgesehen:

Grundsätzlich sollte eine neue Aufgabenstellung für die Staatliche Jagdgebiete insgesamt erprobt werden. Ich sollte Zippelsförde zu einem „Pilotprojekt“ mit der wie gesagt etwas unklaren Zielstellung „Erhöhung der Dienstleistungen für die Bevölkerung“ entwickeln.

Erreicht werden sollte das durch den Aufbau eines neuen Sägegatters mit Schnittholzverkauf an die Bevölkerung und kleinere Betriebe, durch Selbstvermarktung und Direktverkauf von Wildbret, durch Dienstleistungen des Fuhrparks und ähnliche Möglichkeiten, die sich noch ergeben würden.

Bis zu seinem Tod 1988 kam Felfe nie wieder nach Zippelsförde. Lietz gab mir aber zu verstehen, dass Felfe mehrmals nach dem Stand der Entwicklung fragte. Auch die bereits von mir abgelehnte Übernahme des nahegelegenen Forellenzucht- und Mastbetriebes kam durch Felfe nochmals kurz zur Sprache und Lietz meinte, er hätte Felfe überzeugen können, dass „der Herold das nicht will“.

Im abschließenden Gespräch sagte Lietz: „Du weißt jetzt, was auf dich zukommt. Einzelheiten werden wir nach und nach besprechen und nach Lösungen suchen.“ Ja, es kam Einiges ungelöst auf mich zu.

Felfe verstarb am 7. September 1988 während der Jagd im Wildforschungsgebiet Rothemühl. Seine politische Integrität wurde nach der Wende wohl infrage gestellt.

Gäste Claussen und Leonhard

Kurz nach meinem Dienstantritt lernte ich W. Claussen als einen der offiziellen Jagdgäste kennen.

Er hatte 1975 gerade das Rentenalter erreicht und sagte mir, dass er sich nun intensiv jagdlich betätigen wolle. Das tat er auch bis zum Ende der Staatsjagd. Seine jagdliche Vorliebe galt vor allem dem Schwarzwild. Vor meinem Dienstantritt kam er zu jeder Vollmondperiode und „beschäftigte" zwei Jagdleiter Nacht für Nacht, ganzjährig. Nach ersten Erfahrungen und Eindrücken zeigte sich mir die Notwendigkeit, diesen „Dauereinsatz" zu begrenzen. Immerhin hatte Claussen aus seiner Arbeitszeit als Chef des DDR-Kombinats „Nahrungs- und Genussmittel" hervorragende Kontakte zu Geschäftspartnern in der Bundesrepublik und anderen westlichen Staaten und war außerdem ein sehr guter Bekannter und Partner von Schalck. Das zeigte sich unter anderem darin, dass er fast jedes Mal, wenn Schalck auf ein paar Stunden zur Jagd auf den Brunfthirsch kam, sich ebenfalls zur Jagd anmeldete, auch „ohne Vollmacht" und, wie er sagte, „nur" auf den Hirsch. Entsprechend gut und verständlich seine intensiven und anhaltenden Verbindungen zu den jeweiligen Ministern Kuhrig und später Lietz. Er war deshalb etwas überrascht, als ich bereits im Frühjahr 1977 festlegte, dass ab 1. April bis 30. September jeden Jahres die Mondscheinjagd auf Sauen nicht mehr an den Kirrungen in der Wildeinstandsgebieten, sondern nur noch auf den Feldern zur Wildschadensminderung erfolgen durfte. Er kam deshalb nur ein paar Tage im Mai zur Bockjagd und im September auf den Rothirsch.

Sein Kommentar: Naja, Rehböcke und Hirsche erlegen ist nicht so spannend wie die Saujagd.

Das zeigt sich u.a. darin, dass er in den Mondscheinperioden, welche ich immer von beginnendem Halbmond bis drei Tage nach Vollmond festgelegt hatte, ganz gleich bei welchem Wetter, vom frühen Abend bis Monduntergang die Sauen bejagte. Er sagte anfangs zu mir, er wünsche sich eine Sauenstrecke von jährlich möglichst 80 Stück. In den ersten drei Jahren in Zippelsförde führte ich ihn in der Sauenzeit. Nacht für Nacht in den festgelegten Mondphasen.

Er erreichte z.T. hohe Strecken, die aber durchaus höher hätten sein können. Aber beim Anblick von Sauen, selbst bei Frischlingen, ergriff ihn wirklich fast jedes Mal ein für mich unerklärliches Jagdfieber. Trotz Auflagemöglichkeiten für die Waffe auf den an jeder Kirrung errichteten Blenden sah ich den Gewehrlauf, er schoss mit einem hochwertigen Sauer-Karabiner mit damals bestmöglicher Optik, deutlich schwanken. So kam es zu vielen schlechten Schüssen und manchmal Serien von Fehlschüssen. Da in jeder Nacht nach dem Kontrollieren von sechs bis acht Kirrungen, je nach Windrichtung, auch die dazugehörigen Felder noch abgesucht wurden, hatte er sich zum Auflegen der Waffe einen zusammenklappbaren dreibeinigen Zielstock beschafft. So zog ich eben, wenn wir Sauen entdeckt hatten, unter Wind mit Zielstock in der Hand vorweg und er folgte mir immer ohne Rücksicht auf vorsichtiges Pirschen und dementsprechende Bewegungen. Wenn wir annähernd auf Schussentfernung an eine brechende Rotte oder auch Einzelstücke herangekommen waren, begann für mich jedes Mal der gleiche, nervenaufreibende Ablauf: Ich winkte ihn zu mir, stellte den Dreistock auf und sagte, von hier aus könne er schießen. Dann geschah fast ausnahmslos Folgendes: Er nahm erstmal sein Fernglas hoch und betrachtete schnaufend die immer schon auf Sichtweite ohne Fernglas gut erkennbaren Sauen. Dann ging er langsam am Dreibock in Stellung und begann, unendlich lange zu zielen und fragte immer wieder, ob das links oder rechts stehende Stück, ob dieses oder jenes breit stehe, und das minutenlang. Da im Gebräch stehende Sauen bekanntlich ziemlich „dickfällig" sind, kam er trotzdem meist zu „Schuss".

Es gab zwei Höhepunkte.

Der Keiler vom Triftweg, März 1978, Erleger: Claussen

Der erste Fall: Auf dem Feld fährtete ich im Februar 1978 eine starke Sau. Es war nicht sicher, ob es vielleicht eine starke Bache war. Am 23. März 1978, ich war wieder mit Claussen auf Sauen unterwegs, bekamen wir das einzelne Stück zum Anblick. Es war tatsächlich ein Keiler, gut ansprechbar. Es begann die übliche Zeremonie: Aufstellen des Dreibocks, Fernglasbeobachtung auf ca. 70 m, der Keiler völlig freistehend und brechend im strahlenden Mondschein, niederknieend in Stellung gehend und zielen, zielen, zielen, schnaufen: „Steht er noch breit?" Fernglas nehmen, wieder zielen, schnaufen. Ich hielt das nicht mehr aus, drehte mich um und lief Schritt für Schritt in Richtung Auto. Nach 20 m blieb ich stehen, drehte mich um – unveränderte Situation! Ich überwand mich, ging langsam zurück zum knienden Claussen und sagte: „Wenn du nicht sofort schießt, haue ich ab."

Der Schuss fiel, der Keiler lag: ca. 7 Jahre alt, 150 kg aufgebrochen, Waffen mit guter Bronzemedaille und bei mir der feste Entschluss: Wenn Claussen demnächst wieder von Saujagd kommt, führe ich ihn prinzipiell nur in der ersten Nacht nach seiner Ankunft. Und so ist es mit einigen Ausnahmen auch geblieben.

Die Mondnächte wurden unter Berücksichtigung anderer Gäste auf die Jagdleiter aufgeteilt und ich führte Willi Claussen „nur" noch wenige Jagdtage auf Rehbock und Rothirsch. Er sagte, Hirsche und Böcke seien ihm nicht so wichtig, obwohl er die präparierten Trophäen immer gut sichtbar im Auto auslegte, wenn er nach Haus fuhr.

Der zweite Fall am sogenannten „Bohrloch", einer kleinen Blöße in einem Kiefernstangenholz, wo tatsächlich in den sechziger Jahren einmal eine Probebohrung nach Erdöl erfolgt war, befand sich während der festgelegten Kirrzeiten eine ständig gut angenommene Kirrung. Ende der siebziger Jahre stellte sich dort regelmäßig, aber nicht täglich, ab Oktober ein starker Keiler ein, natürlich genannt: „der Bohrlochkeiler".

Fünfmal in den Jahren 1979 und 1980 stand er bei bestem Licht und völlig frei auf dem Kirrplatz und Willi, wir waren natürlich längst „per du", brachte vor Aufregung zitternd keinen Finger an den Abzug. 1981, zu Willis 70. Geburtstag, überbrachte ich ihm als Geschenk im Auftrag der Inspektion Staatsjagd einen handgeschnitzten Keiler mit der Aufschrift: „Der Bohrlochkeiler". Dabei blieb es für Willi. Ich durfte inzwischen selbst Trophäenträger erlegen und so lief mich der „Bohrlochkeiler" am 5. Oktober 1981 morgens auf dem Rückwechsel zu seinem Einstand an. Er wog aufgebrochen 126 kg und brachte auf die Waffen eine gute Silbermedaille. Nun, Willi tat mir zwar leid, aber nach den inzwischen vereinbarten Regeln erfuhr nur Richter als Leiter der ISJ von meinem Weidmannsheil.

Zu Willis Marotten gehörte es, mit seinem Feuerzeug, welches eine mindestens 6 cm lange Flamme warf, plötzlich beim Ansitz auf den Rothirsch den Wind zu prüfen. Die große Flamme war für ihn als passioniertem Zigarrenraucher natürlich gut geeignet, aber als „Leuchtfeuer“ zur Bestimmung der Windrichtung nicht. Und trotzdem kam es immer wieder vor, wenn beispielsweise Kahlwild oder Beihirsche bereits in Schussnähe erschienen, plötzlich das Leuchtfeuer“ entzündet wurde.

Und das Verrückte: Hätte ich nur die Arme bewegt oder den Kopf gedreht, wäre das Wild unruhig geworden. Aber das auch laut klickende „Leuchtfeuer“ störte nur mich.

Erwähnenswert ist auch ein ziemlich seltenes, ja für mich einmaliges Jagderlebnis:

Am 11. Januar 1979 führte ich Claussen wie üblich auf Sauen. Er hatte seinen „guten Tag“ und erlegte mit 9 Schüssen sieben Sauen. Da zu diesem Zeitpunkt noch keine Möglichkeit zur Übernachtung im Objekt in Zippelsförde vorhanden war – es befand sich noch im Aufbau – übernachtete bzw. „übertagte“ Claussen in einer damals noch existierenden kleinen Jagdhütte in der Nähe der Försterei Gühlen.

Ich holte ihn also abends ab und brachte ihn dann irgendwann, meist weit nach Mitternacht, wieder in seine Unterkunft. Meist war ich nach solchen Einsätzen doch etwas abgespannt. Aber in dieser Nacht beschloss ich, nicht gleich ins Bett zu gehen, sondern auf der Heimfahrt nochmals die Feldflächen zu kontrollieren. Ich hatte Anblick: Zwei Kahlwildrudel standen sehr dicht nebeneinander äsend auf dem Feld. Mir bot sich die Möglichkeit, ein kleines Feldgehölz bei gutem Wind und strahlenden Mondschein – es war inzwischen 2 Uhr geworden – als geeignete Deckung zum Angehen zu nutzen. Ich kam so bis auf 60 m Entfernung an die inzwischen vereint stehenden etwa 30 Stück Rotwild heran. Alles andere war keine Kunst: erster Schuss – ein Schmaltier lag im Feuer – alles Wild, wie oft bei Schüssen auf freier Fläche, bewegte sich im Rudel durcheinander. Zweiter Schuss: ein Kalb lag im Feuer. Das Rudel formierte sich zur Flucht, aber ein Kalb hatte etwas den Anschluss verloren und fiel als drittes Stück. Am nächsten Morgen waren meine Mitarbeiter erstaunt, als ich sagte: „Ihr müsst Traktor mit Hänger nehmen, um alles Wild zu bergen“. Ich erklärte und beschrieb alles.

Sie fuhren los und kamen mit einem Traktorenhänger voller Wild zurück. Dieses Ergebnis war in dieser Art und in diesem Umfang eine einmalige Sache und bleibt einem natürlich in Erinnerung.

Wie oft erwähnt, bekam Claussen selbst bei Frischlingsanblick Jagdfieber. Bei Rothirschen – Kahlwild zu strecken entsprach nicht seinen Ansprüchen – war er merkwürdig ruhig, ja z.T. regelrecht entspannt. Folge: er schoss Rothirsche mehrmals glatt vorbei! Aber bei einer Mondscheinpirsch auf den Feldern gerieten wir unerwartet während der Rotwildbrunft an ein vielköpfiges Rudel mit einem erkennbar starken Hirsch. Er war nicht genau ansprechbar, aber auf alle Fälle jagdbar. Nachtjagd auf Rotwild war nicht verboten, also ran ans Rudel übers freie Feld und es klappte das Unglaubliche! Ein Teil des Kahlwildes bekam uns zwar mit und begann zu trollen.

Der Hirsch aber hatte mit zwei oder drei Beihirschen jede Menge Ablenkung. Wir gingen einfach weiter und kamen bis etwa 150 m an die Hirsche heran. Mir war das bei der bekannten Fehlschussfreudigkeit Claussens und unter den gegebenen Bedingungen doch zu weit. Ich sagte aber einfach vorsichtshalber: „Willi, geh in Stellung.“ Das geschah, er kniete hinter seinem Schießstock, und dann kam das Unerwartete, aber erhoffte: Der Hirsch brachte einen der Beihirsche „auf Schwung“ und das in unsere Richtung! Er stellte sich auf 80 m breit und äugte dem inzwischen fast gänzlich flüchtig gewordenen Kahlwild nach. Und ohne dass ich Willi auffordern musste, brach der Schuss und der Hirsch lag nach wenigen kurzen Fluchten. Von da an bezeichnete sich Willi als „wirklichen guten Nachtjäger“.

Im Lauf der Jahre hatten wir uns aneinander gewöhnt. Nachdem Bruno Lietz Minister wurde, erfolgte eine Neuordnung der Vergabe von Rothirschabschüssen und Claussen rutschte in der Nomenklatur einige Stufen nach unten, d.h. er sollte eigentlich keinen Hirsch im Medaillenbereich mehr erlegen.

Also wies ich ihn zur Brunft mit anderen Begleitern in andere Revierteile als gewohnt ein.

Ergebnis: Er reiste in der Hochbrunft nach vier Tagen ab, nachdem er sich lauthals beschwert hatte, ich würde ihn nur von „Pfeifen und Abenteurern“ führen lassen und ihn nicht mehr achten. Es kam dabei zu einem Wortduell. Mir ging das Schimpfen dann doch zu weit und ich machte ihm klar, dass er auf einen starken Hirsch keine Freigabe mehr hätte. Antwort: „Das glaube ich nicht, ich werde nach Hause fahren und mich beim Minister über dich beschweren". Am nächsten Mittag kam ein freundlicher Anruf von ihm und abends war er wieder da.

Bis zum Ende der Staatsjagd war er einer der häufigsten Gäste und seit dem Streit ein umgänglicher und alle Regulierungen einhaltender Weidmann. Willi, du hast mir die ersten grauen Haare und einmalige Erlebnisse gebracht. Und auch dafür danke!

Zeitgleich mit Claussen kam in den ersten Jahren regelmäßig R. Leonhard, beschäftigt mit Herstellung und Handel von Möbeln und ähnlichem, nach Zippelsförde zur Jagd. Er übernachtete immer im Regierungsheim in Lindow und interessierte sich jagdlich hauptsächlich für Sauen und Rehböcke.

Dabei war er anspruchslos. In Erinnerung blieb mir, dass er sich über die Erlegung eines Frischlings riesig freuen konnte, fast mehr, als andere über einen starken Keiler. Für mich war er, was Ausstattung des aufzubauenden Jagdhauskomplexes betrifft, ein guter Ratgeber und Kontaktvermittler zur Beschaffung von Möbeln und ähnlichen Dingen. Er musste aus gesundheitlichen Gründen Anfang der 80er Jahre die Jagd aufgeben.

Doppeltes Weidmannsheil, Erleger: Claussen 1978

G. Weiß

Gleich im September 1976 lernte ich Dr. Gerhard Weiß kennen. Er war ständiger Vertreter der DDR im „Rat für gegenseitige Wirtschaftshilfe“ und Stellvertreter des Vorsitzenden des Ministerrates der DDR und vor allem im Rahmen seiner Tätigkeit im „Rat für gegenseitigen Wirtschaftshilfe“ sehr auf Reisen.

Bis zur Fertigstellung des Gästebereiches in Zippelsförde war er immer im Regierungsheim in Lindow zu Gast. Von Anfang an entwickelte sich zwischen mir und ihm ein offenes positives Verhältnis, das im Laufe der Jahre in freundschaftliche Bahnen überging.

Er jagte in den ersten Jahren überwiegend auf Schwarz- und Rehwild im Jagdgebiet Gühlen und ich führte ihn erstmals im September 1977 auf den Brunfthirsch. Seine Streckenergebnisse hielten sich in Grenzen, da er sehr häufig Fehlschüsse abgab. Er sagte mir, dass er das nicht so tragisch nehmen würde. Das häufige Fehlen sei einfach Nachwirkung der ständigen Arbeitsbelastung. Das äußerte sich auch darin, dass er zu vereinbarten Zeiten, zu denen ich ihn abholte, solange er noch im Regierungsheim übernachtete, meist schon eine halbe Stunde vor der Zeit am Treffpunkt stand. Er sagte dann, er könne sowieso nicht gut schlafen. Während der Jagd selbst war er außerordentlich beherrscht und diszipliniert. Er verließ sich hundertprozentig auf mein Ansprechen und schoss erst nach meiner ausdrücklichen Aufforderung, aber vor allem auf Rothirsche aus den genannten Gründen häufig daneben. Als ich ihm zum ersten Mal auf den Brunfthirsch führte, es war ein alter mittelmäßiger ungerader 14-Ender, wurde er von der Kanzel aus nicht auf den mit 8 Stück Kahlwild in den Tageseinstand früh zurückziehenden Hirsch fertig. Wir baumten ab, umschlugen ein vor dem Tageseinstand liegendes Lärchenstangenholz und erwarteten am stark begangenen Hauptwechsel das ruhig und langsam anwechselnde Rudel. Die ersten Tiere und Kälber zogen auf 60 m Entfernung vor uns über die Schneise und man sah den Geweihten schon in den Lärchen, dem Kahlwild folgend und ab und zu noch einen Trenzer abgebend. Weiß fragte plötzlich, wo er auflegen solle. Da in unmittelbarer Nähe keine Möglichkeit zum Auflegen bestand und der Hirsch inzwischen schon direkt vor der Schneise war, sagte ich: „Auf meiner Schulter auflegen!“ Das ging problemlos, denn G. Weiß war größer als ich. Ich sagte noch halblaut: „Wenn er raustritt, pfeife ich ihn an. Dann must du sofort schießen!" Es kam so, Hirsch stand breit, der Schuss viel, der Hirsch stand und äugte uns an. G. Weiß nahm die Waffe von meiner Schulter, er schoss prinzipiell und bis an sein Lebensende mit einer Brünner Bockbüchsflinte mit Ejektor, die Hülse flog raus, der Hirsch ging „staunend" ab, mir hallte der Schädel regelrecht vom ca. 40 cm entfernten Mündungsknall und dann gab es einen schweigsamen Gang zum Auto.

Für mich war neu, als er gleich zu Beginn unserer gemeinsamen Jagden sagte, ich solle mich doch lieber immer bereithalten und so schnell als möglich auf Hirsche mitschießen. Das erschien mir zunächst als unverständlich und merkwürdig. Aber nach den Erlebnissen mit häufigen Fehlschüssen und auch sehr schlechten Schüssen und dann jeweils zu aufwendigen Nachsuchen, natürlich auch bei anderen Gästen, erschien mir das „Mitschießen" nach langem Zögern als eine notwendige Sache.

So kam es 1980 zu einem Erlebnis, welches in mir heute noch wie ein Film abläuft.

Wir saßen im ersten Licht auf einer Kanzel, die uns einen Einblick in eine stark lückige Kiefer-Dickung gewährte. Die Lücken waren aus einigen nassen Stellen entstanden, in denen sich große Suhlen entwickelt hatten. Dieser Brunftplatz war wirklich ideal. Das Kahlwild verließ diese Fläche kaum, weil in den Lücken ausreichend Äsung vorhanden war, und die große Fläche auch genug Möglichkeiten zum zeitweiligen Auswechseln auf angrenzenden Wildwiesen bot. „Herr des Hauses" war ein reifer, als alter 14-Ender angesprochener Hirsch. In der Zeit des „Anbindens" des Hirsches, also der Beobachtung der Abläufe im Brunftgeschehen, bevor der jeweilige Gast eintraf, konnte ich feststellen, dass der Hirsch regelmäßig eine etwa 100 m von der Kanzel gelegene Suhle aufsuchte, bevor er sich vom Kahlwild tagsüber zurückzog. Es verlief zunächst alles planmäßig, als ich mit G. Weiß auf der Kanzel saß. Der Platzhirsch schrie noch ab und zu in etwa 300 m Entfernung. Ein halbes Dutzend Beihirsche erschienen nach und nach an der Suhle, das Kahlwild war kaum noch zu sehen, weil es sich in die dichten Büsche zurückzog und der Hirsch stand plötzlich auf einer kleineren Fläche näher als erwartet auf 80 m halb verdeckt aber mit Haupt, Träger und Blatt frei. Weiß hatte die Waffe schon hoch, ich hauchte „Schießen!". Im Schuss ging der Hirsch vorn nach unten, stand aber gleich wieder, ohne sich groß von der Stelle zu bewegen. Natürlich war ich auch sofort im Anschlag und schoss auf den Träger. Nun geschah folgendes:

Nach meinen Schuss stürzte der Hirsch und stand sofort wieder auf. G. Weiß hatte inzwischen geladen und schoss, ohne dass der Hirsch zeichnete. Er hatte das Haupt gesenkt, stand aber, ohne zu schwanken. G. Weiß hatte wiederum geladen und ich war überzeugt, dass der Getroffene jeden Moment umfallen musste. G. Weiß schoss wieder. Da knickte der Hirsch hinten ein, stand aber sofort wieder. Der Hirsch hatte seine Stellung in der Lücke leicht verändert. Ich hatte jetzt die Rippen frei und ließ fliegen. G. Weiß hatte inzwischen wieder geladen und schoss, ohne mich zu fragen, wie in einem Rausch. Der Hirsch setzte sich aber so weit verdeckt, dass man gerade noch Haupt und Stangen sah.

Nun war es an mir, zu handeln. Ich sagte: „Entladen, Glas hochnehmen, ich gehe ihn an!“

Ich baumte ab, fand aber keine andere Möglichkeit den Hirsch freizubekommen, als ihn spitz von vorn auf etwa 6 – 8 m anzugehen. Nun, ich schoss ihn auf den Stich, er bäumte sich noch einmal auf und lag dann ganz still. Er hatte alle sieben Schüsse: einmal Vorderlauf, einmal Träger mit Luftröhrenschuss, einmal Handbreite hinter dem Blatt, einmal Keule, zweimal weidwund und einem Fangschuss auf den Stich. Ich habe mehrfach erlebt, und das ist ja allbekannt, dass Brunfthirsche und auch Schaufler auch bei sehr sauberen Schüssen entweder nicht zeichnen oder sogar sich noch ganz normal bewegen und erst nach einigen Minuten bzw. weiteren Schüssen verenden. G. Weiß war völlig erregt und sagte: Den will ich nicht an der Wand haben. Ich habe dermaßen Mist gebaut, ohne dich hätten wir ihn kaum bekommen. Behalte die Trophäe!“.

Der Hirsch war mindestens 12 Jahre alt und erreichte 202 ICP.

Ab 1984 hatte G. Weiß zunehmend gesundheitliche Probleme. In der Brunft 1985, es fiel ihm schon schwer zu laufen, hatte ich wieder einen braven Hirsch an einem gut erreichbaren Brunftplatz bestätigt. Gut erreichbar deshalb, weil G. Weiß inzwischen Probleme hatte, eine hohe Kanzel zu besteigen. Ich ließ deshalb einen vorhandenen Pirschsteig wieder aktivieren und am Ende unmittelbar vor einer eineinhalb Hektar großen und 1 m hohen Kiefernkultur, eine mannshohe Blende mit Schießscharten aufstellen. Ich ging kurz vor dem ersten Sonnenlicht auf einen gut begehbaren Weg in guter Deckung den regelmäßig schreienden Hirsch an. G. Weiß war immer dicht hinter mir. Wir waren etwa noch 200 m vom Zielort entfernt, als ich hinter mir einen ungewohnten Laut hörte.

Ich drehte mich um, da lag G. Weiß am Boden und stöhnte leise. Ich sagte: „Komm, wir kehren um!". Er sagte: „Nein, das geht schon, das wird doch mein letzter Hirsch!".

Ich half ihm aufzustehen, wir kamen zur Blende, der Schuss fiel ... Wie immer, ließ ich G. Weiß den Vortritt zum gestreckten Wild. Und wie immer, zog er seinen Hut und schwieg. Ich sagte nur, ich hole das Auto. Als ich zurück kam, saß er am Rand auf einem Stubben und die Tränen liefen.

– Es war sein letzter Hirsch.

Zu Silvester 1985 rief er mich aus dem Krankenhaus an, wünschte meinen Kollegen, meiner Familie und mir alles Gute und sagte: „Wir sehen uns nicht wieder."

Ich konnte an seiner Beisetzung teilnehmen.

Er verstarb am 7.01.1986.

Jeden Tag sehe ich den „Siebenschüsser" an der Wand und oft denke ich dabei an einen Weidmann, der nie seine politische Position genutzt hatte, um sich irgendwelche jagdlichen Vorteile herauszunehmen.

65. Geburtstag Dr. G. Weiss, v.l.: Dr. G. Weiss, Leiter StJG Leutenberg A. Lüttschwager, Autor, Generalforstmeister Rüthnick

Schalck-Golodkowski

Ich wurde Mitte September 1976 von Minister Kuhrig in seine Jagdhütte gerufen. Neben dem körperlich relativ kleinen Minister stand ein sehr großer jagdlich gekleideter Mann und wurde mir von Kuhrig als Staatssekretär Alexander Schalck-Golodkowski vorgestellt.

Kuhrig sagte sinngemäß zu mir, der „Alex“ soll hier bei dir immer mal einen Rothirsch schießen. Er wird alles mit dir besprechen. Schalck, so wurde er im Allgemeinen genannt, sagte zu mir: „Ich komme dann noch mal bei dir ran.“ Er berlinerte wunderbar. Er kam später zu meiner damaligen Unterkunft und sagte: „Ick wees ja, dass du mir führen sollst. Aber ick bitte dich, dass der Revierförster Helle mich weiter führn kann. Du kannst dir nicht vorstellen, wie der Kerl jedes Mal vor Aufrejung zittert, wenn ein Hirsch kommt. Der ist so jagdgeil, dass ich manchmal vor Lachen kaum zu Schuss komme.“ Ich war zwar über die Begründung etwas erstaunt, sah aber in der Sache keine Probleme und sagte, wenn er das wünscht, kann das ja so bleiben. Er erwiderte darauf, dass aber nur ich die bewerteten und aufgesetzten Trophäen zu ihm persönlich in seine Dienststelle nach Berlin bringen solle, denn er wolle keinen größeren Publikumsverkehr.

Anderseits würde er gerne jährlich etwas früher als zur Jagd nötig zu einer Tasse Kaffee zu uns kommen. Und so pegelte sich das auch ein. Er rief Anfang September 1977 an und stimmte mit mir die für ihn jagdlichen Termine ab. Als es dann zum ersten Mal nicht nur Kaffee, sondern auch einen von meiner Frau gebackenen wohlschmeckenden Pflaumenkuchen gab, war der Beginn eines traditionellen Ablaufs entstanden. Dazu gehörte nach der Jagd ein kleines Abendessen mit höchstens einem Glas Bier und einem „Alten Nordhäuser Korn“ zum Todtrinken des oder der jeweils gestreckten Geweihten. Das waren 1979 und 1980 zwei, sonst jährlich meist nur ein Rothirsch. Insgesamt erlegte Schalck von 1977 bis 1989 15 Rothirsche, überwiegend im Revier Fristow.

Im Verlauf dieser Jahre kam es zweimal vor, dass er nicht zu Schuss kam und ein zweites Mal eintraf und dann erst Weidmannsheil hatte.

Nach Aussagen des Kollegen Helle, der ihn wie abgesprochen führte, schoss Schalck gut.

Es gab insgesamt nur drei Nachsuchen wegen aufkommender Dunkelheit. Kollege Helle war, wie von Schalck beschrieben und auch offensichtlich sehr gut beobachtet, jedes Mal nach der Jagd vor Erregung ziemlich erschöpft. Er verabschiedete sich von Schalck, gab mir kurzen Bericht und fuhr nach Hause.

Im Übrigen war Schalck nicht daran interessiert, dass außer meiner Frau und mir andere Personen zugegen waren. Einzige Ausnahmen waren sein alter Bekannter W. Claussen und ab und zu seine eigene Frau.

Für mich war es natürlich interessant, jährlich jedes Mal mit den hergerichteten Trophäen sozusagen zum „Revanche Kaffee“ in seine Dienststelle eingeladen zu werden.

Ich erinnere mich, dass er mehrere Telefone auf seinem Schreibtisch stehen hatte. Er zeigte auf einen knallroten Apparat und sagte: „Wenn ditt klingelt, wird's ernst.“

Als ich 1987 wieder Trophäen in Berlin bei Schalck ablieferte, sagte er: „Du bist einer der ganz wenigen, die nicht ständig etwas von mir haben wollen, und deshalb gebe ich dir jetzt etwas.“

Hasenjagd für das Diplomatische Korps: In der ersten Reihe auch von mir geführte bzw. befreundete Gäste der StJW Lindow.
2.v.l.: Schalck-Golodkowski, 3.v.l.: Minister für Wissenschaft und Technik Dr. H. Weiz, 4.v.l.: Minister für Außenhandel Dr. G. Beil

Er stand auf und holte aus einem Schrank ein Fernglas Diahlyt 8 x 56 B. Dann sagte er: „Ich wees, dass du ditt melden sollst. Dett machste nicht und falls es Ärger gibt, sagste mir Bescheid." Ich bedankte mich, legte das Fernglas zuhause in meinen Schrank, benutzte es aber erst nach der Wende und führe es heute nach so vielen Jahren immer noch als ein Stück Erinnerung an Schalck.

Im Laufe der Jahre hörten meine Frau und ich manches erstaunliche Detail aus Wirtschaft und Politik. So unter anderem auch Meinungen über Personen und Zusammenhänge in internationalem und nationalem Geschehen.

Im September 1983 sagte er nach dem Abendessen unvermittelt: „Hört mal zu, wir sind pleite". Claussen, der auch zugegen war, meine Frau und ich schauten uns überrascht und schweigend an. Schalck sagte dann kurz etwas zu den inzwischen über die durch die Medien bekanntgewordenen Kontakte zu Franz Josef Strauß und verwies darauf, dass er recht bald Vertreter aus der CSU der Bundesrepublik in Abstimmung mit Minister Lietz nach Zippelsförde zu einem Jagdaufenthalt einladen würde. Mit Strauß würde er dann selbst kommen.

Das alles war natürlich für meine Frau und mich als ein wachsender Berg von Aufgaben mit besonderem Umfang und Inhalt erkennbar.

Einer der von Schalck-Golodkowski in Zippelsförde erlegten Rothirsche. Links: Jagdleiter Helle, Stellvertretender Leiter der StJW, rechts: Autor

Ohne dass wir die großen Zusammenhänge eigentlich wegen der sofort beginnenden langfristigen Vorbereitungen innerlich registrierten, kamen doch manchmal unerklärliche Zweifel an Recht und Unrecht, Wahrheit und Unwahrheit, Theorie und Praxis unseres gesamten realen Lebens in der DDR auf.

Als Erster kam also nicht Strauß, sondern Josef März, Unternehmer in Käse- und Fleischhandel und zeitweilig Schatzmeister der CSU und stellvertretender Vorsitzender des Wirtschaftsrates der CSU. Im Jahre 1982 hatte er erste Kontakte zu Schalck. März streckte einen guten Damschaufler und abends nach dem Essen setzt er sich mit mir auf die zum Kaminkeller führende Treppe, legte seinen Arm um mich und sagte: „Ihr seid die Roten und wir sind die Schwarzen, aber das ist alles unwichtig, denn wir machen zusammen hervorragende Geschäfte." Nach der Abreise von März erhielt ich erneut Vorinformationen, wonach Schalck mit Strauß irgendwann kommen würde. Ich sollte schon mal langfristig einen sicheren Jagderfolg vorbereiten. Dazu kam es allerdings nicht mehr – Strauß verstarb am 2. Oktober 1988.

In anderem Zusammenhang sagte Schalck zu mir, er würde seinen Stellvertreter M. Seidel gern mal für ein Tag zum „Ausspannen" zu uns schicken. Seidel blieb drei Tage, kam zweimal mit zur Jagd, fehlte einen Rotspießer

v.r. Herold, Leiter StJW, März, Jagdgast aus Bayern, Wolf, Direktor Kombinat Nahrungs- und Genussmittel

Jagdstrecke mit starkem Damschaufler

Halali – Jagd vorbei

und sagte dann, das sei genug, denn er sei kein passionierter Jäger und möchte nur ein paar Tage Ruhe haben. Er stammte aus dem Erzgebirge und damit hatten wir ausreichend Gesprächsstoff, vor allem über Bergbau und speziell die Uranförderung. Bis zu seiner Abreise bevorzugte er allerdings besinnliche Stunden des Alleinseins. Er kam nie wieder.

In den an sich wenigen Stunden, noch dazu verteilt über 12 Jahre, äußerte sich Schalck wie gesagt mehrfach über für uns recht unbekannte Zusammenhänge. Außerhalb dieser „Hirschjagdzeiten" traf ich ihn nur alljährlich bei den großen Hasenjagden für die in der DDR vertretenen ausländischen Diplomaten. Da fielen dann ein paar nette Worte und gute Wünsche für meine Familie und Koll. Helle.

Im Gegensatz zur Schilderung H.G. Schumanns in seinem Buche „Von der Ostsee bis zum Erzgebirge" war Schalck sowohl dem ihm begleitenden Jagdleiter Helle als auch meiner Frau und mir gegenüber weder geheimnisvoll noch verschlossen. Er sprach, wie beschrieben, bei Kaffee und Kuchen oder bei dem die jagdabschließenden Abendessen durchaus offen und verständlich über Probleme und Risiken, welche die Situationen in der DDR betrafen.

Ich habe Schalck als offenen und klugen Menschen in guter Erinnerung.

Autor übergibt die Trophäe an den Erleger März

Erleger mit Trophäe, Gastgeber Wolf und Begleiter

Weitere Gäste

Aus der Entwicklung der StJW Lindow heraus leiteten sich, außer den jeweiligen Ministern Ewald, Kuhrig und Lietz, zwei Kategorien von Gästen ab.

Vor der Fertigstellung des Jagdhauskomplexes in Zippelsförde kam zunächst Kuhrig zum Aufenthalt nur zu seiner in Rägelsdorf erbauten Jagdhütte und empfing dort kaum Jagdgäste. Große Ausnahme: Schalck-Golodkowski.

Der weitaus größte Teil aller Jagdgäste nahm seinen Aufenthalt im Regierungsheim Lindow in Gühlen und wurde von dort von den jeweils von mir beauftragten Jagdleitern oder von mir selbst zur Jagd abgeholt. Das traf vor allem für folgende Gäste zu:

Gerhard Schürer,	Vorsitzender der staatlichen Plankommission und Kandidat des PB.
K. Singhuber,	Minister für Erzbergbau und Metallurgie
S. Böhm,	Minister der Finanzen
U. D. Wange,	Minister für bezirksgeleitete Industrie und Lebensmittelindustrie
G. Beil,	Minister für Außenhandel
H. Weiz,	Minister für Wissenschaft und Technik
E. Höfner,	Minister der Finanzen
Dr. Kleine,	Mitarbeiter im MFS
A. Donda,	Leiter der staatlichen Statistik
G. Forgber,	Mitarbeiter im Bereich KOKO

Außer diesen nicht ständigen Gästen, welche im Regierungsheim übernachteten und meist nur kurzzeitig kamen, jagten bis zu G. Grünebergs (Mitglied des PB und Sekretär des ZK für Landwirtschaft) Tod dessen persönlicher Mitarbeiter Börner sowie einige andere seiner Mitarbeiter vor allem im Jagdgebiet Fristow. Diese Gäste kamen ebenfalls nur kurzzeitig zur Jagd ohne Übernachtung bzw. wohnten sie zeitweilig in Ferienbungalows.

Nach Grünebergs Tod wurden sie „ausgeladen".

Mit den überwiegend im Gästehaus Lindow/Gühlen übernachtenden Gästen gab es natürlich ebenfalls interessante jagdliche und zwischenmenschliche Kontakte und Erlebnisse.

Zu Beginn berichte ich über Minister Siegfried Böhm.

Bereits im Oktober 1976 führte ich Siegfried Böhm, damals Minister, für Finanzen zum ersten Mal. Es entwickelte sich schnell ein fast freundschaftliches Verhältnis zu ihm, denn er kam wie ich aus dem Vogtland. Er erschien zur Jagd meist in unzweckmäßiger Kleidung, war schnell beim Schießen, aber „fehlte" oft.

Für mich zunächst unerkannt war eine merkwürdige Spannung zwischen ihm und Minister Heinz Kuhrig spürbar. Das äußerte sich in mehr oder weniger abfälligen Bemerkungen beider jeweils über den anderen. Am 30.12.1978, als eine der traditionellen Fasanenjagden der Mitglieder des Ministerrates im Staatjagdgebiet Oderberg in Liepe stattfand, kam es fast zum Eklat. Dieser Tag ist mir natürlich auch wegen des Beginns des Katastrophen-Winters 1978/79 in Erinnerung.

Am Ende des letzten Treibens kam Kuhrig zur mir. Ich hatte Minister Böhm und andere Gäste auf ihre Stände eingewiesen und Kuhrig fragte, wo „der Böhm" gestanden hätte. Dann sagte er: „Der Böhm hat mehrere Fasanen ‚zu Fuß' geschossen!" Er habe das genau gesehen. Es war auch unbestreitbar, denn man konnte an Böhms Stand die Spur der Schrotgarben im Schnee deutlich erkennen. Das war natürlich bei anderen Schützen auch festzustellen, denn es kamen mehrere Fasanen „zu Fuß", welche nach der Entlassung aus den Aufzuchtanlagen entweder zu faul zum Fliegen waren oder von anderen Schützen geflügelt worden waren.

Beim Beginn des Schüsseltreibens am späten Nachmittag musste ich, wie immer bei ähnlichen Veranstaltungen, neben Kuhrig am langen Tisch sitzen. Uns gegenüber saß G. Weiß, welcher in all den Jahren bei diesen Jagden als oberster Jagdherr fungierte, da W. Stoph als Vorsitzender des Ministerrates nie an dieser traditionellen Jagd mit seinen Ministern teilnahm. S. Böhm saß neben G. Weiß und es dauerte nicht lange, da erklärte er mir lauthals, wenn ich bei ihm „Leibjäger" wäre und nicht bei einem so „armseligen Bettler", dann würde ich erstens ein besseres Auto fahren und zweitens würde es mir sowieso besser gehen.

Kuhrig konterte, Böhm sei ja nicht in der Lage, einen fliegenden Fasan zu treffen usw., usw. Nach wenigen Minuten wurden die verbalen Angriffe ziemlich ins persönliche zielend und G. Weiß sprach ein deutliches Machtwort und beendete die Lage am Tisch.

In der Folge bekam Böhm bis seinem Tod 1980 keine Möglichkeit mehr, in Zippelsförde auf Rotwild zu jagen. Sein Tod wurde von Kuhrig nicht kommentiert.

In lebhafter Erinnerung ist mir diese Fasanenjagd vom 30.12.1978 wie gesagt auch wegen des Beginns des schneereichen Katastrophen-Winters. Neben dem Klein-Krieg Kuhrig – Böhm fiel mir auf, dass mehrfach einzelne Mitarbeiter von G. Weiß erschienen und mit ihm sprachen. Er wiederum unterhielt sich immer wieder mit K. Siebold, damals Minister für Kohle und Energie. Dann wurde auch Siebold mehrfach ans Telefon gerufen, kam zurück und setzte sich in aller Ruhe wieder an den Tisch. Letztendlich wurde bekannt, dass im Süden der DDR, also in den Lausitzer und mitteldeutschen Braunkohlenzentren bereits große witterungsbedingte Probleme bei der Energieversorgung bevorstanden. Als Siebold trotz allem noch ungerührt am Tisch saß und es sich schmecken ließ, wurde G. Weiß plötzlich laut und sagte ziemlich deutlich, Siebold solle sich sofort in seinen Verwaltungsbereich bewegen und Maßnahmen ergreifen. Siebold brach auch sofort auf. Offensichtlich war sein Krisenmanagement nicht ausreichend, denn er wurde anschließend abgesetzt und in anderer Funktion tätig. Nach Siebolds Abfahrt erfolgte allgemeiner Aufbruch. Nördlich von Berlin fiel zu diesem Zeitpunkt nur wenig Schnee, der kam dann am 14.2.1979, dazu mehr an anderer Stelle.

Minister Böhm verstarb aus mir unbekannten Gründen. Er war kein guter Jäger, aber ein aufgeschlossener, gesprächsbereiter Mensch.

Egon Krenz, damals Mitglied im PB, war nur einmal Gast. Er machte am 5. März 1978 zusammen mit dem Chef des Kubanischen Kommunistischen Jugendverbandes einen Jagdausflug zur StJW Lindow. Ich musste die aus zwei Tatra-Limousinen bestehenden und von VP-Blaulichtfahrzeugen begleitete Gruppe aus Berlin abholen und zum Regierungsheim Lindow geleiten. Dort gab es einen kurzen Imbiss, dann wurde der kubanische Gast vom Gühlener Jagdleiter M. Genge zur Saujagd abgeholt. Zu diesem Zeitpunkt existierten im Revier Gühlen noch Teile des ehemaligen großen Saugatters. Dort wurde regelmäßig gekirrt und nur bei besonderen Anlässen geschossen. Die Sauen kamen also fast auf Zuruf, wenn mit dem Futtereimer geklappert wurde. Der Erfolg war, mit Ausnahmen durch unerwartete Störungen, meist sehr sicher.

Ich bestieg mit Krenz eine Kanzel in der Nähe des Gatters. Als wir saßen, sagte er: „Bist du sicher, dass der Kubaner was erlegt?“ Ich sagte: „Ja, sehr sicher, wir werden jeden Schuss hören“. Darauf Krenz: „Lass mich bitte schlafen und wecke mich erst, wenn es geknallt hat.“ Er lehnte, ohne zu laden, seine Waffe an die Kanzelwand und schlief fast sofort fest und friedlich. Nach etwa 25 Minuten fiel der erwartete Schuss. Ich weckte Krenz und sagte es habe geknallt, da werde bestimmt eine Sau liegen.

Wir baumten ab. Im Regierungsheim waren der kubanische Gast und Jagdleiter Genge schon eingetroffen. Genge meldete mir und Krenz, dass eine Nachsuche nötig sei, aber wohl Erfolg bringen würde. Die gesamte Delegation zog nun zum Essen ins Regierungsheim. Genge sagte mir, als wir kurz allein waren: „Plan B!“ „Plan B“ war einfach: Die für Nachsuchen und Wildbergung zuständigen Mitarbeiter hatten in unserer Wildannahme und -Verarbeitungsstätte einen bereits erlegten Überläufer vorsichtshalber aus dem Kühlraum geholt. Weil es dort noch kein Telefon gab, fuhr ein Kurier vom Regierungsheim sofort los, der Überläufer wurde mit heißem Wasser „gefüllt „ und lag nach 40 Minuten dampfend auf dem mit Reisig ausgelegten und von drei Feuern beleuchteten Streckenplatz. Die Freude aller unserer Gäste war unbeschreiblich!

Egon Krenz sah ich dann nur noch selten bei den großen Staatsjagden und hatte keine weiteren persönlichen Kontakte zu ihm.

Die Sache mit „Plan B“ war mir vorher von W. Martens, Leiter der StJW Born/Darß, als günstigste Lösung in solchen Situationen freundschaftlich empfohlen worden.

Einige Erlebnisse mit Gästen, welche ebenfalls nicht so häufig bei uns waren, habe ich noch gut in Erinnerung. So begann am, 20.7.1985 Minister Wange, neben mir auf der Kanzel sitzend, sich unmutig über Probleme seiner Büroausstattung bzw. zur Beschaffung von Schreib- und Kopierpapier und ähnlichen Dingen zu äußern. Er wurde immer lauter und ich war erstaunt über seine Erregung. Ich musste ihm schließlich sagen, dass das Wild schon im Anwechseln wäre und seinen lauten Vortrag nicht anhören wolle. Er sagte darauf hin, naja, man müsse sowas ja auch mal loswerden. Insgesamt gehörte er, genau wie die meisten anderen Gäste, eher zu den zurückhaltenden Weidgenossen.

Eine Ausnahme davon war beispielsweise Minister Singhuber. Er wusste immer vorher, dass dort, wo gejagt werden sollte, „mit Sicherheit kein Wild kommt“. Obwohl das sehr selten vorkam, blieb er bei dieser Marotte.

Einmal bekam er großen Ärger, weil er in der Nähe des Regierungsheimes einen Rehbock erlegt hatte, ohne geführt zu werden. Ich musste ihm daraufhin seinen Jagdschein abnehmen. Die Situation war sehr merkwürdig, für ihn unangenehm und zum Glück einmalig.

Übrigens war Minister Wange nicht der Einzige, welcher sich spontan äußerte. Auch von anderen Gästen hörte man oft kritische Worte zu den Alltagsproblemen. Einige Gäste sprachen auch manchmal über familiäre Probleme. Es waren aber nur diejenigen, die ich schon lange kannte.

Auf Einladung von Minister Kuhrig kam 1982 G. Forgber als Gast nach Zippelsförde. Er war Mitarbeiter von Schalck und kein besonders passionierter Jäger. Nach dem Ausscheiden Kuhrigs kam er nicht wieder zur Jagd.

Nicht sehr oft, aber jagdlich interessiert, kam Dr. G. Beil, Minister für Außenhandel, nach Zippelsförde. Er machte zwar keine besondere Strecke, in Erinnerung bleibt mir aber ein wahres „Fehlschussfestival", an dem er maßgeblich beteiligt war.

Und das lief so ab:

12.10. 1984 abends: Dr. G. Beil: 2 Fehlschüsse
13.10.1984 früh: Dr. G. Beil : 5 Fehlschüsse
13.10 1984 abends: Dr. G. Weiß: 3 Fehlschüsse

Im Einzelnen: Ich holte Dr. Beil am 12.10.1984 gegen Abend aus dem Regierungsheim Lindow ab. Er zeigte mir voller Freude seine neue Waffe, einen Steyr-Mannlicher Stutzen.

An das Kaliber kann ich mich nicht mehr erinnern. Wir setzten uns an, zweimal kam er auf Sauen zu Schuss und zweimal fehlte er. Am nächsten Morgen, am 13.10.1984, holte ich ihn wieder zur Jagd ab. Wir setzten uns an und das Unfassbare ging weiter seinem Höhepunkt entgegen. Ein Rotspießer verhoffte auf 100 m Entfernung – Rumms – vorbei! Etwa 15 Minuten später zog auf dem gleichen Wechsel ein Kahlwildrudel zurück in die Tageseinstände. Ein Kalb stand wunderbar frei – der Schuss fiel – vorbei! Das Rudel verhoffte erschrocken, ein Tier stand völlig frei – der Schuss fiel – vorbei! Natürlich ging nun alles Wild flüchtig ab. Minister Beil war schon ziemlich entnervt, wir sprachen kaum. Ich ließ ihn zur Ruhe kommen und wollte nach zehn Minuten die Kanzel verlassen. Kurz vorm Abbaumen zog links von uns ein Damtier mit Kalb auf die Freifläche, beide blieben stehen. „Bleiben Sie ruhig und schießen Sie aufs Kalb!" Der Schuss brach..., beide verhofften zunächst still und gingen dann in hohen Fluchten ab.

Beil stöhnte: „Nun ist Schluss, das gibt es doch nicht!"

Wortlos ging er zum Auto. Und dann kam die für mich totale Überraschung.

Erstmals seit 1976 stand, ca. 200 m vom Auto entfernt, ein Muffelwidder mit wirklich engem Kreisbogen der Schläuche und äugte uns an. Er zog weiter und stand auf ca. 120 m frei im Altholz. „Legen Sie auf der Motorhaube auf und schießen Sie ruhig." Beil ging in Stellung – wie erwartet, der Schuss brach, der Widder trollte etwa 100 m weiter, drehte sich nochmal, äugte zu uns und verzog sich auf Nimmerwiedersehen.

Nun brach es endgültig aus Beil heraus: „Das kann nur an dieser besch.... Waffe liegen. Die ist noch gar nicht angeschossen, wer weiß, wer die vorher in den Händen hatte, ... usw., usw.

Wir hatten in der Nähe einer alten Kiesgrube einen provisorischen Schießstand zum Probeschießen eingerichtet. Ich schlug vor, hinzufahren und mich einen Probeschuss mit seiner Waffe abgeben zu lassen. Gesagt, getan: der Schuss saß genau im Zentrum. Es war einfach vorher das geschehen, was immer wieder vorkam: Unkonzentriertheit der Gäste, wohl infolge des Versuchs, nervliche Anspannung und Stresssituationen eben unkonzentriert zu überwinden.

Zusammen mit Dr. Weiß ergaben das zehn Fehlschüsse in 24 Stunden. Auch das muss man verkraften können.

Sehr selten war auch der Staatssekretär und Leiter des Sekretariats des Ministerrates, Möbius, zu Gast. So z.B. war das bei einer kurzfristig von Minister Lietz gewünschten Ansitz-Drückjagd der Fall. Zusammen mit anderen Jagdgästen gab es am 17.11.1984 folgendes Streckenergebnis:

Minister Lietz:	2 Stück Damwild
Dr. G. Weiss:	1 Rothirsch AK 2 und 1 Ricke
Staatssekretär Möbius:	1 Ricke
Minister Wange:	1 Damkalb
Minister Weiz:	1 Damkalb
OB Berlin Krag:	ohne Strecke
Leiter ISJ, Richter:	1 Ricke
Leiter Büro Lietz, Pudrus:	ohne Strecke

Im Vergleich zu anderen ähnlichen Jagden war dieses Streckenergebnis gut und für alle Beteiligten stimmungshebend.

Zu den seltenen Gästen gehörte auch W. Eberlein, Mitglied des PB. Er war sehr zurückhaltend und zeigte, wenn er etwas erlegt hatte, keine großen Regungen. Allerdings schoss er sehr sicher und klagte auch nicht, wenn er nicht zu Schuss kam.

Ähnliches galt für H. J. Böhme, Minister für Hoch- und Fachschulwesen, welcher ebenfalls selten und nur in den ersten zwei, drei Jahren kam.

Erst in den letzten vier Jahren kam auch manchmal A. Donda, Leiter der Staatlichen Zentralverwaltung für Statistik, zur Jagd. Er interessierte sich vor allem für Schwarzwild und kam mit dem Jagdleiter J. Karla, welcher ihn regelmäßig führte, auch ab und zu zu jagdlichen Erfolgen.

Kurzzeitig, also für ein oder zwei Tage, waren auch der Botschafter der CSSR, der Stellvertretende Bulgarische Minister für Energiewirtschaft, der Bundesminister für Land- Forstwirtschaft Österreichs, der Minister für Umweltschutz und Wasserwirtschaft der CSSR sowie ein Stellvertreter Minister der Sowjetischen Landwirtschaft und einige Geschäftspartner von Schalck oder Lietz aus der Bundesrepublik, Frankreich, Dänemark oder Österreich zu Gast.

Seit 1986 kam erstmalig Dr. A. Kleine, Mitarbeiter im MfS, nach Zippelsförde zur Jagd auf den Brunfthirsch. In besonderer Erinnerung ist mir ein Morgenansitz, an dem wir lange auf die von den Feldern in ihre Tageseinstände zurückwechselnden Brunftrudel warten mussten. Endlich erschien gegen 8.00 Uhr das erste Kahlwild, zog über eine kleine Freifläche und verschwand langsam im angrenzenden Kiefer-Stangenholz. Dann kamen zwei Beihirsche und endlich auch der Platzhirsch, ein ungerader 14-Ender. Der zog auf uns zu und tat sich plötzlich, dampfend und röhrend, mitten auf einer kleinen Blöße nieder. Und nun vergingen die Minuten. Kleine wurde unruhig und flüsterte: „In 20 Minuten müssen wir los. Ich muss pünktlich in Berlin sein." Guter Rat war teuer. Da kam mir plötzlich der Gedanke, den an der Blöße vorbeiführenden Pirschsteig zu benutzen, um den Hirsch anzugehen und zum Aufstehen zu bringen. Entfernung zum Hirsch etwa 150 m. Ich sagte zu Kleine: „Trauen Sie sich einen sicheren Schuss zu, denn der Hirsch wird aufstehen und Sie müssen sofort schießen!" Antwort: „Jaja!" Ich baumte vorsichtig ab, kam auf dem Pirschsteig gut voran bis auf gleiche Höhe mit dem noch liegenden Hirsch, griff nach einem herumliegenden trockenen Ast und begann, die nächste Kiefer zu bearbeiten. Der Hirsch lag in Richtung Kanzel schräg von hinten auf der Fläche, hob sofort das Haupt in meine Richtung, stand auf und lag im Knall im Feuer! Ich lief sofort los, um ihn zu lüften, Kleine kam und „apportierte" mich fast vor Freude. Er sagte, nach drei Minuten Wartezeit wäre er abgebaumt und hätte Hirsch Hirsch sein lassen müssen.

An einem anderen Jagdtag versuchten wir es, einen alten Hirsch mit bereits etwas stumpfen, kurzen Enden, aber starken Stangen, anzugehen. Wir konnten ihn gut beobachten, denn er stand mit fünf Stück Kahlwild auf etwa 300 m Entfernung in leicht welligem Gelände. Mir war bekannt, dass er meist in einer angrenzenden Kiefern-Dickung mit Lücken und einzelnen Lärchen, seinen Tageseinstand bezog. Kleine meinte, oh, das wäre eine interessante Trophäe. Mir war klar, dass wir den Hirsch nur bekommen würden, wenn wir uns in Deckung der Bodenwellen anpirschen könnten. Ich fragte Kleine, ob er notfalls auch „robben" würde. Antwort: „Na klar!" Wir pirschten los, kamen bis vor die letzte Bodenwelle – man konnte zeitweilig auf ca. 80 m Entfernung bereits die Stangen unseres „Zielobjektes" sehen. Ich sagte: „Jetzt müssen wir robben." Kleine machte das prima. Ich flüsterte: „Noch zehn Meter bis zum nächsten Stubben." Er robbte los, der Schuss brach, ich richtete mich sofort auf und sah den Hirsch nach wenigen Fluchten fallen.

Kleine war ein guter Schütze und, wie beschrieben, auch bereit, mal etwas zu wagen.

Zu den eher selteneren Gästen der letzten Jahre gehörten Minister E. Höfner und, wie schon erwähnt, PB-Mitglied W. Eberlein und Statistikchef A. Donda. Alle waren eher „zurückhaltend", wenn es um jagdliche Erfolge ging. Mit diesen Gästen hatte ich keine bemerkenswerten Erlebnisse. Sie erlegten überwiegend Sauen, Rehböcke und ab und zu Rotwild.

Ähnliches gilt für Minister Weiz. Zu ihm entwickelte sich im Laufe der Jahre sogar ein sehr angenehmes Verhältnis. Er sprach mit mir über viele der Öffentlichkeit nicht so bekannte Probleme und war jagdlich ebenfalls eher zurückhaltend. Das traf allerdings auch auf schnelles Schießen oder Schießen auf größere Entfernungen zu. Aber das war ja auch nicht schlecht.

DDR-Planungschef G. Schürer kam relativ selten nach Zippelsförde. 1977 stand er mit mir auf der Baustelle für den zukünftigen Jagdhauskomplex und fragte, wie das alles so laufen soll. Ich erklärte ihm, dass in zwei Jahren alles fertig sein soll. Er lachte und lachte und sagte: „Du bist ja ein Träumer, dieser Termin wird nie eingehalten werden." Leider behielt er Recht. Mit Gästen kam er selten. Aber am 20. März 1985 hatte er ein Treffen mit dem bulgarischen Botschafter und einem weiteren bulgarischen Regierungsmitglied. Unterkunft und Essen erfolgten im Regierungsheim in Lindow. Wir stellten Jagdleiter und Jagdwaffen. Gestreckt wurde ein Überläufer und es gab zwei Fehlschüsse. Über ein anderes Jagderlebnis mit Schürer habe ich bereits berichtet.

Ein völlig anderer Gast war Herbert Mies, damals Chef der Kommunistischen Partei in der BRD. Er kam Anfang August 1981 für drei Tage, um in ruhigem Umfeld zu entspannen. Wir hatten beide schnell Kontakt und Zeit für Diskussionen. Mich beeindruckte vor allem seine kritische Haltung gegenüber Honecker, dem er eine überzogene Selbstdarstellung und Überbewertung der Erfolge der DDR ankreidete. Das sei nicht gut für die Probleme der Kommunistischen Bewegung. Er saß zweimal mit mir auf der Kanzel und erlegte einen Überläufer und einen geringen Schaufler.

Es gab auch einige jagende Gäste aus dem Ausland. So war 1981 z.B. der stellvertretende Landwirtschaftsminister der damalige SU zu Gast und streckte einen Rehbock und einen Überläufer.

Ein Fleischhändler aus Frankreich kam 1984 mit 3 Mitarbeitern einige Tage als Gast und erlegte einen Rotspießer und drei Stück Damkahlwild.

Am 27.1.1985 kam der österreichische Bundesminister für Land- und Forstwirtschaft zu Gesprächen mit unserem Minister Lietz und streckte einen Damspießer.

Die jagdlichen Erfolge mussten immer innerhalb der meist kurzen Besuchszeit von ein bis drei Tagen abgesichert werden und bedeuteten natürlich höchste Bereitschaft für alle Jagdleiter, welche das Wild vorher bestätigen oder die Jagdgäste selbst zum Erfolg führen mussten.

Anders verhielt es sich natürlich mit nicht jagenden Gästen.

Jährlich kamen meist mehrere Einzelpersonen oder kleine Gruppen zu internen Beratungen und Gesprächen. Da wurde wie gesagt nicht gejagt, sondern Geschäfte abgeschlossen bzw. besprochen. Das waren jeweils weitere Höhepunkte der Anforderungen an meine Frau und ihre Helferinnen hinsichtlich einer für die damaligen Gegebenheiten möglichst besten Bewirtung. Sie hat es erfreulicherweise immer geschafft und alle Beteiligten waren in guter Stimmung.

Dazu einige Beispiele:

Im September 1983 gab es Gespräche zwischen Minister Lietz und dem Präsidenten der Französischen Nationalbank. Im Oktober kam es zu einem weiteren Treffen, an dem auch Außenhandelsminister Beil teilnahm.

In Erinnerung ist mir auch vom 9. September 1986 ein Treffen zwischen Minister Lietz und dem Vieh- und Fleischhändler Moksel aus Bayern. Moksel wurde von den Herren Houdek und Schneider und deren Ehefrauen begleitet. Die Stimmung war sehr locker und es ging, soweit ich mich erinnere, vor allem um den Kauf von Pferden. Jagdliche Themen wurden kaum diskutiert. In Begleitung von Lietz nahmen auch der Leiter seines Büros, D. Pudrus und der Leiter der ISJ, J. Richter, am Abendessen in einer wie gesagt sehr entspannten Stimmung teil. Es gab außerdem noch eine Vielzahl von kurzzeitigen, also zwei- bis dreistündigen Besuchen sowohl ausländischer als auch inländischer Gäste. Meist waren das kurze Gespräche mit den jeweils zuständigen Ministern der DDR.

Als Jagdgast im weiteren Sinn kamen sowohl J. Richter (manchmal mit Frau) als auch die zeitweiligen Mitarbeiter der ISJ wie H. G. Schumann und V. Westphal und natürlich auch die Büroleiter des jeweiligen Ministers, also U. Deichsler und D. Pudrus, zur Jagd nach Zippelsförde. Sie erlegten meist Rot- und Schwarzwild.

Nach dem Antritt von B. Lietz als Minister öffneten sich nicht nur für mich neue großzügige Möglichkeiten der Erlegung von Trophäenträgern, sondern ich sollte und konnte auch die zuständigen Verantwortlichen des Landkreises Neuruppin, also den 1. Sekretär der SED-Kreisleitung und den Vorsitzenden des Rates des Kreises sowie einige meiner hilfreichen ehemaligen Kollegen aus dem StFB Lübben zur Jagd führen. Das geschah überwiegend als Abendansitz außerhalb der Hauptjagdsaison und brachte als Strecke meist Rot- und Damkahlwild und einige Sauen.

Ergänzend noch Folgendes: Außer den Gästen, welche direkt zur Jagd und oder zu persönlichen Gesprächen kamen, wurden durch Wirtschaftsleitung und Allgemeine Verwaltung auch externe Gruppen betreut. Dazu wurden meist Wildschweine am Spieß gebraten und dann den verschiedenen Bedarfsträgern vor Ort präsentiert. Das kam bis 1985 bis zu fünfmal im Jahr vor und wurde dann als nicht zweckmäßiger Aufwand eingestellt.

Unerwartete und unerwünschte Gäste

Hallo Freunde - „Do swidanja!" Im Herbst 1964, ich war damals Betriebsassistent im StFB Lübben und wohnte mit Familie als Untermieter in einer Revierförsterei, welche nur wenige hunderte Meter vom Zaun des sowjetischen Flugplatzes Brand und etwa 4 km entfernt vom nächsten Dorf als erste familiäre „Wohnhöhle" diente.

Der Hauptmieter und „Chef" im Forsthaus war Revierförster H. Er leitete das Revier Brand und war gleichzeitig Jagdleiter für das unmittelbar an den Objektzaun des Flugplatzes angrenzende sowjetische Jagdgebiet. Es hatte eine Größe von über 800 ha und wurde regelmäßig ab Beginn September bis Ende Dezember an den Sonntagen vormittags in Form von kleinen Waldtreiben bejagt. Das betraf aber nie das ganze Gebiet, sondern beschränkte sich auf turnusmäßige Wiederholungen in den für diese Jagdart geeigneten Revierteilen. Der Revierförster nahm immer an gemeinsamen Essen nach der Jagd teil, ich war immer eingeladen, blieb aber nach drei Wochen fern, weil der Sonntagnachmittag jedes Mal mit kräftigem Essen, aber eben auch mit traditionell kräftigem Wodka-Schlucken begann und endete.

Ich lernte in dieser Zeit viele sowjetische Offiziere kennen – es waren übrigens Menschen wie du und ich. Es gab keine Probleme.

Einige Jahre später, im Herbst 1970, erhielt der StFB Lübben vom kommandierenden General des Flugplatzes Brand die Einladung, mit 10 Jägern an einer Ansitz-Drückjagd im sowjetischen Jagdgebiet teilzunehmen. Ich war zu diesem Zeitpunkt amtierender Direktor und brach mit 6 Kollegen zum Treffpunkt auf. Freundliche Aufnahme, etwa 50 Soldaten als Treiber, Feldküche, großes Festzelt mit einem verdächtig großen Stapel von Kartons: alles bester Wodka und der ausgezeichnete armenische Weinbrand.

Es fielen viele Schüsse. – Strecke: ein Damtier, und das hatte einer der Zeltbewacher aus einem vorbeiflüchtenden Rudel heraus erlegt.

Gegen 17 Uhr erfolgte dann der Einmarsch ins Festzelt. Ich bekam einen Ehrenplatz zwischen dem General und seiner Frau mit Tochter, um die freundschaftlichen Reden anhören und erwidern zu können. Nach etlichen Jahren Russisch-Unterricht verstand ich natürlich Einiges und konnte mich auch verständlich machen. Zu diesen offiziellen Anlässen half uns aber immer ein perfekt russisch sprechender Kollege als Dolmetscher. Natürlich musste nach umfangreicher Begrüßung der „Becher" gehoben werden.

Der armenische Weinbrand war, wie gesagt, hervorragend, aber bei allen offiziellen und ähnlichen Anlässen hielt ich mich grundsätzlich bei einem „Umtrunk" zurück.

Als ich nur etwas am Glas nippte, umarmte mich „Frau General" lachend: „Warum trinkst du nicht?" Ich versuchte, mich irgendwie zu erklären, stand aber nun unter ständiger „Alkoholkontrolle"!

Nach etwa einer Stunde, es gab zwischendurch natürlich ein reichhaltiges Abendessen, fielen in Zeltnähe mehrere Schüsse. Ich schickte einen Kollegen zur Kontrolle los. Er kam wieder: „Die Gruppe vor dem Zelt wirft die Mützen in die Luft und schießt danach! „Das war für mich das Alarmzeichen zum Aufbruch. Es gab umfangreiche Umarmungen und Befragungen, warum wir usw. usw. ...

Nun, meine Kollegen hatten natürlich etwas öfter angestoßen als ich und so kam der Beschluss zustande, in einem Dorf in der Nähe noch etwas „Kirmes", zu feiern. Gesagt, getan. Wir saßen etwa eine Stunde in der Gaststube, als die Tür aufging und unser Freund General mit Anhang zum Kirmestanz einwechselte. Nur ich blieb sauber, aber ich hatte doch Mühe, einige meiner Jagdgenossen wohlbehalten in ihren heimatlichen Einständen abzuliefern. Auch einige weitere Jagden mit sowjetischen Jagdgästen verliefen damals ohne Probleme. Es wurde auf alles freigegebene Wild geschossen, allerdings ausschließlich mit Flinten, also mit Flintenlaufgeschossen und Schrot in allen Korngrößen und häufig viel zu großer Entfernung.

Ich kam bei einer der sonntäglichen Drückjagden zu „großem Ruhm": Ich hatte die Doppelflinte in Erwartung der von den Treibern angekündigten Sauen mit zwei Flintenlaufgeschossen geladen, aber anstelle der Sauen kam ein flüchtender Fuchs. Nach Flintenschussgewohnheit „fuhr ich mit" und der Fuchs rollte tatsächlich voll getroffen. Meine sowjetischen Jagdfreunde hatten sofort das „Wässerchen" bereit und ich hatte Mühe, das „Schlucken" mit allen Beteiligten abzulehnen. Solange ich in diesem sowjetischen Jagdgebiet in unmittelbarer Nähe des Flugplatzes Brand – damals Landkreis Lübben/Spreewald – jagen konnte, war ich eben ein „Meisterschütze".

Ich kam also, was sowjetische Jagdgewohnheiten betrifft, nicht unerfahren nach Zippelsförde. Doch hier gab es eine völlig andere Situation. Alle Jagdleiter berichteten mir sofort, dass vor allem die der StJW zugeordneten Feldflächen in ungleichmäßigen Abständen nachts von LKW mit Scheinwerferlicht befahren und bejagt würden.

Zunächst versuchten wir, die Kennzeichen dieser Fahrzeuge festzustellen. Mit diesen Daten nahm ich Kontakt zu den Kommandeuren in der Nähe liegender sowjetischer Einheiten, vor allem in Neuruppin, auf, um ein Ende der Wilderei zu erreichen. Das war sinnlos! Man ließ mich meist sehr lange warten und dann wurde mir mitgeteilt, dass die vorgewiesenen Kennzeichen keinesfalls zum Verantwortungsbereich des jeweiligen Kommandeurs gehören würden.

Eines Nachts im Herbst 1977 entdeckte ich wieder einen dieser ungeliebten Jagdgäste. Diesmal wollte ich wissen, woher die Fahrt kam und wohin sie ging. Ich fuhr mit vollem Licht los, der LKW drehte vom Feld ab auf die Straße und beschleunigte sein Tempo deutlich schon bei der Durchfahrt durch das nächste Dorf. Ich blieb so dicht wie möglich dahinter. Dann, etwa 100 m hinter dem letzten Haus, öffnete sich die LKW-Plane und eine MP zielte unmissverständlich auf mich. Mir war sofort klar: STOP!

Am nächsten Tag rief ich in der Zentrale an und vereinbarte einen Termin bei Richter. Das klappte wenige Tage später und im Gespräch mit Richter sagte ich: „Ich trete mit sofortiger Wirkung aus der Gesellschaft für Deutsch-Sowjetische Freundschaft aus!“ Darauf Richter: „Kannst du nicht machen“. Darauf ich: „Kann ich doch, hier hast du mein Mitgliedsbuch!“ Darauf Richter: „Na gut, das bleibt bei mir und deine Mitgliedschaft ruht.“ Somit war dieses „Kapitel“ offiziell beendet.

Die ungebetenen Jagdgäste tauchten aber immer wieder auf. Einer meiner Mitarbeiter, selbst hervorragender Jäger und beruflicher Alleskönner, sagte, als die Wilderei immer mehr zunahm, er würde sich mal „ein Gegenmittel“ einfallen lassen. Und das ging schneller, als ich dachte. Eines Morgens kam er in mein Dienstzimmer und sagte: „Komm mal mit, ich zeige dir was.“ „Auf der Straße vor unserem Objekt stand ein moderner mehrachsiger sowjetischer LKW. Es stand still, weil auf seiner linken Seite alle Reifen platt und luftleer auflagen. Mein guter Kollege Eckhard R. hatte einer alten Egge die „Zähne angeschliffen“ und dieses Fanggerät an der von den Sowjets regelmäßig zum Einfahren aufs Feld benutzten Stelle „fängisch“ gestellt. Von dort ließ sich die „Wundfährte“, also die Fahrspur eines nur einseitig komplett bereiften Fahrzeugs, bis zu einem Abstellplatz heraus sehr gut verfolgen. Das war wohl keine besondere Absicht, sondern einfach durch Wegeführung und Anbindung an die Straße erforderlich. Nach drei Tagen wurde das Fahrzeug mit großer Technik abgeholt und wir hatten tatsächlich in den bis dahin stark „bewilderten“ Jagdgebieten längere Zeit Ruhe.

Diese „unerlaubten" Streckenergebnisse waren nach Aussage einiger Insider aber relativ gering. Für die Jagdleiter aber waren die häufigen Nachsuchen auf angeschossenes oder verludertes Wild und die z.T. gefährlichen Störungen bei der Nachtjagd eine echte Belastung.

Eine äußert mutige und fast abenteuerfilmreife weitere Episode lief folgendermaßen ab: Der junge Jagdleiter und Revierförster Bernd U. bemerkte in der Nähe eines sowjetischen Militärobjektes zwei Soldaten. Sie hatten ein Reh erlegt, Waffen und Koppel an Bäume gestellt und sich hingelegt. Bernd pirschte sich an und nahm Waffen und Koppel an sich. Es gab ein kurzes lautes Gespräch, die beiden Überraschten waren zu Glück vor Schreck nicht handlungsfähig und so konnten die beschlagnahmten Waffen der Volkspolizei übergeben werden.

Fazit: Ich bedankte mich bei Bernd, empfahl aber, solche wirklich mutigen Alleingänge lieber zu unterlassen. Er hatte ja auch Familie.

Von der Volkspolizei erfuhr ich, dass die Täter diesmal einer sowjetischen Einheit zugeordnet werden konnten. Wahrscheinlich wurden sie hart bestraft. Ich wertete diesen Vorfall und andere Vorkommnisse ständig aus und wies die Jagdleiter immer wieder darauf hin, äußerste Vorsicht walten zu lassen.

Ein völlig unerwartetes andersartiges Erlebnis hatte ich im Sommer 1984. Ich kam gegen Mittag von einer Kontrollfahrt zurück und hatte plötzlich bei offenem Autofenster deutlichen Brandgeruch im Windfang. Kurze Zeit später fand ich Fahrzeugspuren in Richtung auf eine Wiese am Rheinsberger Rhin. Ich folgte sofort, sah plötzlich einige PKW und zwei Geländewagen auf der Wiese stehen und dazwischen Erwachsene und Kinder in Badekleidung, dazu eine Feuerstelle mit mittelhohen Flammen und kurz vor mir zwei auf den Zufahrtsweg springende bewaffnete Sowjetsoldaten. Sie wollten mich stoppen, ich schrie sie nur aus dem geöffneten Fenster an und fuhr zügig in das muntere Ferienspiel hinein. Erst konnte keiner der Anwesenden Deutsch sprechen, das änderte sich, als ich mir die Kennzeichen der PKW notierte. „Bitte machen Sie keinen Ärger, wir haben nicht gewusst, dass man hier nicht feiern darf". Ich sagte knapp: „In 30 Minuten bin ich wieder hier und Sie nicht mehr!" So kam es. Ich gab die Kennzeichen an die Zentrale in Berlin und erfuhr wenig später: Das war ein großer Fang! Das war der Chef eines sowjetischen Militärbezirkes! Nun gut, wir hatten dann eine ganze Zeit lang keine ungebetenen Jagd- oder Badegäste mehr.

Nach Vorkommnissen ähnlicher Art in anderen Staatsjagdgebieten wurde seitens der sowjetischen Militärführung wohl härter durchgegriffen. Nach 1986 gab es kaum noch Probleme mit Wilderern aus der sowjetischen Armee.

Aber es gab auch andere Begegnungen, so z.B. an einem hellen warmen Sommertag 1984 mit einer Gruppe von 4 Sowjetsoldaten, mitten im gesperrten Jagdgebiet, aber unbewaffnet. Auf Befragung bat mich einer in gutem Deutsch, niemanden darüber zu berichten, dass ich sie entdeckt hätte. Er sagte, dass sie eine Sonderübung ausführen würden und genau wussten, dass man dieses Gebiet nicht betreten darf. Aber sie wollten halt schneller als vergleichbare Gruppen sein und baten mich nochmal eindringlich, keine Meldung zu machen, denn sie würden das Gebiet sofort verlassen. So geschah es dann auch. Für diese Jungs hatte ich Verständnis.

1985 kam dann unangemeldet ein sowjetischer Sicherheitsoffizier in Zivil zu mir. Er sprach sicheres Deutsch und wollte wissen, ob es noch nachweisbar Wilderei durch sowjetische Militärangehörige gibt. Ich konnte ihm mitteilen, dass dies spürbar nachgelassen hatte. Er sagte, dass er nach Jahresablauf wieder nachfragen würde, kam aber nie wieder.

Was niemand für möglich hielt, geschah am 18. September 1984. Zwei meiner Mitarbeiter kamen nachmittags erregt in mein Dienstzimmer und sagten: Auf den Weg nach Rheinshagen, also mitten durch das Gebiet der StJW fahren jede Menge Fahrzeuge der Nationalen Volksarmee! Ich hatte auch Fahrzeuggeräusche vom nahen Weg her bemerkt, aber nicht sonderlich beachtet. Also – ich raus an den Weg – und da fuhren sie!

Es kamen DDR- und sowjetische LKW mit Mannschaft, dazu verschiedene Tankfahrzeuge und weitere große Fahrzeuge mit unbekanntem Aufbau.

Anruf in Berlin – Antwort: Uns ist nichts bekannt.

Anruf zum Volkspolizei Kreisamt – Antwort: Uns ist nichts bekannt.

Gegen 17:15 Uhr Mitteilung vom Volkspolizeikreisamt: In unseren Einsatzkarten ist nichts vermerkt, aber es handelt sich wahrscheinlich um eine spezielle Einheit mit einer Übung zur chemischen und atomaren Reaktivierung von Fahrzeugen und Gerät, Kommandeur der Einheit sei ein Oberst aus dem Bezirk Magdeburg.

Gegen 21:00 Uhr telefonische Anfrage des Wehrkreiskommandos Neuruppin bei mir: Es sollen in Ihrem Gebiet NVA-Manöver im Gange sein. Genosse Herold, operieren bei ihnen irgendwelche NVA-Einheiten? Ich antwortete, echt wütend, sie sollten endlich aufwachen und diese Aktion beenden.

Kurz vor Einbruch der Dunkelheit rief ich die Jagdleiter an, alle Wege zu kontrollieren und fuhr dann selbst los. Entlang der Erdgasleitung Richtung Rheinshagen standen auf vielen Schneisen in Nähe des Rheinsberger Rhins diverse Fahrzeuge. Ich hatte genug gesehen und sprach einen Hauptmann bezüglich seiner Aufgabe an. „Ich handle auf Befehl!" Mehrere anschließende Telefongespräche mit Richter in der Zentrale, mit den VPKA und dem Wehrkreiskommando brachten bis zum Beginn der Nacht keine Klarheit. Richters Reaktionen am Telefon wurden immer wütender.

Am 19.09. 1984 früh fuhr ich gegen 7 Uhr wieder los. Belegt und besetzt waren inzwischen nicht nur Schneisen und Wege zum Rheinsberger Rhin, sondern auch der Heinrichsdorfer Weg. Der Weg Dierhagen – Rheinsberg und die Durchfahrt von Zippelsförde in Richtung Zechow waren kaum noch befahrbar. Überall lagen Rohrleitungen zum Rhin, Telefonkabel waren verlegt und ein bewaffneter Posten sicherte sogar die Zufahrt zu unserem Objekt ab. Außer den Wegen waren auch die Forstabteilungen 60, 65, 77, 75 und 78 belegt. Trotz aller telefonischen Aktivitäten tat sich bis Mittag nichts.

Gegen 16 Uhr Anruf vom Wehrkreiskommando Neuruppin: „Wir haben eine Mitteilung vom VPKA bekommen, im Staatsjagdgebiet würde die Sowjetarmee Stellungen ausbauen. Könnt ihr das klären?" Mir blieb im wahrsten Sinne „die Spucke weg"!

Gegen 17Uhr tat sich was! Mehrere NVA-Motoradfahrer mit weißen Helmen und weißen Schärpen rasten plötzlich ins Aufmarschgebiet. Und nun begann geschäftiges Treiben und der unmittelbare Abzug bis zu nächsten Morgen.

Ende: Der verantwortliche Kommandeur soll ohne Prüfung der Bedingungen und ohne Absprache mit den örtlichen Organen seine Übung ausgeführt haben. Er wurde zur Rechenschaft gezogen.

Ab 22. September schrien die Hirsche wieder am Rhin.

Beratungen und Probleme

Die dargestellte Notwendigkeit, Jagdgäste zum Erfolg zu bringen, brachte Probleme. So bestand, wie mehrfach beschrieben, ein unlösbar erscheinender Widerspruch zwischen den geltenden Regelungen der Jagdwirtschaft der ISJ und den Forderungen und Vorgaben der Forstwirtschaft in der DDR. Allerdings waren die Differenzen nicht neu. Schon Scherping, einstmals zeitweilig für Staatsjagden vor 1945 zuständig, berichtet in seinen Erinnerungen von Riesenproblemen zwischen Forstwirtschaft und ehemaligen Staatsjagdgebieten. Die Nutzung von Wald und Wild durch Menschen war bekanntlich schon seit alten Zeiten in ihrem Umfang und der rechtlichen Zuständigkeit in stetem Wechsel und letztlich weder für das Objekt noch seine Nutzer auf Dauer günstig. Wenn es nicht gelingt, Vernunft und Sachkenntnis zu einer ausgleichenden Regelung nutzen zu können, wird es auch keine Lösung geben. Verständnis muss von allen Seiten füreinander aufgebracht werden. Sonst werden die alten und neuen Fragen immer wieder laut. Warum brauchen wir eine ausschließlich gewinnorientierte Holzernte ohne Rücksicht auf naturnahe Forstwirtschaft? Warum gibt es immer noch einen ausufernden Trophäenkult und keine gewisse Enthaltsamkeit bei der Jagd?

Diese Fragen standen ähnlich auch oft im Hintergrund vieler Gespräche und Diskussionen innerhalb der ISJ. Ich kann aber sagen, dass durch Richter relativ selten, aber manchmal doch mit teils überzogenen Argumenten in die Problematik der einzelnen Gebiete hineingeredet wurde. Einige Leiter von Staatsjagdgebieten waren dann aber von seinen scharfen Wortattacken so beeindruckt, dass sie das Ausscheiden aus der ISJ anboten. Soweit kam es aber nicht.

Wie beschrieben, ließ die Zunahme der Aufgaben außerhalb des eigentlichen Schwerpunktes Jagdausübung für mich die Weiterentwicklung der Jagdwirtschaft ab 1985 kaum noch zu.

Ich stellte mir nur das Ziel, mindestens das erreichte Niveau zu halten. Neue Ideen, z.B. zur Lebensraumgestaltung für Schalenwild waren ausreichend vorhanden, konnten aber nicht mehr umgesetzt werden. Bei einer Dienstreise im Januar 1984 mit Richter in einige ungarische Staatsjagdgebiete waren mir schon die augenscheinlichen Unterschiede in der Aufgabenstellung und damit in der Vielzahl unserer Probleme bewusst geworden. Ungarn mit seinem hohen Nieder- und Hochwildbeständen nutzte ja bekanntlich die Staatsgebiete als Devisenbringer. Die ungarischen Gebiete, im Durchschnitt weitaus größer, waren auf wirtschaftliche Ergebnisse orientiert und hatten ganz andere Finanzierungs- und Abrechnungsmethoden als die Staatsjagdgebiete der DDR, welche fast ausschließlich den führenden Funktionären und ihren Gästen zur Verfügung standen. Die Reise führte vom16. Bis 20. Januar 1984 in die Gebiete Gemenc, Gyulei und Seponya. Wir sahen sehr viel Wild, vor allem Damwild und Rotwild und bekamen so recht anschauliche Vorstellungen vom sehr guten Umgang mit Jagd und Wild im schönen Ungarnland. Die z.T. grundlegenden Unterschiede in Aufgabenstellung und Ökonomie schränkten den Diskussionsinhalt weitgehend ein.

Ganz andere Eindrücke hatten schon das Jahr 1981 mit sich gebracht. Wir, das heißt Richter als Leiter der ISJ und einige Leiter von StJG/ WFG, flogen zur Weltjagdausstellung nach Plovdiv in Bulgarien. In Erinnerung blieb, dass nicht ein einziges Mitglied der damals jagenden DDR-Elite auch nur im Entferntesten an Anzahl und Qualität der Trophäen der anderen „Schießer“, allen voran Ceausescu, herankam. Es gab dazu wenige Gespräche, aber das war damals für uns auch noch kein brisantes Thema.

Unregelmäßig und abwechselnd in verschiedenen StJG oder in der Zentrale wurden Dienstberatungen abgehalten. Dann wurden alle Leiter eingeladen und mit wenigen Ausnahmen waren auch alle zugegen, im Ausnahmefall, die entsprechenden Stellvertreter. Kollegen mit langen Anreisestrecken konnten in den Versammlungsorten übernachten.

Inhaltlich wurden zu Beginn der Beratungen jeweils die politischen aktuellen Themen kurz angesprochen und dann sach- und gebietsbezogen die gestellten Aufgaben und ihre Realisierung diskutiert. Zusätzlich erfolgte, falls nötig, eine Information über gesetzliche Regelungen bzw. Vereinbarungen mit anderen staatlichen Stellen oder neue Dienstanweisungen. Großer Wert wurde vor allem auf die Vorbereitung und Ausführung der jeweiligen Jahres- bzw. Perspektivpläne gelegt. Das lag daran, dass finanzielle Bezugsgrößen und der Umfang des Materialbedarfs jeweils den gerade aktuellen staatlichen Notwendigkeiten angepasst werden mussten.

Weitere Schwerpunkte waren die Diskussion zu Kaderproblemen, die Vorbereitung der großen Staatsjagden, die Versorgung mit Waffen und Munition, die qualitativen und quantitativen Ergebnisse der Gästeführung und damit die Auswertung der gesamten jagdwirtschaftlichen Ergebnisse, welche jeweils in einem Jahresbericht von allen StJG/WFG zu vorgegebenen Terminen an die ISJ-Zentrale übergeben wurden.

Bei den Beratungen kamen häufig auch Probleme aus den Vorgaben zu Ordnung und Sicherheit zur Sprache. Bei einer Dienstberatung im Oktober 1981 wurde z.B. festgelegt, welche Grundsätze ein unsachgemäßes bzw. sogar belastendes Verhalten der Jagdleiter der ISJ verhindern sollen.

Das waren:

- nie einem Gast berichten, was ein anderer Gast erlegt hat
- kein Gast darf die von anderen Gästen erlegten Trophäen sehen
- Namen der Gäste nicht in der Öffentlichkeit nennen
- keinerlei Angaben zu Jagdstrecke an Produktionsarbeiter machen
- keine Diskussionen in der Öffentlichkeit über die Auslastung der Unterkünfte und Jagdgebiete führen
- keine Konfrontation mit Natur- und Umweltschutz zulassen

Im Allgemeinen verliefen alle Beratungen sachbezogen und zeitlich nicht ausufernd. Auseinandersetzungen waren selten. Sie wurden fast ausschließlich im kleinen Kreis mit den Betroffenen, aber dann meist mit „klarer Kante“, soweit es Richters Meinung betraf, geführt.

An drei sehr persönliche Gespräche Richters mit Leitern von StJG kann ich mich inhaltlich noch recht gut erinnern, aber nicht mehr an den Zeitpunkt. Aus mir unbekannten Gründen wurde ich zu diesen Gesprächen von Richter hinzugewünscht: Das erste Problem wurde scharf mit Dr. Lutz Briedermann, damals noch im Institut für Forstwissenschaften Eberswalde und Nachfolger von E. Wagenknecht, diskutiert. Richter warf ihm vor, nicht auf die jagdwissenschaftlichen Schwerpunkte zu orientieren. Grund dafür waren die Veröffentlichungen Meynhardts u. a. in seinem Buch „Schwarzwild-Report“, worin er fundiert und detailliert über innerartliche Beziehungen bei Schwarzwild berichtete. In der Debatte kam es so weit, dass Briedermann entnervt um Ablösung von seiner Aufgabe bat. Das ließ Richter natürlich nicht zu. Es dauerte wohl eine ganze Zeit, ehe die Beziehung wieder friedlicher wurden.

Im zweiten Fall wurde, ebenfalls in kleinstem Kreis, dem Leiter der StJW Darss, W. Martens, vorgeworfen, er würde die Altersstruktur des männlichen Rotwildes auf dem Darss zerstören, weil er, nur um „Gästeerfolge“ zu haben, zu stark in die mittelalten Hirsche eingreifen würde. Martens wehrte sich mit dem Argument, dass alle erlegten Rothirsche dieser Altersklasse den Abschussregeln entsprechen würden und der Gästeerfolg nun mal gewünscht sei. Richter argumentierte dagegen sinngemäß, dass „qualifizierte Jagdleiter wohl in der Lage wären, Gäste auf reife Hirsche zum Schuss zu bringen." Endergebnis: Martens sagte entnervt, wenn er als unerfahrener Anfänger betrachtet würde, dann solle man ihn ablösen. Es kam auch hier, ähnlich wie bei Briedermann, letztendlich zu ausgleichender Beruhigung ohne irgendwelches Nachtreten.

Das dritte in Erinnerung gebliebene, außergewöhnliche Gespräch fand zwischen Richter und J. Lehmann, Leiter des Staatsjagdgebietes Johannismühle, statt. Dieses StJG wurde ausschließlich von den höchsten sowjetischen Militärs und ihren Gästen in der DDR bejagt. Die wenigsten Leiter der StJG ahnten oder wussten, dass J. Lehmann wohl eine der schwierigsten Aufgaben innerhalb der ISG zu erfüllen hatte. Das war den politischen Verhältnissen und speziellen Aufgaben vor Ort geschuldet. Er beklagte, dass er diesen speziellen Druck auf seine Person – hervorgerufen sowohl durch die absolut hochrangigen Gäste als auch ganz entgegengesetzt durch örtliche Neider im weiteren Sinne, kaum noch gewachsen sei. Dass die sowjetischen Gäste nicht nur dauernde Führung und Gesellschaft wünschten, sondern auch sehr häufig das „hochprozentige Wässerchen" zur Anwendung brachten, würde sogar schon seine Ehe und damit die Familie belasten und fast zerstören. Er bat Richter, ihm entweder einen geeigneten Mitarbeiter bzw. Stellvertreter zu vermitteln oder ihn einfach abzulösen. Richters Antwort sinngemäß: Du bist lange genug dabei, die Sowjets wollen dich, ich erwarte, dass du weiter deine Aufgaben erfüllst. J. Lehmann war tief enttäuscht und verließ stumm den Gesprächsort. Er musste wohl alles bis zum bitteren Ende ertragen.

1981 wurde z. B. Folgendes festgelegt: Es gab verbindlich für die Leiter der Gebiete eine Informationspflicht über besondere Haltungen oder Vorkommnisse an die Zentrale. Aber weder der Leiter der ISJ noch der Minister erfuhren alles. Es war zweckmäßig und „stellungsverlängernd", manche Infos nur teilweise oder gar nicht weiterzugeben. Vor allem, wenn es um Gäste und deren Meinung und Haltung untereinander oder um die ISJ ging. Dazu gehörten auch Meinungen aus den örtlichen Organen. Die Kontakte zu Kreisleitung der SED, Vorsitzender des Rates des Kreises, Volkspolizeikreisamt und Kreisdienststelle des Ministeriums für Staatssicherheit beschränkten sich für mich weitgehend auf die Flächen- und Verkehrssicherung, Auswirkungen des Tourismus und Kontakte zu den landwirtschaftlichen Produktionsgenossenschaften. Sicherungsmaßnahmen durch die MFS-Kreisdienststelle wurden von der StJW Lindow aus weder verlangt noch abgestimmt oder ausgeführt.

In Erinnerung ist mir allerdings, dass zwei Tage nachdem W. Felfe das erste Mal in Zippelsförde war, der Leiter der Kreisdienststelle des MfS bei mir auftauchte und ganz erstaunt schilderte, dass seine Dienststelle erst im Nachhinein über Felfes Besuch informiert wurde und deshalb keine „Tiefensicherung“ organisiert hätte. Ähnliches erfuhr ich auch bei Besuchen von G. Schürer und W. Eberlein.

Ergänzend kann ich sagen, dass mit Gästen aus der DDR-Führungsspitze nie über politisch-ideologische Grundsätze diskutiert wurde.

Diskussion gab es sonst nur über allgemeine Versorgungsfragen oder spezielle wirtschaftliche Probleme im jeweiligen Zuständigkeitsbereich der Gäste. Mit Gästen aus dem westlichen Ausland wurde nie über politische Haltungen oder Gegensätze diskutiert. Der Umgang untereinander entsprach in diesen Fällen immer normalem, zwischenmenschlichem Verhalten.

Es stimmt einfach nicht, dass führende Politiker oder an zweckdienlichen Gesprächen beteiligte Gäste alle Untugenden an sich hatten. Sie verhielten sich abseits der „großen Bühne“ einfach so, wie alle anderen – also auch mit Vor- und Nachteilen im Auftreten und natürlich auch mit „Marotten“.

Autor bei der Jagd-Auswertung
rechts: Stellvertreter Helle
links: Jagdleiter B. Ulbrich

Die Leitung der ISJ und die zentrale Arbeitsgruppe (ZAG)

Johannes Richter war mir bis zum erwähnten ersten Gespräch im Januar 1976 persönlich unbekannt. Wenn es bis dahin nun um so etwas Ähnliches wie Staatsjagd ging, war nur vom Haus Schotte die Rede. Schotte war damals Leiter der Obersten Jagdbehörde der DDR und damit zuständig für Aufbau und Entwicklung der Staatsjagd. Er kam bereits Ende der 1960er Jahre mal kurz bei mir in der Oberförsterei Straupitz vorbei. Anlass war sein Interesse daran, das Revier Schützenhaus, also das forstwirtschaftliche und z.T. noch naturnahe Kerngebiet des Oberspreewaldes als ein „Staatliches Jagdgebiet" einzurichten und zu entwickeln. Ich war zu dieser Zeit auch Vorsitzender der Jagdgesellschaft Straupitz und nach einer zähen Diskussion konnte ich ihn überzeugen, dass das Revier Schützenhaus auf Grund seiner naturgegebenen Besonderheiten, z.B. Zugang zu bejagdbaren Flächen fast nur mit Kahn möglich war, dazu im Sommer und Herbst wegen dichtem Laub und hohem Gras kaum Sicht, dafür aber überreichlich Mücken, für seine Ambitionen nicht geeignet war. Es war auch später nie wieder Gegenstand jagdlicher Interessen der ISJ.

Schotte verschwand aus der Öffentlichkeit. Andere Autoren, wie z.B. Ißleib, hatten darüber berichtet. Inhaltlich war die Leitungstätigkeit der ISJ-Zentrale zu Beginn meiner Tätigkeit im Wesentlichen auf mehr oder weniger nicht dokumentierte Absprachen und Regelungen beschränkt. Vom damals amtierenden Leiter in Lindow, Revierförster M.Genge, wurden mir keinerlei Protokolle oder Ähnliches übergeben. Von 1976 bis 1978 wurden fast alle Vorhaben oder direkten Aufgabenstellungen für mich nur in Absprache entweder mit Minister Kuhrig oder J. Richter festgelegt. Es gab keine Protokolle! Durch die ständige Vergrößerung und Erweiterung der Aufgabenstellung für die ISJ änderte sich das dann bald. Zu Beginn teilte mir J. Richter in mehreren Gesprächen mit, welche Vorstellungen er von meinen künftigen Aufgaben hatte. Ich bekam den Eindruck, dass er sehr gut über mir damals völlig unbekannte Zusammenhänge und zwischenmenschliche Beziehungen in den damaligen DDR-Führungskreisen unterrichtet war. Er verfügte über ein wirklich solides Fachwissen, was man bei einigen ähnlich im Jagdwesen der DDR positionierten Leuten nicht immer feststellen konnte. Richter hatte beste Kontakte zum Büro Honeckers und konnte offensichtlich durch sein

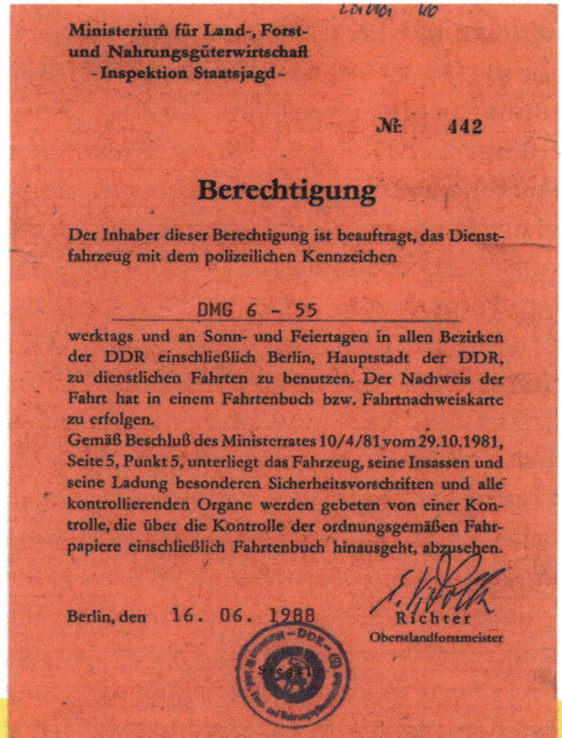
Ministerium für Land-, Forst- und Nahrungsgüterwirtschaft
- Inspektion Staatsjagd -

Nr. 442

Berechtigung

Der Inhaber dieser Berechtigung ist beauftragt, das Dienstfahrzeug mit dem polizeilichen Kennzeichen

DMG 6 - 55

werktags und an Sonn- und Feiertagen in allen Bezirken der DDR einschließlich Berlin, Hauptstadt der DDR, zu dienstlichen Fahrten zu benutzen. Der Nachweis der Fahrt hat in einem Fahrtenbuch bzw. Fahrtnachweiskarte zu erfolgen.
Gemäß Beschluß des Ministerrates 10/4/81 vom 29.10.1981, Seite 5, Punkt 5, unterliegt das Fahrzeug, seine Insassen und seine Ladung besonderen Sicherheitsvorschriften und alle kontrollierenden Organe werden gebeten von einer Kontrolle, die über die Kontrolle der ordnungsgemäßen Fahrpapiere einschließlich Fahrtenbuch hinausgeht, abzusehen.

Berlin, den 16. 06. 1988

Richter
Oberstlandforstmeister

Nur mit spezieller Kennzeichnung gab es Zutritt und „Freie Fahrt"

hohes Fachwissen und vor allem wegen seines erstaunlichen Wissens über führende Personen und bestimmte Zusammenhänge meist einige Entwicklungen, welche für die ISJ wichtig waren, vorausschauend bewerten.

Ich hatte von Anfang an ein offenes Verhältnis zu Richter. Erstaunlich waren für mich allerdings im Lauf der Zeit einige Entwicklungen, Entscheidungen, Meinungen usw., welche zeigten, dass er sowohl in Positivem als auch im Negativem bei der Bewertung von Personen, Zusammenhängen und auch bestimmten Details unerwartet agierte.

Erste unerwartete Forderung an mich war: Alles, was Kuhrig über Probleme oder Personen der ISJ zu die sagt, will ich wissen. Wenn es was Wichtiges ist, kannst du mich auch nachts um 3.00 Uhr anrufen."

Ganz anders klang es dann 1978, wir waren als Vertreter der ISJ gerade am Vortag vom Besuch der Trophäenschau auf der AGRA in Leipzig zurückgekommen, als ein Anruf von Richter kam. Der war für mich so überraschend, dass ich sofort nach Ende des Telefonats folgendes notierte: „Heute früh Anruf von Richter. 1. Frage: Ob ich davon weiß, dass Minister Dr. Weiz sich bei mir gemeldet habe, ob er zur Jagd kommen könne. Meine Antwort: „Ich bin darüber nicht informiert." Darauf er: „Erstens: Ich soll dir eine Missbilligung aussprechen. Wenn in Lindow nochmal ein Leitungsfehler dieser Art passiert, wird der Chef informiert. Du musst dich strikt an die Leitungslinien halten. Eine Anmeldung nur bei dir mit anschließender Information an mich gilt nur für Dr. Weiz. Alle anderen haben sich bei mir in der Inspektion zu melden. Zweitens: Ich muss dich mit Nachdruck erinnern, dass du dem Minister Kuhrig unterstehst und keinem anderen. Sollte sich Ähnliches wiederholen, wird eine Disziplinarmaßnahme gegen dich eingeleitet." Etwa 2 Wochen später sagte Richter, so nebenbei zu mir: „Du, das mit dem Dr. Weiz, das war eine Fehlinformation." Vom persönlichen Referenten Kuhrigs, U. Deichsler, zu dem ich von Beginn an ein vertrauensvolles Verhältnis hatte, erfuhr ich, dass dieser Vorgang dem Minister überhaupt nicht bekannt war. Richter hatte sich eine mögliche Reglementierung einfach ausgedacht. Bis zum Ende der ISJ hatte ich nie wieder Probleme mit Richter. Im Gegenteil, ich bekam meist alle notwendigen Unterstützungen. Ursache dafür war sicher mein entwickeltes Vertrauensverhältnis zu den Minister Kuhrig und Lietz.

Richter litt häufig unter Gesundheitsproblemen, speziell Herz-Kreislaufbeschwerden. Erst 1985 wirkte er wieder stabil.

Am 19.02.1990 beendete Johannes Richter sein Leben per Suizid.

Lange Krankheitsperioden und anhaltende Depressionen mögen der Anlass gewesen sein. Die Trauerfeier J. Richters fand am 23.02.1990 in Neuenhagen statt, die Beisetzung erfolgte auf dem Waldfriedhof. Ich machte mir dazu folgende Notiz: Bei ruhigem, bedecktem Wetter blies die Hörnergruppe der Jagdgesellschaft Neuenhagen „die letzten Signale“. Die Grabrede hielt Jürgen Säglitz. Anwesend waren: Siegfried Otto, Bruno Lietz, Roth und Markstein vom Ministerium für Auswärtige Angelegenheiten, Willi Claussen, Kurt Storandt, die Jagdleiter und Mitarbeiter ISJ: M. Ißleib, H. Stockmann, W. Polz, J. Herold, O. Fischer, H. Nagel, H.P. Sattelkow, H. Voigt, J. Lehmann, P. Martens, P. Mertin, C. Lolk, V. Westphal, E. Götze.

Die Stimmung war schwer definierbar. Alle Anwesenden waren sehr mit sich selbst beschäftigt. Teils herrschte Trauer, teils innere Erleichterung. Jeder der Anwesenden hatte mit „Hannes“ so seine speziellen Erfahrungen. Als wir hinter dem Sarg schritten und die Jagdhörner gedämpft das „Jagd vorbei“ und das „Halali“ hören ließen, da musste ich mir dann doch die feuchten Augen wischen. Mein eigenes Leben war total durcheinander gekommen und immerhin war Johannes Richter über 13 Jahre zumindest nominell mein Vorgesetzter. Die Grabrede von J. Säglitz war sachlich, aber nicht gehaltvoll, was man auch darunter verstehen mag. Richters Frau und die gesamte Familie ertrugen seinen Tod, wie mir schien, mit Fassung.

Ende 1978 wurde den Leitern der Staatsjagdgebiete H.G. Schumann als neuer Mitarbeiter der ISJ und Stellvertreter von Richter vorgestellt. Schumann war wortgewandt, ein guter Jagdhornbläser und angenehmer Kollege. Er vertrat Richter während dessen Krankheitsdauer. Ende 1983 musste Schumann die ISJ verlassen. Offizielle Gründe wurden nicht genannt. Er beschreibt seine Erlebnisse und manche Zusammenhänge in seinem Buch „Von der Ostsee bis zum Erzgebirge“, erschienen 2004 im Verlag Neumann-Neudamm AG Melsungen.

Als neuer Mitarbeiter der ISJ und auch gleichzeitig Stellvertreter von Richter wurde uns Leitern Anfang 1984 C. Lolk vorgestellt. Er war bis dahin Mitarbeiter im Fachbereich Forstwirtschaft und speziell zuständig für Finanzwirtschaft und Planung. Mit Beginn seiner Tätigkeit in der ISJ bekamen die Bereiche Ökonomie, Finanzierung, Planung und letztlich die Konkretisierung von Nachweisführung und Verwaltungsabläufen einen wesentliche intensieveren und fachlichen Zuschnitt.

Allerdings zeigte sich im Laufe der Zeit, dass die Einordnung der Staatsjagd und Wildforschungsgebiete in die Verwaltungsstrukturen der StFB wegen der Besonderheiten der ISJ, sprich Geheimniskrämerei, ohne eine eigentliche klare Abgrenzung zu ständig neuen Unklarheiten und wachsendem Misstrauen führte. C. Lolk versuchte mit Sachkenntnis und voller Initiative die Situation zu verbessern. Das ging natürlich weit über seine Möglichkeiten als „Einzelkämpfer" in der ISJ hinaus. Logische Folge: Es musste ein Planungs-, Beschaffungs- und Abrechnungssystem bzw. -organ geschaffen werden. Richter bestellte mich nach Berlin und eröffnete mir den Vorschlag, in der StJW LIndow eine „Zentrale Arbeitsgruppe zur materiell-technischen Versorgung" der ISJ zu bilden.

Ich bekam den Auftrag, geeignete Kader, d.h. Leiter und Mitarbeiter zu suchen und einzustellen. Zielstellung war zunächst ein Personalbestand von insgesamt bis zu sechs Mitarbeiter/innen. Ich fand erfreulicherweise recht schnell in der Hauptbuchhalterin des StFB Neuruppin eine geeignete, sehr engagierte und sachkundige Leiterin und auf ihre Empfehlung hin auch weitere Mitarbeiter/innen. Die neue Abteilung, abgekürzt „ZAG", wurde mir personell und arbeitsrechtlich unterstellt, erhielt ihre Arbeitsvorgaben und Problemstellungen grundsätzlich von Lolk. In den regelmäßigen Dienstberatungen, die montags mit allen Bereichsleitern, aber entsprechend der z.T. völlig unterschiedlichen Aufgaben getrennt nach den Bereichen in festgelegten Zeiträumen erfolgten, ging es für mich, die ZAG betreffend, kaum um grundlegende Probleme, sondern überwiegend um organisatorisch Dinge, wie z.B. Schaffung geeigneter Arbeitsräume, Ausstattung mit Bürotechnik, Zuordnung eines Dienstfahrzeuges, Regelungen von Dienstabläufen und vieles andere mehr.

Die Bildung der ZAG brachte aber auch zusätzliche Aufgaben: Bestimmte Material-Positionen mussten zentral vor der Verteilung auf die einzelnen StJG gelagert werden. Dazu mussten geeignete Räume geschaffen werden. Weiterhin wurde ein Kontrollsystem zur Verbesserung und vor allem Vereinheitlichung des gesamten Planungs- und Abrechnungssystems sowohl für die Finanzierung als auch für die materiell-technische Versorgung entwickelt. Die speziellen fachlichen Voraussetzungen hatte wie gesagt Lolk und es entstand eine, für mich zwar zusätzliche, aber interessante Zusammenarbeit in Bereichen, die nicht unbedingt zu meinen „Lieblingsthemen" gehörten. In der Folge des Aufbaues der ZAG kam es erfreulicherweise auch zu vielen weiteren Kontakten mit den Leitern der Staatsjagden und Wildforschungsgebiete, da diese immer wieder mal zu Problemklärungen bei der Leiterin der ZAG eintrafen und auch mit mir manches besprechen konnten.

Entlastend für die Wirtschaftsleitung wurden auch regelmäßige Inventuren und Kontrollen der gesamten Bestände sowohl materiell als auch finanziell von der ZAG ausgeführt. Das war möglich, weil sich die Anzahl der Mitarbeiter in der ZAG schnell auf vier erhöhte. In zunehmenden Maß wurde die Leiterin der ZAG von der ISJ-Zentrale beauftragt, ausgewählte Staatsjagdgebiete hinsichtlich ordnungsgemäßer Planung und Abrechnung aller Bereiche sowie die Gesamtheit der ökonomischen Einordnung und Zusammenarbeit mit dem zuständigen StFB zu überprüfen. Dier Ergebnisse wurden dann in den Dienstberatungen ausgewertet. Insgesamt brachte die Bildung der ZAG für die materiell-technische Planung und Bereitstellung des Bedarfs der ISJ und speziell auch zur Beratung und Klärung der z.T. erheblichen Schwierigkeiten in einzelnen Gebieten eine spürbare Verbesserung der gesamten ökonomischen Arbeit. Für mich galt das ganz besonders, da die neue Aufgabenstellung und der Vorrang der Gästebetreuung mein vorhandenes „Zeitfenster" schon mächtig verkleinert hatten.

Das Arbeitsprogramm für die ZAG galt ab März 1986 mit folgenden Schwerpunkten:

- Zusammenstellung des Planteils Ausrüstung und Abstimmung mit der Zentrale.
- Abstimmungen von Lieferzeiten, Lieferorten, Lieferbetrieben und Typenart mit den Bilanzorganen.
- Vorinformationen und Zusammenarbeit mit den Leitern der Staatsjagdgebiete und Wildforschungsgebiete.
- Realisierung des Planteils „Ausrüstung"
- Abstimmung Material nach Sorten, Lieferzeiten und Lieferorten.
- Realisierung Materialbeschaffung, Lagerung und Verteilung, darunter speziell Baumaterial.
- Erarbeitung einer Nomenklatur.

Im Laufe der Entwicklung war ein umfassendes, noch stärker auf die Gesamtentwicklung der ISJ ausgerichtete Arbeitsprogramm für die ZAG angedacht. Die Zentrale der ISJ sollte von Planungs- und Kontrolltätigkeit weitgehend entlastet werden.

Richter war sehr erleichtert, dass die ZAG so gut zu arbeiten begann. Er selbst verfügte auch über bestimmte mir unbekannte Kanäle und vermittelte manchmal erstaunliche Kontakte, um in der DDR seltenes Material zu bekommen.

Er kommentierte derartige Zuwendungen meist mit seinem Lieblingssatz: „Nur Zigeuner haben keine Reserven“!

Außer Schumann und Lolk war zeitweilig der Weidgenosse Mertins in der ISJ-Zentrale tätig. Als vielversprechender Nachwuchs wurde ab September 1987 V. Westphal in der Zentrale eingesetzt. Er war sehr rege, einsatzfreudig und, obwohl noch relativ jung, auch sachkundig. Sein Aufgabenbereich war zunächst die operative Arbeit, d.h. er beriet vor Ort Gebietsleiter in unsicheren Situationen und bemühte sich auch um Probleme der materiellen-technischen Versorgung und Beschaffung in manchen Gebieten. Währen der letzten Diplomatenjagden bewies er sein Organisationstalent und wurde für mich mit seiner Fähigkeit zur sachlichen Zusammenarbeit ein freundschaftlicher Kollege.

Wirklich nicht als Letzte in der Bewertung, sondern nur in Reihenfolge, muss unbedingt Elli Götze erwähnt werden. Sie war als Sekretärin von Richter die „gute Seele“ der inneren Ordnung und eine stets ansprechbare und hilfsbereite Mitarbeiterin. Sie verstand es auch sehr gut, immer wieder entstehende innere „Sturmfluten“ in der Zentrale zu beruhigen.

Die persönlichen Mitarbeiter der jeweils für mich wichtigen Minister waren bei Kuhrig der bereits erwähnte U. Deichsler und bei B. Lietz Dr.D.Pudrus. Beide waren für mich wichtige Informationsquellen. Das traf vor allem für Deichsler zu. Er brachte doch öfter mal eine „Info“ mit, da Kuhrig meist nicht besonders gesprächsbereit war. Bei Lietz war das anders, D. Pudrus brauchte mich kaum über „besondere Sachlagen“ zu informieren. Jagdlich war Deichsler relativ häufig zu Gast, schoss aber sehr unkonzentriert, „produzierte“ also viele Fehlschüsse. Er bekam auch keinen stärkeren Trophäenträger frei. Dr. Pudrus kam viel seltener und war jagdlich sehr zurückhaltend.

Ich habe beide in sehr guter Erinnerung.

Nachbetrachtend ist festzustellen, dass es zur Entwicklung eines „Staatsjagdsystems“ in der DDR keine alten und erfahrenen und politisch unbelasteten Kader gab. Berichte und Veröffentlichungen aus der Zeit, als es in der BRD noch Staatsjagden gab, weisen wohl einen Rückgriff auf diese erfahrenen Kräfte hin. Die unterschiedlichen Entwicklungen lassen sich aber daraus wohl nicht begründen und sind Geschichte geworden.

Im Übrigen beschränkte sich die Jagdmöglichkeit für Diplomaten in der DDR nicht nur auf die großen Niederwildjagden, sondern sie konnten im Staatsjagdgebiet Märkisch-Buchholz, welches vorrangig den Diplomaten zur Verfügung stand, auf Schalenwild jagen.

Ergänzend zur Arbeitsweise der ISJ-Zentrale einige Auszüge und Festlegungen aus den Dienstberatungsprotokollen sowie abschließende Bemerkungen:

- 12.12.1078: Festlegung: Trophäen, welche von ständigen Gästen erlegt wurden, werden im jeweiligen Gebiet überreicht. Trophäen eingewiesener Gäste sind innerhalb von drei Tagen präpariert bei der Zentrale einzureichen.
- 14.02.1979: Die Wilddichte in den Staatsjagdgebieten ist leicht über den bonitierten Werten zu halten. Die Wildforschungsgebiete sollen die bonitierten Werte einhalten. Fallwild exakt nach Wildart, Alter und Güteklasse bei männlichem Wild nachzuweisen. Nördlich von Berlin begann am 14.02.1979 starker Schneefall mit Verwehungen bis 2 m Höhe auch in der StJW Lindow.
- 31.05.1979: Nachweis an Fallwild in StJG infolge des Katastrophenwinters:

Rotwild	156 Stück
Damwild	101 Stück
Rehwild	683 Stück
Schwarzwild	138 Stück
Muffelwild	55 Stück
Gesamt	1133 Stück

Die höchsten Fallwildzahlen wurden im Bezirk Neubrandenburg ermittelt.

Auswertung der 1978 erreichten Medaillentrophäen:

Wildart	Silber	Bronze	Gesamt
Rotwild	12	38	50
Damwild	2	1	3
Muffelwild	2	2	4
Rehwild	1	3	4
Schwarzwild	3	9	12

Goldmedaillen wurden nicht erreicht.

- 05.07.1979: Der Selektionsabschuss von Rotschmalspießern und Rotschmaltieren ist ganzjährig durchzuführen.
- Ab 01.06.1979 wurden alle Waldfondskontrollen in StJG zunächst eingestellt. Wiederaufnahme der Kontrollen nach einer kommenden Neuregelung.

Ergänzung zu Arbeitsverordnung

- 31.01.1980: Verlängerung der Jagdzeiten bei Rotwild: geringe Kälber und Hirsche der Klasse II c bis 31.o3.1980 im Rahmen der Selektion.
- 30.03.1981: Dem Problem der Raubwildbewirtschaftung ist größere Aufmerksamkeit zu schenken. In der gesamten Bejagung ist ein höheres Niveau anzustreben. Bei Auftreten von Schäden in Intensivgeflügelhaltungen durch Greifvögel ist ein entsprechender Antrag auf Erteilung einer Fanggenehmigung an die ISJ zu stellen. Die Bestandesentwicklung des weiblichen Rot-, Dam-, Reh- und Muffelwildes in der AK 2 soll gebietsweise ermittelt, örtlich bewertet und an die Zentrale gemeldet werden.
- 28.02.1984: Die Festveranstaltung anlässlich des zwanzigjährigen Bestehens der ISJ findet am 24. April 1984 im Bezirk Neubrandenburg statt.
- 17.08.1984: Die StJG und WFG sind ab 01.01.1985 selbständig planende und abrechnende Einheiten im Rahmen der StFB.
- In der StJW Lindow darf kein Gästebuch geführt werden. Hauptgast ist dort nur der Minister für Land-, Forst- und Nahrungsgüterwirtschaft.
- 17.08.1984: Eine wichtige Grundlage für die Wildbewirtschaftung bildet die Sicherung einer zweckmäßigen räumlichen und zeitlichen Ordnung der Waldbestände sowie die Äsungs- und Deckungsflächen. Die Waldbestände sind als „Sonderbetriebsklasse“ zu bewirtschaften. Die Leiter der Gebiete sind für die Durchsetzung dieser Aufgaben voll verantwortlich.
- 13.11.1985: In Folge der deutlichen Erhöhung der Verwaltungsanforderungen in Hinsicht auf Planung und Abrechnung in Zusammenarbeit mit den StFB wird ab 01.01.1986 die Zentrale Arbeitsgruppe – ZAG in der StJW Lindow gebildet.
- 19.11.1986: Je nach Größe des Gebietes und Umfang der Naturschutzarbeit sind Planstellen für „Mitarbeiter für Naturschutz und Öffentlichkeitsarbeit“ zu schaffen. Kraftfahrzeuge und Anhänger sind in den Zulassungsstellen unter „StJG/WFG“ anzumelden und zu führen. Nicht über „StFB“!

- 27.05.1987: Bis 31.07.1987 sind die Flurbestandkataster in den StJG/WG zu aktualisieren und müssen abrufbereit vorliegen.
- 20.08.1987: Die Abschusspläne für weibliches Schalenwild sind Minimalpläne. Es sind alle Anstrengungen zur zielstrebigen Übererfüllung zu unternehmen. 50% des leistungsabhängigen Gehaltszuschlages der Leiter und Stellvertreter sind an die Kennziffer zu binden. Die Schwarzwildbestände sind entschieden zu reduzieren. Schwerpunkt: weibliche Frischlinge und Überläufer. Überläufer Keiler mit über 60 kg Erlegungsgewicht gelten als „Fehlabschuss"! Die Rotwildbestände sind auf die bonitierten Größen zurückzuführen.
- 13.10.1987: Aus volkswirtschaftlicher Verantwortung heraus schließen wir uns aus der Harzung nicht aus.
  Aber wo es absolut nicht möglich ist, wird nicht geharzt. Die Harzung wird nicht generell in allen StJG/WFG verboten. Die Gebiete sollen selbständig geeignete Flächen vorschlagen.
- 31.03.1988: Muffelwild darf nicht mehr bewirtschaftet werden, sondern ist nach Ansicht der Leiter als Bestand zu eliminieren.
- 15.03.1989: Wenn möglich Wildruhezonen mit Naturschutzgebieten und Flächendenkmalen zusammenlegen. Reife Trophäenträger wandern verstärkt aus StJG/WFG ab. Gründe suchen und ändern. Die Kontakte zu den Direktoren der StFB sind zu verstärken. Es gibt Anzeichen von Eifersüchtelei und Missgunst.
- 23.06.1989: Letzte Dienstberatung der ISJ anlässlich AGRA in Leipzig. Schwerpunkte: Produktivität, Effektivität und Qualität der gesamten Tätigkeit sind zu verbessern!
- Gleiches gilt für Anleitung, Kontrolle und Verantwortung der Leiter. Dazu gehörten:
  - Kaderarbeit
  - Öffentlichkeitsarbeit
  - Verstärkte Überwachung der forstlichen Produktion
  - Schaffen von Voraussetzungen für Selbstfinanzierung der StJG/WFG als selbst planende und selbst abrechnende Einheiten.

Im Nachhinein möchte ich die Wirksamkeit der Festlegungen der Leitung der ISJ wie folgt bewerten:

Ein großer Teil der protokollarisch dargestellten Analysen oder Berichte wurde, wenn er kritische Inhalte aufwies, weder kontrolliert noch später ausgewertet. Häufig wurden zur Lösung aktueller Probleme Arbeitsgruppen gebildet, deren Tätigkeit oft mit darstellendem Bericht endete, aber kaum kontrolliert oder realisiert wurde. Offensichtlich gab es dafür einen Grund: Sowohl die reale Sachlage hinsichtlich ständig neu auftretender Probleme in den einzelnen StJG/WFG als auch das Fachwissen änderten sich oft schneller als erwartet. Das gilt sowohl für die Wildbewirtschaftung als auch für eine verbindliche Lösung der endlosen Rangelei um Regelungen der forstlichen Bewirtschaftung in den StJW/WFG. Außer den rein fachbezogenen Regelungen gab es regelmäßig Hinweise und Forderungen zur Entwicklung und Belehrung der Jagdleiter und deren Stellvertreter. Das bezog sich insbesondere auf die politisch-ideologische Grundhaltung und speziell auf immer wieder vorkommende Fälle von Überheblichkeit, Besserwisserei, Schwatzhaftigkeit usw.

Ursache für diese kritischen Hinweise waren meist persönliche Eigenarten der Betreffenden.

Davon abgesehen war im Kollektiv der Leiter der Gebiete und ihrer Stellvertreter wohl eine gewisse „elitäre“ Grundhaltung vorhanden. Aber sie war, abgesehen von zwei oder drei Einzelfällen, frei von Überheblichkeit und jeglichem Standesdünkel.

Forstwirtschaft

In der Reihung des Erlebens zwar nicht ganz vorne, aber in der Wertigkeit mit an der Spitze stehend, soll nun zur forstlichen Situation berichtet werden.

Schon in den ersten Monaten nach der Übernahme der Leitung der StJW Lindow wurden mir die Probleme bewusst, welche sich aus den mir wohlbekannten Regelungen und Forderungen der Forstwirtschaft in der DDR einerseits und den für mich ja neuen jagdlichen und hauptsächlich auf letztendlich staatlich vorgegebenen Aufgaben anderseits ergaben.

Ich hatte vor meinem Dienstantritt bei der ISJ schon rund 10 Jahre als Leiter einer Oberförsterei und zwei Jahre als Forstdirektor für Produktion in einem StFB gearbeitet und musste nun einen Mittelweg zwischen den so unterschiedlichen neuen Vorgaben suchend finden. Wie bereits beschrieben bestand das Hauptproblem darin, dass die unklare Vorstellung, die Leiter der StJW könnten alle speziellen Aufgaben und entstehenden Probleme mit dem zuständigen StFB lösen, nicht realisierbar war. Die z.T. territorial bedingten Gegebenheiten, die ebenfalls unterschiedlichen Gästestrukturen und Aufgabenstellungen der StJW sowie die Beziehungen zu und zwischen den Leitern in den jeweiligen StFB und Bezirken waren kaum miteinander vergleichbar.

So spielte natürlich auch das „Miteinander Können" zwischen den Leitern der StJG und den Leitungsmitgliedern der StFB eine wesentliche Rolle. Mein Verhältnis zu den im Verlaufe meiner Zeit als Leiter der StJW Lindow im StFB Neuruppin amtierenden Direktoren war im Wesentlichen sachlich.

Über die Haltung zum Ende der DDR schweigt „des Sängers Höflichkeit!" Aber die Zusammenarbeit mit allen Fachbereichen des StFB war überwiegend sachlich und fachlich begründet. Obwohl die StFB mit StJG auch Vorteile durch die Zuführung zusätzlicher Technik hatten, gab es ausreichend Probleme vor allem in der Erfüllung forstwirtschaftlicher Vorgaben. Zur Bewertung der Situation stelle ich einige Zahlen und Fakten dar, wobei ich auf Details der Darstellung der forstwirtschaftlichen Kontroll- und Regelungsmethoden und ihrer Herleitung nicht eingehe. Zur Grundvorstellung gehörte die Bildung einer Sonderbetriebsklasse. So sollten die speziellen Bedingungen der StJG den allgemein geltenden Ertrags- und Produktionsbedingungen angepasst werden.

Im Wesentlichen ging es für die StJW Lindow um Folgendes:

- Alle forstlichen Maßnahmen müssen sich räumlich und zeitlich den jagdlich Vorgaben unterordnen. Althölzer aller Baumarten müssen über das normale Hiebsalter hinaus so lange als wirtschaftlich vertretbare erhalten bleiben. Keinerlei Harzung in Kiefer-Althölzern. Begründung dieser Forderung: Erhaltung der Gras- und Krautschicht zur Sicherung ganzjähriger artgerechter Äsung für Rot-, Dam- und Rehwild.
- Schutz aller masttragenden Baumarten.
- Alle nutzungstechnischen Maßnahmen müssen nach Art, Stärke, Ort und Zeitpunkt vom Leiter des StJG festgelegt werden.
- Jungwuchs- und Jungbestandspflege in den Wildruhezonen bzw. -einstandsgebieten kann nur in der Zeit vom 1.01. bis 31.07. eines jeden Jahres ausgeführt werden.
- Alle nicht standortsgerechten bzw. minderproduzierenden Bestände müssen erhalten bleiben. Sie werden von allen Wildarten als Ruhezonen, Äsungsflächen oder Brunftplätzen bevorzugt.
- Kiefernkulturen sind grundsätzlich ohne Zaun zu begründen. Die auf Kahlflächen entstandene Gras- und Krautschicht ist bei der Kulturpflege weitgehendst zu erhalten. Gleiches gilt für Weichhölzer aller Art.
- Voranbau und Unterbau wird auf Standorte begrenzt, welche nicht zu den bevorzugten Wildeinstandsgebieten gehören.
- Zaunbau wird weitgehendst vermieden und nur bei Walderneuerung mit Douglasie, Lärche und Laubhölzern in den Wildeinstandsgebieten ausgeführt. Ausnahmsweise gilt das nach Entscheidung des Leiters auch für Kiefer.
- Es ist grundsätzlich nicht möglich, jedes Jahr wegen des aktuellen Leistungsstandes des StFB, also der Planerfüllung, an jeder Forstfläche über Stärke, Zeitpunkt und Folgen der Eingriffe zu diskutieren.

Bereits 1978 gab es die ersten Probleme hinsichtlich der Durchsetzung der speziellen Aufgaben der StJW im Vergleich zur Planerfüllung des Forstbetriebes. Auch die Kontrolle des Waldzustandes durch die Inspektions- und Kontrollgruppe des VEB Forstprojektierung der DDR erfolgte nach den allgemeinen gültigen Regeln und führte anlässlich der Auswertung im Forstbetrieb natürlich zu Fragen nach Gründen und Zusammenhängen bei den oft erheblichen Abweichungen.

Sowohl bei den ersten als auch bei späteren, mit der Kontrollgruppe vereinbarten, Überprüfungen waren die Realisierung der Nutzungspläne – vor allem des Stammholzes aus Endnutzungen – aber auch der Umfang der Jungwuchs- und Jungbestandspflege Gegenstands z. T. heftiger Diskussionen.

Erfreulicherweise zeigte sich, dass die StJW Lindow in den überprüften und mit anderen Oberförstereien vergleichbaren Positionen immer Spitzenwerte erreichte. Unabhängig davon zeichneten sich in fast allen StJG in zunehmendem Maße Widersprüche hinsichtlich der Vorgaben der forstlichen Bewirtschaftung ab. In Ergänzung zu den genannten Grundforderungen bemühte ich mich 1979 in den Beratungen mit Vertretern der Kontrollgruppe um folgende Sofortregelungen:

- Neufestlegung der Endnutzungsfläche, weil die Althölzer auf der Gesamtfläche ungleichmäßig verteilt waren.
- Sofortiger Stopp der Umwandlung von „minderproduzierenden Beständen“
- Starker Eingriff in die von der Endnutzungsplanung verschonten Bestände. Ziel: Bessere Bedingungen für das Erhalten der Gras- und Krautschicht.
- Entwicklung einer Rahmenvorgabe in Form von Behandlungsrichtlinien zur Sicherung der jagdlichen Aufgabenstellung.

Leider wurde in für mich unverständlicher Weise erst 1986 eine Arbeitsgruppe innerhalb der ISJ gebildet, um Grundlagen für eine offizielle Richtlinie zur forstlichen Bewirtschaftung der StJG zu erarbeiten. Schon bei der ersten Zusammenkunft zeichneten sich unterschiedliche Positionen ab.

Gründe dafür waren die z.T. enormen Größenunterschiede, so z.B. Nossenthin, mit über 20.000 ha und Müritz mit 14.000 als größte und Mahlendorf mit 1.300 ha oder Rosenthal mit 1.200 ha als kleine Gebiete, aber auch Höhenlagen und vergangenheitsbedingte unterschiedliche Ausstattung mit Baumarten, auf z.T. völlig andersartige Standorte, spielten eine Rolle. Mehrere Beratungen führten zwar zum Erlass einer Richtlinie, welche allerdings nur halbherzig, weil unkontrolliert, durchgesetzt wurde.

Mit Beginn 1987 wurde alles neu geordnet und eine „Richtlinie zur Bewirtschaftung der Wälder sowie zur Waldfondskontrolle in den staatlichen Jagdgebieten und Wildforschungsgebieten mit Wirkung vom 1. Mai 1987 festgelegt. Danach konnten die StJG und WFG auf der Basis der Forsteinrichtungsunterlagen alle Walderneuerungs- und Nutzungsmaßnahmen planen und als These des Planentwurfs der Inspektion Staatsjagd übergeben. Dieser Planentwurf bedurfte der Kenntnis und Mitzeichnung durch den Direktor des zuständigen StFB und den Leiter der Abt. Forstwirtschaft des jeweiligen Bezirkes und durfte dann nur mit Zustimmung der ISJ verändert werden. In wesentlichen entsprach diese Richtlinie von 1987 den Wünschen der Leiter der StJW. Insbesondere konnte damit auch die ständige Forderung zur Schaffung fester forstlicher Revierarbeit einschließlich zugeordneter Gruppen von Forstarbeitern zur Ausführung von Walderneuerungs- und Nutzungsmaßnahmen erfüllt werden.

Für die Staatl. Jagdwirtschaft Lindow bestand erfreulicherweise bereits ab 1980 eine ziemlich gesicherte Personalzuordnung.

Diese wurde präzisiert und verzeichnete 1987 folgenden Stand:

Revier Gühlen / Lindow	3 Kolleginnen und Kollegen
Revier Lietze	7 Kolleginnen und Kollegen
Revier Fristow	3 Kolleginnen und Kollegen
Revier Rägelsdorf	4 Kolleginnen und Kollegen
Revier Schwanow	8 Kolleginnen und Kollegen

Für den Transport dieser Beschäftigten wurden aus dem Bestand der StJW Lindow zwei Kleinbusse, ein B 1000 und drei PKW-Trabant eingesetzt.

Also es gab immer wieder andere Probleme, so z.B. zum Zeitpunkt der regelmäßigen Kontrollen vor Ort. Wenn diese terminlich auf die Hauptjagdzeiten fielen, konnte ich sie „Kraft meines Amtes“ verschieben lassen. Das war aber alles keine Dauerlösung. Nach Rücksprache mit Richter kam es im Juli 1988 endlich in Zippelsförde zu einem klärenden Gespräch mit dem Leiter der Inspektions- und Kontrollgruppe des VEB Forstprojektierung und dem für Lindow zuständigen Kontrolleur. Nach erneuter Problemdiskussion wurde anhand von Unterlagen, Karten und „vor Ort“ Besichtigungen eine Einigung in folgenden Punkten erzielt!

- Kontrolltermine sind nur in Abstimmung mit den Leitern der StJG festzulegen.
- Unter den Gesichtspunkt „Anfall günstiger Holzsortimente“ bei Wahrung von Forsteinrichtungsgrundsätzen muss die räumliche Ordnung zur Sicherung der jagdlichen Aufgaben neugeregelt werden.
- Die geplante Jungbestandspflege kann zur Erhaltung der Wirksamkeit der Wildeinstandsgebiete verringert bzw. zurückgestellt werden.

Im Grunde genommen wurde mit diesem Gespräch immer noch keine endgültige Klärung der Zuständigkeit und Verantwortung erreicht, da die notwendigen Abstimmungen mit den Forstbetrieben zu immer mehr Unstimmigkeiten führten. So kam es dann zu einem intensiven Gespräch mit dem Leiter des VEB Forstprojektierung, welches in der Sache zu z. T. konträr abweichenden Standpunkten führte, aber immerhin auf eine vernünftige Zusammenarbeit orientierte. Das Problem war ja klar: Die Forstprojektierung hatte die höchste forstliche Reproduktion und Leistungsfähigkeit zu planen und zu kontrollieren, aber die StJG hatten ja auf der gleichen Fläche ganz andere Aufgaben zu erfüllen. Eine ergebnisorientierte Forstwirtschaft und die jagdliche Vorgabe der ISJ schlossen wegen der unterschiedlichen ökonomischen und politischen Zwänge einander aus. Erfreulicherweise wurden in der StJW Lindow alle forstlichen Arbeiten entsprechend der geltenden inhaltlichen Kriterien fast ausnahmslos mit hoher Qualität ausgeführt.

Mein Dank gilt heute noch allen damaligen Forstarbeiterinnen und Forstarbeitern für ihre Einsatzbereitschaft, ihren Fleiß und die überwiegend gute Qualität der ausgeführten Arbeiten.

Das gilt sowohl für die StJW Lindow als auch vergleichsweise für die Mitarbeiter in den ehemaligen Oberförstereien Straupitz und Senftenberg, welche ich jeweils über 10 Jahre leiten durfte.

Unabhängig von den beschriebenen fehlenden grundsätzlichen Regelungen lassen sich noch einige Zahlen, Ergebnisse und Zusammenhänge darstellen.

Zunächst zur Größenordnung.

1. <u>Flächenumfang ab 1986 in ha</u>

Holzbodenfläche	5745
nicht eingerichtet	100
Nichtholzboden	193
Gesamtfläche	6038

2. <u>Bestätigte Wildeinstandsgebiete in ha:</u>

Revier Rägelsdorf	694
Revier Fristow	164
Revier Schwanow	174
Revier Lietze	133
Gesamt	1165

Zur Bewertung der forstlichen Aufgaben noch einige Werte aus den Jahresberichten an die ISJ –Zentrale:

	1977	1978	1987	1989
Aufforstung	15 ha	7 ha	31 ha	20 ha
Unterbau	2 ha	2 ha	4 ha	2,5 ha
Wiederholung	2 ha	3 ha	-	-
Jungwuchspflege	24 ha	12 ha	-	-
Jungbestandspflege	79 ha	81 ha	155 ha	-
Holzeinschlag insgesamt	8.500 fm	9.100 fm	20.300 fm	21.000 fm
Gesicherte Kulturen	-	-	100 %	100%

Die Ergebnisse der forstlichen Arbeiten wurden von der ISJ-Zentrale unregelmäßig und mit unterschiedlichen Sachbezug abgefragt und sind deshalb nicht mehr komplett aussagefähig. Die forstlichen Planaufgaben für den Zeitraum von 1986 bis 1990 sind aber noch wie folgt nachweisbar.

1. Holzeinschlag

Geplante Endnutzungsfläche	109 ha
Anfall Nadel-Stammholz	22.800 fm
Anfall Laub-Stammholz	625 ha
Anfall Langrohholz Nadel	26.000 fm
Anfall Schichtholz Nadel	3.500 fm
Anfall Schichtholz Laub	1.400 fm

2. Jungbestandspflege im Alter 30 – 39 Jahre: 641 ha
3. Jungwuchs- und Kulturpflege ohne Vorgabe, Erfüllung nach jährlicher Einschätzung

Die für 1986 – 1990 geplante Kahlschlagsfläche wurde bereits 1989 erfüllt und brachte eine Gesamtmenge von 23.500 fm Kiefer-Stammholz. Gegen eine eigentlich ursprünglich werthöhere Planvorgabe hatte ich 1985 Einspruch erhoben. Dem wurde stattgegeben.

Für den Planungszeitraum 1990 – 1995 wurde angenommen, dass eine Einschlagsmenge in gleicher Größe wie in den Vorgaben auch für die Auslastung des neuen Sägegatters ausreichen würde, wobei die Vorausberechnung für die Sicherung der neuen Aufgabenstellung in ihrer Gesamtheit noch recht unsicher war und einer intensiveren Vorbereitung bedurft hätten. Immerhin war geplant, in über 40-jährigen Kiefernbeständen im Zeitraum der nächsten 10 Jahre Bestandes pflegende Vornutzungen auf etwa 2.500 ha zu realisieren. Das konnte natürlich als „stille Reserve“ für die noch so unübersichtlichen Zukunftsaufgaben genutzt werden.

Für den Pflanzzeitraum 1986 – 1990 waren Pflegemaßnahmen für Kieferjungbestände bis Alter 39 Jahre auf einer Fläche von 390 ha geplant und erfüllt. Die Eingriffe erfolgten im optimalen Höhenbereich und waren mit einem ausreichenden Aufschluss verbunden.

Wie beschrieben, führten die nicht endenden Diskussionen mit den Forstbetrieben und dem VEB Forstprojektierung häufig zu schweren lösbaren Gegensätzen. Erfreulicherweise waren die Kollegen der Inspektions- und Kontrollgruppe überwiegend sachliche Partner. Vor allem der Leiter der Inspektions- und Kontrollgruppe, Oberforstmeister Helbig, war ein sachbezogener und zu Problemlösungen fähiger Partner. Helbig war auch Referent anlässlich einer der Beratungswochen der ISJ, welche alljährlich in der Jagdschule Zollgrün stattfanden. Leider geschah das nur einmal, und zwar 1986.

Er gab den Leitern der Staatsjagdgebiete folgende Übersicht.

1. Zur Struktur der Forstwirtschaft in der DDR

- 402 Oberförstereien
- etwa 1.200 Reviere
- 30 % der Vorgabe „gesicherte Kultur“ wurde nicht erreicht.
- 90 % der „gesicherten Kulturen“ haben die erste Qualitätsstufe nicht erreicht.

2. Ergebnisse der Waldfondskontrolle in den Staatsjagdgebieten:

- 93% aller Kulturen wurden als „gesichert“ bewertet.
- Der Anteil „gesicherter Kulturen in 1. Qualität“ entspricht nicht den Vorgaben!
- Der Anteil von 7 % Wiederholungsflächen ist zu hoch!
- Der Anteil produktionslosen Holzbodenfläche und der minderproduzierenden Bestände ist zu hoch!
- Die Vorgabe der Schadholzaufarbeitung wurde erfüllt.

Die Diskussion in Zollgrün ergab, dass einzelne Gebiete, aus unterschiedlichen Gründen, die nur zu geringem Teil aus der Wildbewirtschaftung stammten, fast Totalausfall auf ihren Aufforstungsflächen aufwiesen. Die Leitung der ISJ war unzufrieden und Richter führte mit den Leitern der betroffenen Gebiete „intensive Einzelgespräche“. Leider war auch diese Auswertung kein Anlass für eine klärende Regelung der Forst-Jagd-Gegensätze, sondern es ging so weiter, wie ich es bereits beschrieben habe. Ergänzend zu dieser Problematik wurde uns 1988 mitgeteilt, dass der Anteil der ISJ an der Gesamtjagdfläche der DDR 2,2 % beträgt.

Gästeeinweisung

Grundsätzlich wurden alle Jagdgäste durch die Inspektion Staatsjagd eingewiesen. Die Mitarbeiter des Büros des Ministers sowie auch die der Inspektion Staatsjagd waren davon ausgenommen. Sie kamen einfach nach telefonischer Absprache. Telefonisch erfolgte auch die Einweisung von Gästen, welche im Regierungsheim Lindow zu Wochenenden- oder Ferienaufenthalt ihre Freizeit verbrachten.

Die Leiter der Staatsjagdgebiete mussten alljährlich die Aussichten auf die Erlegung von mittleren bis sehr guten Trophäenträgern an die Zentrale melden. Im Rücklauf kam dann die schriftliche Mitteilung über die Namen der eingewiesenen Gäste und in welcher Wildart und welcher Trophäenklassen welche Anzahl von Trophäenträgern erlegt werden sollten. Die Auswahl erfolgte nach Vorschlag der Inspektion nur durch Zustimmung des Ministers. Viele Jagdgäste hatten im Lauf der Jahre ihre Lieblingsgebiete ausgesucht und wurden meist auch dahin eingewiesen. Ob Trophäenträger höherer oder geringer Qualität gestreckt werden durften, hing von jeweiligen Status des Eingewiesenen ab. Wer in der Nomenklatur absank, oder relativ weit unten angesiedelt war, hatte kaum Chancen, auf hochwertigen Medaillenträger jagen zu können. Die Formulierung im Text und die Form waren im Wesentlichen gleich. Das sah etwa 1976 so aus:

„Werter Genosse Leiter“!

In ihrem Gebiet eingewiesen sind:

Gen. S. ein Rothirsch Kl 1
Gen. C. ein Rothirsch Kl 1
Gen. M. ein Rothirsch Kl 2b

Die Jagdmethode ist so zu wählen, dass ein Trophäenträger der entsprechenden Klasse durch den betreffenden Gast erlegt werden kann. Es ist zu sichern, dass die direkte Klasseneinstellung den Gästen nicht mitgeteilt wird. Auf Anfrage ist als Klasse ein „Jagdbarer Rothirsch“ mitzuteilen.

Mit sozialistischem Gruße
Gen. Richter

Mir wurde aus Gesprächen mit Gästen und den Leitern der anderen Gebiete klar, dass es ausgeprägten Jagdneid unter den Gästen gab und wie es für den jeweiligen Leiter werden könnte, wenn er sich unbedacht äußerte. Wenn auch nicht mit den Erlegern von Trophäenträgern im Zusammenhang stehend, wurden diese Episoden und das Problem der Gästeeinweisung durchaus zum Risiko für die Leiter der Gebiete.

Für mich wurde immer klarer, von welch im Grunde genommen banalen Situationen Erfolg oder Misserfolg, persönliche Wertschätzung oder absolute Abgrenzung abhängig waren. Gerechterweise ist festzustellen, dass Richter als Leiter der ISJ natürlich bei irgendwelchen Problemen oder Beschwerden als erster zur Stellungnahme gezwungen war. Er brauchte also ständige Informationen. So wurden mit Schreiben vom 20.9. 1977 z.B. festgelegt, dass zum Montag einer jeden Woche Folgendes bis 10.30 Uhr an die Inspektion Staatsjagd zu melden ist.

1. Erfolg der eingewiesenen Gäste
2. Erfolg der ständigen Gäste
3. Besondere Vorkommnisse
4. Anzahl der Fehlschüsse

Infolge des harten Winters 1978/79 wurden die einzuweisenden Gäste sowohl für 1979 als auch für 1980 darüber informiert, dass mit unterschiedlicher Trophäenqualität zu rechnen sei. Das erfolgte aber bereits bei Einweisung der Gäste durch die ISJ.

Terminlich galten die Einweisungen jeweils von Beginn der Jagdzeit bei Rot- und Damwild bis zu 31.12. des jeweiligen Jahres, bei Muffelwild bis 31.01. des Folgejahres. Außer der freigegebenen Trophäenträger konnten andere vorkommende Wildarten entsprechend der Bewirtschaftungsrichtlinie mit bejagt werden. Natürlich außer Trophäenträger Klasse 1 und 2b.

Die Anzahl der Jagdgäste lag ab 1969 jährlich etwas über 10 und erreichte ab Anfang 1979 die Größenordnung 15 bis 20. Es gab natürlich auch Jahre, in denen weniger als 10 Gäste geführt wurden. Ursache für diese Schwankungen entstanden meist aus dem Wechsel der zuständigen Minister ab, also von Ewald zu Kuhrig und von Kuhrig zu Lietz. Das muss wohl nicht kommentiert werden. Der ständige Erfolgsdruck lag aber nicht nur wegen der Anzahl der Gäste auf den Jagdleitern und mir, sondern war auch der unterschiedlichen Rangordnung, Mentalität, jagdlicher Führigkeit und der Intensität hinsichtlich Jagderfolg und Dauer des Jagdbesuchs geschuldet. Es gab Gäste, die kamen einmal oder zweimal pro Jahr zur Jagd. Andere zogen eine Woche lang früh und abends los. Über Zeitaufwand in Form von Gästetagen sowie über Erfolgsgeschichten und „Fehlschüssen" wurde z.T. schon berichtet.

Die Umsetzung aller dieser Vorgaben war natürlich trotz allen guten Voraussetzungen immer voller Risiken. Es entstand ständiger Aufgabendruck, natürlich vor allem für die Leiter der Gebiete.

Für 1989 erhielt ich keine präzisen Vorgaben, da der Minister persönlich entschied, wer was und wieviel gestreckt werden sollte.

Geschenke von Gästen

Akribisch und mit Hinterfragen wurde durch Richter darauf geachtet, dass alle Geschenke von Gästen an die Staatliche Jagdwirtschaft Lindow oder persönlich an mich, an meine Frau und die Jagdleiter grundsätzlich an die Inspektion gemeldet werden mussten. Dort wurde entschieden, ob diese Dinge bei den Empfängern verbleiben konnten oder in Berlin abgegeben werden musste.

Nachstehend die Liste dieser Gastgeschenke von 1979 bis 1986:

Jahr	Gastgeschenk
1979	1 Tranchierbesteck für die StJW
	1 Wandbehang
1980	1 Wandthermometer für mich
1981	4 Wandteller aus Zinn für mich
1982	1 Tischdecke aus Ungarn für die StJW
	6 Sektgläser für meine Frau
	1 Gedenkmünze Berlin für mich
	1 Bleikristallschale für meine Frau
1984	3 Jagdhörner für die StJW
1986	1 Armbanduhr für mich
	1 Bierkrug für die StJW
	1 Jagdmesser für mich
	6 Biergläser für meine Frau
	1 Umhängetasche für meine Frau

Erfreulicherweise kamen alle eingereichten Nachweise mit den handschriftlichen Bemerkungen von Richter: „Geschenke bleiben bei den Empfängern". Im Grunde genommen waren es diese freundlichen Aufmerksamkeiten nicht wert, größere Wertungsstäbe anzulegen.

Aber was Ordnung sein sollte, musste auch eingehalten werden. Ausgenommen von der Nachweispflicht waren diverse Flaschen mit zumeist landesüblichem Alkohol.

Problematischer wurde die ganze Geschichte, wenn sich Gäste aus dem „Westen" auch mit Geld aus dem „Westen" bedanken wollten. Wir lehnten es grundsätzlich ab.

Es gab zwei Ausnahmen einmal 100.- DM im Beisein von Minister Lietz übergeben. Der sagte, als die Gäste weg waren: Behaltet das, geht mal im Intershop einkaufen.

Das zweite war schon unangenehmer. Als einer der prominenten Gäste aus dem westlichen Ausland abgereist war, fand sich im Kaminkeller ein Briefumschlag mit 300.- DM und einer freundlichen Widmung. Ich informierte sofort Richter und lieferte dann die „heiße Ware" einige Tage später in der Inspektion ab. Genaugenommen ging es, nach heutigen Wertvorstellungen, um „Peanuts". Aber in unserem Zuständigkeitssystem waren das „hochbrisante Vorkommnisse".

Nach 1986 musste ich keine schriftliche Aufstellung mehr zur Zentrale senden und bestätigen lassen. Es genügte eine persönliche Information an Richter, wonach er dann auch sofort formlos über den Verbleib entschied.

Der Bereich Jagdwirtschaft

Die StJW Lindow lag im Norden des damaligen Landkreises Neuruppin. Die Oberflächenform und die forstlichen Standortsverhältnisse wurden von der letzten Eiszeitperiode, Weichseleiszeit, geprägt.

Der westliche Teil des Gebietes ist Endmoräne mit dem Rhin - Tal als Schmelzwasserabfluss, der zentrale und östliche Teil besteht meist aus Sanderflächen. Darin eingebettet liegen Seen, verlandete Seen und z. T. nasse Wiesen. Die Gesamtgröße der bejagbaren Fläche betrug 1976 etwa 4750 ha Wald und etwa 1200 ha landwirtschaftlichen Fläche sowie rund 50 ha sonstige Flächen, insgesamt also etwa 6000 ha. Zu diesem Zeitpunkt wurden etwa 7 ha Wildwiesen und 40 ha Wildäcker innerhalb der Gesamtfläche von der StJW bewirtschaftet. Die Waldfeldkante war ca. 15 km lang und durch unregelmäßigen Verlauf gekennzeichnet. Daraus resultierten einerseits gute Bejagungsmöglichkeiten, andererseits war mit hohen Wildschäden zu rechnen.

Durch ständige kleinere Zuordnungen oder Flächenabgänge in Absprache mit anderen Nutzern blieb dieser Flächenstand bis 1985 annähernd stabil. 1985 wurden aus jagdwirtschaftlichen Gründen etwa 1000 ha Jagdfläche aus dem Bestand einer benachbarten Jagdgesellschaft übernommen. Dabei handelte sich überwiegend um Wald mit Ausdehnung in nördlicher Richtung. Per 30.06.1989 wurde folgender Flächenstand als Realgröße nachgewiesen:

Landwirtschaftliche Flächen:	1266 ha Ackerland
	281 ha Wiesen
	52 ha Ödland
	Gesamt: 1599 ha
Forstwirtschaftliche Flächen:	5800 ha Holzboden
	200 ha Nichtholzboden
	Gesamt: 6000 ha

Gewässer:	436 ha Seen
	102 ha Kanäle
	Gesamt: 538 ha
	====================
Ortslage:	ca. 90 ha
Verkehrsflächen:	ca. 234 ha

Die Gesamtgröße betrug ca. 8460 ha. Davon waren etwa 7500 ha zur Bewirtschaftung von Schalenwild geeignet.

Die erwähnte Flächenvergrößerung hatte folgenden Ursprung und Verlauf: ISJ-Chef Richter kam meist einmal je Quartal zu einem Informationsgespräch in Zippelsförde vorbei. Im Herbst 1983 fragte er, warum bei mir keine Feisthirsche fallen würden. Ich verwies auf die gegebene naturräumliche Ausstattung, also wenig Feldgehölze in verkehrsberuhigter Lage und, wie erwähnt, eine ständig zunehmende Belastung durch Freizeitaktivitäten der Urlauber. Darauf Richter fast wörtlich: Dann kümmere dich, dass wir angrenzende geeignete Gebiete übernehmen können.

Folge: Ich beriet diesen Auftrag erst mit den Jagdleitern, das verlief natürlich sachlich, dann mit der Kreisjagdbehörde und den verantwortlichen Leitern im Landkreis. Es gab erwartungsgemäß heftigen Widerspruch und Unverständnis. Schließlich wohl mit der „Berliner Kraft" im Hintergrund, wurde eine Lösung gefunden. Der Zugang umfasste etwa 1000 ha Wald und ca. 600 ha landwirtschaftliche Flächen.

Die dort jagenden Mitglieder der zuständigen Jagdgesellschaft wurden hinsichtlich der Übernahme in die Jagdgruppe der StJW überprüft und, so weit geeignet, als Jäger übernommen. Ab 1986 bezogen sich die Abschusspläne auf die neue Gesamtfläche. Allerdings konnte weder durch die laufende Wildbestandsermittlung noch durch die ersten Streckenergebnisse eine dem Flächenzugang entsprechende Verbesserung erreicht werden. Es fiel bis 1989 auf den neuen Flächen auch nicht ein einziger Feisthirsch!

Die gesamte Wildbewirtschaftungsfläche wurde in fünf Jagdgebiete mit Größen von 800 ha bis 1400 ha eingeteilt.

Die Anzahl der Jäger wurden unter „Personal" bereits beschrieben. Alle Jagdleiter, Stellvertreter, Beschäftigte und neu eingegliederte Jäger bekamen feste Pirschgebiete sowie dafür angepasste individuelle Abschussvorgaben. Trophäenträgerabschüsse wurden, mit Ausnahme der Altersklasse

1 für alle Schalenwildarten, nur von mir unter Beachtung der Gesamtplanerfüllung sowie der persönlichen Leistungen hinsichtlich Streckenergebnis und gesamter Mitarbeit vergeben.
Der langjährige Streckendurchschnitt, natürlich mit z.T. erheblichen jährlichen Abweichungen, betrug etwa: 100 St. Rotwild, 30 St. Damwild, 100 St. Rehwild und 200 St. Schwarzwild.

Zu Beginn meiner Tätigkeit als Leiter fand ich folgenden jagdwirtschaftlichen Zustand vor:

- Rotwild mit hoher Bestandesdichte und erkennbar hohem Anteil an alten Tieren. Brunftgebiete fast ausschließlich in den Revieren Fristow und Schwanow, also den im Westen gelegenen Gebietsteilen.
- Damwild flächendeckend in geringer Bestandesdichte und Schwerpunkt in den Revieren Gühlen und Lietze, also im Ostteil der StJW.
- Rehwild flächendeckend mit Schwerpunkt in den Revieren Gühlen und Lietze.
- Schwarzwild flächendeckend.

Wie bereits erwähnt, existierte im Revier Gühlen ein vom ehemaligen Minister Georg Ewald gegründetes Gatter mit eingesetzten wildfarbenen bis schwarzen Hausschweinbachen, welche von den einspringenden Keilern beschlagen wurden. Das einspringende Schwarzwild wurde erlegt und nur die Hybriden wurden bis Überläufergröße weiter gefüttert und dann erst „erlegt“.
Ich habe diesen Unsinn 1978 beenden lassen, alle Hybriden wurden nach und nach gestreckt und ab 1980 nur noch einspringendes Schwarzwild in stark reduziertem Maße, etwa 10 – 15 Stück jährlich weiter gehalten und 1981/82 die Anlage nur noch als „Scheingatter“ – sprich Intensivkirrung weitergeführt und den gesamten Gatterbetrieb aufgelöst.
Ein weiteres Gatter bestand im Revier Fristow in Größe von etwa 70 ha. Hier gab es Einsprünge, welche hauptsächlich von Dam- und Schwarzwild, aber selten von Rotwild genutzt wurde. Dieses Gatter bestand als reines Jagdgatter und wurde von mir nur freigegeben, wenn seltene Gäste unbedingt Anblick oder Weidmannsheil haben mussten. Da es nicht normal bejagt wurde, war es einfach, kurz vor Ankunft von Gästen regelmäßig zu kirren. Sauen und vor allem Damwild waren dann mit Sicherheit anzutreffen. Das geschah aber insgesamt sehr selten. Da ich das Gatter auch als einen echten

Ruheraum für Wild bestehen ließ, bekam es erst 1987 im Zusammenhang mit der Muffeleinbürgerung eine völlig neue Bedeutung und Aufgabenstellung. Gefüttert bzw. gekirrt wurde intensiv in Gühlen also nur im Gatter, bis zur Auflösung 1981, dann nur noch bei Bedarf. In Fristow, wie beschrieben wenig, von September bis Mai zur Nutzung der Einsprünge. Gekirrt wurde im Gatter Fristow zeitweise mit Hafer, Runkelrüben, Eicheln, und Kastanien. In Gühlen kamen, solange das Gatter betrieben wurde, zusätzlich zu den erwähnten Futtermitteln zeitweilig auch Rinderpellets zum Einsatz. Sie wurden sowohl von Sauen als auch von manchmal einspringendem Dam- und Rehwild gut aufgenommen. Zu Beginn meiner Tätigkeit gab es auch in freier Wildbahn etwa 6 Fütterungen für Schalenwild. Im Sommer 1977 ließ ich sie restlos abbauen und untersagte jede Art von Fütterung in der freien Wildbahn. Eine Ausnahme bildete lediglich eine kleine überdachte Fütterung in der Nähe des Haupthauses, damit nichtjagende Gäste im Winter das Wild vom Fenster aus beobachten konnten. Schwarzwild kam hier regelmäßig und wurde natürlich nie beschossen.

Bejagte Schwarzwildkirrungen wurden von Mitte Oktober bis Ende März betrieben. Auf insgesamt 40 Kirrungen, davon allein 16 im Jagdgebiet Gühlen und 14 in Rägelsdorf, wurden jährlich 30 bis 40 t Körnermais verbraucht. Ursache für die Konzentration in Gühlen waren die häufigen sogen. „Tagesgäste“ des Regierungsheimes und in Rägelsdorf die jeweiligen Minister mit ihren persönlichen Gästen. Alle mussten eben möglichst erfolgreich sein, deshalb wurde als Ergänzung zum zeitweise nicht verfügbaren Körnermais auch Hafer, etwa 20 t, und Futterrüben, etwa 30 t, jährlich und ausschließlich in den Jagdgebieten Gühlen und Lietze eingesetzt. Die Verfügbarkeit an Futtermitteln wurde manchmal von Jahr zu Jahr problematisch und bedurfte einer strengen Kontrolle. Anlässlich einer Dienstberatung der ISJ wurde im Januar 1982 festgelegt: Der Futtermittelbedarf der StJG/WFG aus landwirtschaftlicher Produktion ist sofort um 30% zu senken. Ich orientierte sofort auf Pflege und Nutzung vieler kleiner Streuwiesen am Rhin und den Seen, welche von den Eignern nicht genutzt wurden. Es wurden Verträge abgeschlossen und somit zumindest neue Äsungsflächen geschaffen.

Zur Bewertung des natürlichen Äsungsangebots kam auf Anregung Richters im Mai 1982 Dr. H. Bähr, Dozent an der Jagdschule Zollgrün, nach Zippelsförde. Er war Landwirt und fuhr mit mir, betrachtend, beratend und anschließend auswertend, durch das gesamte Gebiet. Er war von der natürlichen Ausstattung – vor allem von den Wiesen am Rhin, den großen Beerkrautflächen in Althölzern und der in fast allen aufgelockerten Kiefernbeständen häufig vorkommenden Drahtschmiele als natürlichem Nährstoffpotenzial angenehm überrascht. Er unterstützte mein Vorhaben, Wildwiesen als natürliche Äsungsflächen zu erhalten und zu pflegen und auf die z.T. aufwendige Wildackerbewirtschaftung zu verzichten. Das betraf in erster Linie und fast ausschließlich die Rotwildgebiete Fristow, Rägelsdorf und Schwanow. Für die Jagdgebiete Lietze und Gühlen spielte dagegen Unterhaltung und z.T. auch Neuanlage von Wildäckern eine größere Rolle, da die jagdliche Aufgabenstellung bedingt durch die Gästestruktur des Regierungsheimes in Gühlen dominiert wurde. Ab 1978 ließ ich die Anlage und Bewirtschaftung von Wildäckern in beiden Jagdgebieten verstärken und damit stieg auch der Düngemittelbedarf von fast Null auf folgenden Verbrauch in 1988:

Stickstoff	6 t
Phosphor	0,4 t
Kali	8 t
Kalk	170 t

Der Verwendung erfolgte in Form der angebotenen Handelsdünger (Menge bezogen auf Reingehalt) und wurde mit eigenen Kräften ausgeführt.

Der Bedarf an Düngemitteln innerhalb der ISJ wich infolge wesentlicher Standortunterschiede, Aufgabenstellungen und Flächengrößen erheblich zwischen den einzelnen Gebieten voneinander ab.

Zur Bewertung naturräumlicher Gegebenheiten wurden in der „Verfügung über die Bonitierung des Jagdgebietes“ vom 2.7.1979 für alle Jagdwirtschaftsflächen der DDR, also Jagdgesellschaften, Staatsjagdgebiete, Wildforschungsgebiete und Gebiete der „Bewaffneten Organe“, einheitlichen Verfahren zur Methodik mit dem Hauptziel „Festlegung der Wilddichte für die Schalenwildarten“ vorgegeben.

Die Erfassung der Daten in den Staatsjagden- und Wildforschungsgebieten sowie auf Flächen der „Bewaffneten Organe“ erfolgte in Zuständigkeit der jeweiligen Leiter.

Im Februar 1980 lag das Ergebnis für die StJW Lindow vor:

Es hatte folgende Aussage:

Bezugsfläche 5.18o ha	Wilddichte in/St/ pro 100 ha	bonitierter Bestand in Stück
Rotwild	1,4 St./100 ha	75 St.
Damwild	3,4 St./100 ha	176 St.
Rehwild	8,7 St./100 ha	450 St.

Stellvertreter Helle meldet dem Leiter der StJW den Beginn der Drückjagd

Jagdleiter, Stellvertreter und Jäger werden in Sicherheit und Jagdablauf eingewiesen.

Muffelwild war zum Zeitpunkt der Bonitierung noch nicht bestandsbildend. Im Lauf der Jahre gab es ab Beginn der Setzzeit bis Mitte November jeweils einen deutlich höheren Rotwildbestand, aber einen ebenso spürbar geringeren Damwildbestand als bonitiert. Das ergab sich aus der jagdlichen Zurückhaltung in den Rotwildeinstandsgebieten bis zur Brunft.

Nach der Brunft verschwanden bis Ende Oktober fast alle Geweihten und bis Ende November auch der größte Teil des Kahlwildes. Ursache dafür war die als Wintereinstand nicht ausreichend geeignete erwähnte naturräumliche Ausstattung des Gebietes. Mit Beginn der regelmäßigen Sauenkirrung ab Mitte Oktober wechselte dann häufiger das Damwild in die Rotwildgebiete ein. Es gab relativ wenige Damwildbrunftplätze, aber ein zunehmendes regelmäßiges Annehmen der Maiskirrungen durch Damwild.

In Zusammenhang mit der Bonitierung wurde im März 1980 auch eine Erfassung jagdwirtschaftlicher Einrichtungen und Hilfsmittel durchgeführt und folgendes nachgewiesen:

Geschlossene Kanzeln	23 Stück
Offene Kanzeln	62 Stück
Sonstige Kanzeln	15 Stück
Futterraufen in Gattern	10 Stück
Schwarzwildkirrungen saisonal	47 Stück
Salzlecken	14 Stück
Permanente Raubzeugfallen	6 Stück
Luderplätze	1 Stück
Pirschsteige	17.400 lfdm
Leistungsgeprüfte Hunde	8 Stück

Entscheidende Voraussetzung für einen Gästeerfolg waren also sowohl durch vorhandene Wildbestände als auch durch geeignete jagdliche Anlagen gegeben. Die Anzahl der Gäste und damit die Anzahl der Gästetage, also Führung durch einen Jagdleiter entweder früh oder abends oder beides zusammen, waren von StJG zu StJG sehr verschieden.

Gebiete mit ständigen Gästen, manchmal nur mit einem „hochrangigen“ Gast, hatten andere Zeitaufwendungen als StJG, welche vorrangig meist nur im Zeitraum der Rotwild- oder Damwildbrunft mehrere Gäste kurzzeitig zu betreuen hatten.

Infolge der bereits beschriebenen Gästestrukturen hatte die SJW Lindow folgendes Ergebnis an Gästetagen:

Anzahl der Gästetage und Ergebnisse

Jahr	Anzahl Gästetage	davon erfolgreich	Anzahl Fehlabschüsse
1977	136	-	-
1978	160	-	-
1979	107	-	-
1980	166	83	64
1981	168	64	17
1982	128	90	38
1983	140	70	62
1984	103	60	38
1985	94	42	51
1986	55	36	14
1987	82	53	23
1988	77	41	19
1989	59	39	11

Der Anteil der erfolgreichen Jagdtage und der abgegebenen Fehlschüsse mussten erst ab 1980 nachgewiesen werden. Die Anzahl der Gäste war natürlich maßgebend für die Anzahl der Gästetage, schwankte aber, wie bereits erwähnt aus verschiedenen Gründen. Die relativ hohe Anzahl an Gästetagen bis 1985 ergab sich daraus, dass viele Jagdgäste im Regierungsheim Gühlen ihren Urlaub verbrachten und von dort aus häufig alle Jagdgelegenheiten in allen Jagdgebieten, wenn auch nicht immer erfolgreich, genutzt wurden. Mit zunehmender Fertigstellung geeigneter Unterkünfte in Zippelsförde orientierte sich der Jagdbetrieb mehr auf den zuständigen Minister und seine persönlichen Gäste. Es gab die Regel, dass ich grundsätzlich den Minister und in seiner Abwesenheit den jeweils ranghöchsten Gast zu führen hatte. Das waren jährlich 6 bis 8 Gäste.

So ergab es sich, dass ich selbst im Zeitraum von 1976 bis 1989 an 375 Gästetagen mit den Hauptgästen eine Strecke von 416 Stück Schalenwild, darunter etwa 200 Sauen und etwa 100 Stück überwiegend männliches Rotwild, alles „belastet" noch mit über 150 Fehlschüssen, erreichen konnte.

Es gab Tage mit einer Gesamtstrecke bei Früh- und Abendjagd mit bis zu 10 Stück Schalenwild, vor allem auf Sauen, wenn zum normalen Abendansitz nach Mondschein und Schnee kamen. Tage ohne Strecke oder ohne Fehlschüsse waren selten.

Im Laufe der Jahre zeigte sich dann folgendes: Wegen der zunehmenden Belastung meines Verantwortungs- und Zeitfonds infolge der deutlichen Erweiterung der Aufgabenbereiche war eine intensivere inhaltliche Weiterentwicklung der Jagdwirtschaft unter Beachtung aller einwirkenden Faktoren kaum noch möglich. Immerhin konnte aber das erreichte Niveau gehalten werden, denn für alle SJG galt: „Gästeerfolg ist höchste Pflicht". Dazu galt auch die Maxime, dass alle Gäste die Entscheidung des jeweiligen Jagdleiters hinsichtlich der Abschussfreigabe respektieren.

Ich kann sagen, dass diese Regelungen in der StJW Lindow im Zeitraum meiner Tätigkeit als Leiter grundsätzliche eingehalten wurden. Weder meine Jagdleiter noch ich hatten jemals Probleme, einen Gast von einem nicht „genehmigten" Schuss abzuhalten.

Ausnahmen: die erwähnte Erlegung eines Rehbockes ohne Begleiter in der Nähe des Gästehauses Gühlen und ein weiterer „nicht genehmigter" Schuss: Ein Gast saß neben mir in der Kanzel und hatte die geladene BBF zwischen uns angelehnt. Kahlwild war gerade im Anwechseln zu sehen und mein erregter Nachbar griff nach der Waffe – im gleichen Moment brach der Schuss und schlug ein nicht geplantes Loch ins Kanzeldach. Er war total bestürzt, ließ sich auch nicht mehr beruhigen und ich brach die Jagd vorzeitig ab. Mir sträubten sich erst am Abend zu Hause die Haare!

Bezogen auf Gästetage und Erfolgsergebnisse erreichten alle Jagdleiter, vor allem in den Jagdgebieten Gühlen und Lietze, sehr gute Ergebnisse. Das war deshalb bemerkenswert, weil dort überwiegend Gäste aus dem Regierungsheim geführt wurden, welche durchaus nicht immer als passioniert oder erfahren bekannt waren und darum von den Jagdleitern hohes Können und echte Bereitschaft zur Aufgabenerfüllung abforderten.

Im Gegensatz zur Einzeljagd waren Ansitz-Drückjagden bis zum Ende von Kuhrigs Zuständigkeit kein Thema. Ich konnte ihm aber nahelegen, dass diese Jagdart bei Treffen mit Freunden und Mitarbeitern das gemeinsame Erleben fördern könnten. Er stimmte dann zu, dass am 10. November 1980 die erste A-D-Jagd, allerdings unter Vorbehalt, durchgeführt wurde. Der Vorbehalt bestand darin, dass keine Gäste an dieser A-D-Jagd teilnehmen sollten.

Diese Entscheidung kam mir gelegen, denn so konnten Erkenntnisse über für A-D-Jagden geeignete Ansitzkarte, zweckmäßige Laufwege sowie die notwendige Anzahl von Treibern erlangt und erprobt werden. Als Schützen wurden die Jagdleiter und Stellvertreter eingesetzt und so kamen bei den 4 Testjagden 1980 mit jeweils sieben Schützen insgesamt 3 Sauen, 1 Rottier, 2 Stück Damwild und 8 Stück Rehwild zur Strecke. Der weitere Verlauf bis Ende 1982 war dann doch ernüchternd.

Bei sechs A-D-Jagden mit 9-12 Gästen lagen insgesamt 1 Stück Rotwild, 3 Stück Schwarzwild und 5 Stück Rehwild auf der Strecke. Obwohl sach- und ortskundige Treiber eingesetzt und ausreichend gute Ansitze vorhanden waren, wurden unbefriedigende Ergebnisse erreicht. Bei der Auswertung stellte ich fest: Bei A-D-Jagden wählte das Wild, viel häufiger als bei Einzeljagden, andere Wechsel und Fluchtrichtungen.

Als B. Lietz das Ministerium übernommen hatte, waren A-D-Jagden weiterhin erwünscht und gleich als geeignete Mittel für gute Stimmung bei Treffen mit Gästen angesehen. Es ging Lietz hierbei weniger um gute Streckenergebnisse, sondern vielmehr um ein „freundliches“ Beisammensein.

Unter Beachtung bisherigen Erfahrungen und Ergebnisse der A-D-Jagden wurden einige Ansitze neu angelegt, die Laufwege der Treiber wurden neu geordnet und letztendlich musste ausprobiert werden, ob eine größere Anzahl Schützen oder ein weiträumigeres Umstellen die Streckenergebnisse verbessern würde. Am 17. November 1984 begrüßte Minister Lietz dann erstmals Gäste und Mitarbeiter zur A-D-Jagd. Insgesamt kamen 8 Schützen, alle je mit einem Jagdleiter oder Jäger aus unserer StJW als Begleiter und nahmen von 9 - 17 Uhr an der Jagd teil. Das Ergebnis war diesmal erfreulich: Zum Anblick kamen 20 Stück Rotwild, 17 Stück Damwild, 10 Rehe, 6 Sauen und 2 Füchse. Erlegt wurden ein Stück Rotwild, 5 Stück Damwild und 2 Rehe. Sechs der 8 Gäste kamen zu Schuss, alle hatten Anblick. Ermutigt von diesem Ergebnis wurde das Gesamtkonzept der A-D-Jagden, besonders in Hinblick auf Eignung der einzelnen Jagdgebiete bezogen auf Wildarten und Ansitzmöglichkeiten nochmals überprüft. 1985 waren wir wieder gut vorbereitet, aber Lietz sagte alles ab. Ohne Begründung wurden auch für 1986 und 1987 keine A-D-Jagden durchgeführt.

Infolge der erwähnten Flächenvergrößerung wurden einige Jäger aus der Jagdgesellschaft übernommen, sodass ich inzwischen bei A-D-Jagden ohne Gäste etwa 20 Schützen, also Jagdleiter, Stellvertreter und bei uns beschäftigte sowie übernommene Jäger, einsetzen konnte.

Am 1. November 1986 wurden die Jagdgebiete Rägelsdorf, Schwanow und Fristow weiträumig besetzt und in der Zeit von 8 Uhr bis 11 Uhr mit nur zwei Treibern als Beunruhiger ein ausreichend gutes Ergebnis erreicht. Zum Anblick kamen drei große Rotwild-Winterrudel, 9 Stück Damwild, 5 Rehe und 18 Sauen. Erlegt wurden zwei Rehe, eine Sau und ein Fuchs. Ein Jahr später wurden bei gleichartiger Durchführung 3 Stück Rotwild, 2 Stück Damwild, 2 Sauen und ein Fuchs gestreckt.

Völlig unerwartet rief mich Minister Lietz im Dezember 1987 an, dass er am 28.12.1987 im kleinsten Kreis noch ein „kleines Drückerchen" machen möchte. Es geschah: Zwischen 10 und 13 Uhr hatten die nur 4 Schützen sehr guten Anblick und streckten 1 Stück Rotwild, 1 Stück Damwild und einen mittelalten Keiler. Dieses ansprechende Ergebnis forderte regelrecht eine Wiederholung, und zwar ein Jahr später am 27.12.1988. Lietz ließ sich Anfang Dezember über Erfolgsaussichten informieren und meinte, man könne ja den ganzen Tag nutzen. Daraufhin bereitete ich zwei Testjagden vor, und zwar von 10 -12 Uhr in den Revieren Fristow und Schwanow und von 15 – 17 Uhr, in den Revieren Lietze und Rägelsdorf. Den 8 Gästen kamen mehrere Rudel Rotwild, kleinere Sprünge Rehwild, einzelne Stücke Damwild und vier Rotten und einige einzelne Sauen zum Anblick. Gestreckt wurden 3 Stück Rotwild, 5 Stück Damwild, eine Sau, 8 Rehe und ein Fuchs. Das war ein insgesamt gutes Ergebnis mit einem nicht erwarteten relativ hohen Anteil an Rehwild.

Für den Januar 1989 schien es mir deshalb ratsam, auch in Hinsicht auf die Erfüllung des Abschussplanes, mit den Jagdleitern und Jägern der StJW noch eine A-D-Jagd von 9 bis 12 Uhr in den Jagdgebieten Schwanow und Fristow bei ruhigem sonnigem Wetter auf geeigneten Ständen durchzuführen. Zwei Treibergruppen mit je drei Kollegen brachten insgesamt 64 Stück Rotwild, 22 Stück Damwild, 20 Stück Rehwild, 3 Sauen und 7 Stück Muffelwild zum Anblick vor die Schützen. Ergebnis: Völlig unbefriedigend, es lagen 2 Stück Rotwild, 1 Stück Rehwild und eine Sau und – für mich Anlass zu vorsichtig gesagt „kritischem Hinweis" – sage und schreibe 17 Fehlschüsse! Daran änderten auch sämtliche Kontrollsuchen nichts. Fazit: Mit ein bis zwei Ausnahmen entsprach das Ergebnis der A-D-Jagden nicht dem Aufwand, wobei Jagden mit weniger Schützen ein prozentual besseres Ergebnis hatten. Es kamen grundsätzlich nur wenige Orts- und sachkundige Treiber, maximal 2 Gruppen mit je 3 Personen und grundsätzlich keine Hunde zum Einsatz. Letzteres bewirkte, dass ständig Rotwild, aber anteilig wenig Schwarzwild erlegt wurde.

Dass anderenorts und unter anderen Bedingungen andere Streckenergebnisse erreicht und andere Erfahrungen gesammelt wurden, lässt eine allgemeingültige Bewertung der damaligen A-D-Jagden nicht zu. Die gezeigten Ergebnisse beziehen sich nur auf die angegebenen Jagdgebiete und die jeweiligen Bedingungen.

Ergänzend ist zu sagen, dass unter W. Ulbricht am 18. Januar 1964 eine Jagd für in der DDR akkreditierte Diplomaten in der StJW Lindow organisiert wurde. Die Streckenergebnisse sind nicht mehr nachweisbar, waren aber nach Berichten der beteiligten Jagdleiter äußerst gering. Es mangelte an sachkundiger Vorbereitung und Ausführung sowie auch am geringen jagdlichen Interesse der Diplomaten und wurde nicht wiederholt.

Ein anderes widersprüchliches Thema: Ausreichend starke Trophäenträger in zulässiger, den örtlichen Bedingungen angepasster Anzahl und Qualität müssen vorhanden sein und wie schon gesagt, wurde die Leistung der StJG auch am Ergebnis der erlegten hochwertigen Trophäenträger gemessen. Dafür brauchte man natürlich hohe Wildbestände und die Entstehung hoher Wildschäden war somit „vorprogrammiert“. Die landwirtschaftlich genutzten Flächen der Jagdgebiete der StJW Lindow schlossen sich vor allem östlich und westlich an die Haupteinstandsgebiete an. Während einerseits natürlich gute Beobachtung und Bejagungsmöglichkeiten gegeben waren, entwickelten sich die Klagen und Wildschadensforderungen der Landwirtschaftsbetriebe zur Dauerproblematik.

Als Hauptanlieger im Osten war die Kooperative Abteilung Pflanzenproduktion („KAP“) in Banzendorf Ansprechpartner und Betroffener, im Westen war das die KAP Rheinsberg/Zechlin. Wie allgemein üblich wurde versucht, mittels gemeinsamer Vereinbarungen das Ausmaß der Wildschäden in den Landwirtschaftsbetrieben zu begrenzen. Diese Vereinbarungen enthielten hauptsächlich die Vorinformation durch die KAP über die geplanten Orte, Zeiträume und Art der landwirtschaftlichen Kulturen. Die StJW Lindow stellte dann beispielsweise 1977 ein elektrisches Weidezaungerät einschließlich der nötigen Leitungsdrahtlänge bereit und die KAP übernahm die tägliche Kontrolle: Gleichzeitig erfolgte eine verstärkte Bejagung der feldnahen Waldteile durch die zuständigen Jagdleiter bzw. Jäger. Zusätzlich wurde versucht, durch verstärkte und vergrößerte Anzahl von Kirrungen vor allem das Schwarzwild vom Feld fernzuhalten bzw. zu reduzieren.

Gegenstand der Vereinbarungen war auch, dass alle Wildschadensregulierungen auf gesetzlicher Grundlage erfolgen mussten. Wie anzunehmen war, gab es im Laufe der Zeit trotz aller Vereinbarung z.T. erhebliche Wildschäden. Die gemeinsamen Vereinbarungen konnten aus verschiedenen Gründen von beiden Seiten nicht immer realisiert werden. Daraus resultierten widersprüchliche Forderungen oder gegenseitige Unterstellungen hinsichtlich der Einhaltung der Vereinbarungen. Durch die StJW Lindow wurde seit 1976 folgende Schadensforderungen beglichen:

Jahr	Betrag
1978	14.326 M
1979	16.054 M
1980	880 M
1981	2.200 M
1982	4.000 M
1983	500 M
1984/87	keine Wildschäden
1988	47.000 M

Die Forderung der KAP im Jahre 1979 in Höhe von über 16.000 M wurde von mir zunächst nicht anerkannt, da zum einen bestimmte Teile der gegenseitigen Vereinbarung durch die KAP nicht eingehalten wurden, andererseits der Schadensumfang nicht durch eine Wildschadenskommission ermittelt und bestätigt wurde. Es entstand ein monatelanges „Tauziehen". Die übergeordneten Organe, z.B. die Abteilung Landwirtschaft beim Rat des Bezirkes Potsdam, wurden einbezogen und nach langem Hin und Her entschied der damals amtierende Leiter der ISJ in der abschließenden Beratung 1980, aus politischen Erwägungen die Forderungen zu begleichen. Eine von mir beantragte nachträgliche Überprüfung des gesamten Verlaufs durch die Rechtsabteilung des Ministeriums für Land-, Forst- und Nahrungsgüterwirtschaft ergab zwar, dass meine Ablehnung der Forderungen rechtlich begründet war, aber die politische Entscheidung nicht aufgehoben werden konnte.

Nach relativ ruhigen Jahren entstand 1988 Wildschaden in unerwarteter Höhe. Er konzentrierte sich auf eine einzige Maisfläche, welche infolge ihrer Lage (Dorfnähe, Begrenzung durch Straßen und Eisenbahnlinie sowie vor allem unmittelbares Angrenzen an den Waldrand) durch Bejagung außerordentlich schwer zu schützen war. Die Toleranz der Landwirtschaftsbetriebe bezogen auf Wildschäden hatte sich wegen der hohen Ertragsforderungen und sinkenden ökonomischen Spielräume spürbar verringert. Es wurde erkennbar, dass die Vereinbarungen zur Wildschadensverminderung neu diskutiert und vereinbart werden mussten. Für die StJW Lindow war klar, dass alleine mit der Bereitstellung von Wildschutzzäunen und diversen akustischen und optischen Wildabwehrgeräten das Wildschadensproblem nicht gelöst werden konnte.

Unter Beachtung der gegebenen räumlichen Verteilung, also westlich Feld – Mitte Kernzone der Einstandsgebiete, vor allem Rotwild – östlich Feld, diskutierte ich die Situation mit den Jagdleitern und legte auch bisher Bekanntes nochmals ausdrücklich fest:

- Einhaltung und strikte Sicherung der Wildruhezonen
- verstärkte Bejagung der Wald- und Feldgrenzen durch Einsatz aller unserer Jäger
- Intervalljagden in der Kernzone von Mitte Oktober bis Jahresende
- Errichtung neuer Jagdlicher Anlagen in Feldnähe
- Anlage von 4 Ablenkfütterungen für Schwarzwild grundsätzlich ohne Bejagung der Wildruhezonen von April bis August
- Einhaltung des Grundsatzes, äsungsreiche Althölzer zu erhalten, die vorhandenen Daueräsungsflächen zu erhalten und neu zu schaffen.

Diese Aufgaben wurden schon längere Zeit erledigt, aber sollten in den Folgejahren noch wirksamer werden. Wie 1988 zeigte, hätten sie wahrscheinlich auf Dauer das Wildschadensproblem aber nicht gelöst. Die großen Maisschläge wurden bis heute noch viel größer!

Wie im Abschnitt „Forstwirtschaft“ erwähnt, wurden Verbiss-Schäden in Forstkulturen nach 1978 kaum noch in messbarem Umfang festgestellt. Ein Grund dafür war: Alle Jäger mussten sich an neu begründeten Forstkulturen regelmäßig ansetzen, alles freigegebene Wild bejagen und außerhalb der Jagdzeit die Flächen nach Möglichkeit beunruhigen. Kleinere Ausfallstellen wurden, unabhängig von der Ursache ihrer Entstehung, entweder toleriert oder ohne Aufwand mit einigen Großpflanzen ergänzt. Großflächige Wiederholungen gab es nach 1978 nicht mehr.

Wildverwertung und Vermarktung verliefen folgendermaßen:

Hauptabnehmer des erlegten Wildes war der StFB Neuruppin in Altruppin. Bis zur Fertigstellung eine ausreichend großen Annahmestelle in Zippelsförde wurde das erlegte Wild durch die Jagdleiter direkt an den StFB geliefert.

Nach Fertigstellung der kompletten Annahmestelle in Zippelsförde wurde wie folgt neu geregelt:

- Anlieferung erlegten Wildes durch die Erleger bzw. durch die zuständigen Fachkräfte bei schwerem Wild
- erste Kontrolle des gestreckten Wildes auf Nahrungstauglichkeit.

Nicht zur Weiterlieferung geeignetes aber genusstaugliches Wild mit schlechten Schüssen wurde sofort zerwirkt und in Kühltruhen entweder als Eigenbedarf zur Gästebetreuung, zum Kleinverkauf an Beschäftigte oder, wie mehrmals erwähnt, als „Kofferraumschwein oder Dankeschön“ für freundliche Materiallieferanten, Dienstleister und andere Leistungsträger verwendet. Nicht für die menschliche Ernährung verwertbares Wild wurde, soweit geeignet, z.T. für die von den Falknern gehaltenen Greife und in geringem Maße auch für andere freilebende Greifvögel und „Aasvertilger“ auf gesonderten Futtertischen bereitgestellt.

Für 1989 lässt sich nachweisen, dass Frischlinge mit folgenden Gewichten nicht verwertet wurden:

1 - 3 kg: 3 Stück
4 - 8 kg: 14 Stück
9 - 10 kg: 1 Stück

Außerdem wurden ein Schmalreh mit 10 kg Gewicht auf einen Futtertisch für Greife ausgelegt.

Die Frischlinge waren wegen der wildbretzerstörenden Wirkung der Kugelmunition nicht verwertbar.

Um die Eingriffe in die Jugendklasse bei Schwarzwild aber in notwendiger Höhe zu erhalten, wurde über den Einsatz von Schrotmunition mit der Zentrale der ISJ diskutiert, allerdings ohne Ergebnis.

Sämtliches für die menschliche Ernährung geeignetes Wild wurde grundsätzlich vor Auslieferung vom zuständigen Kreistierarzt begutachtet.

Ab 1.1.1981 wurde die Möglichkeit für Jäger der StJW Lindow, Schützenanteile in Form von Wildbret durch die Erleger direkt in Anspruch zu nehmen, etwas eingeschränkt. Aber Sauen bis 10 kg und Kitze bis 5 kg konnten kostenlos behalten werden. Es gab dafür aber dann kein Schussgeld.

Beschäftigte hatten die Möglichkeit, Wildbret direkt von unserer Annahmestelle zu kaufen.

In der folgenden Übersicht wird der Anteil des nicht an den StFB abgegebenen und in Eigenregie als verwertbar zu nutzenden Wildes für einige Jahre nachgewiesen:

1. Schützenanteile

Wildart	Rotwild	Damwild	Rehwild	Schwarzwild
1981	1	2	2	20
1982	-	1	5	5
1986	-	-	2	8
1988	2	1	4	34
1989	4	12	4	18

2. Eigenbedarf StJW

Wildart	Rotwild	Damwild	Rehwild	Schwarzwild
1981	1	3	7	18
1982	1	3	4	5
1986	4	5	10	29
1988	14	3	5	21
1989	4	-	4	15

3. Verkauf an Gäste

Wildart	Rotwild	Damwild	Rehwild	Schwarzwild
1981	-	1	1	22
1982	1	1	-	8
1986	1	-	-	5
1988	-	2	-	5
1989	-	-	-	1

4. Verkauf an Regierungsheim

Wildart	Rotwild	Damwild	Rehwild	Schwarzwild
1981	2	2	7	14
1982	-	-	2	5
1986	-	-	4	6
1988	-	1	4	10
1989	2	1	2	11

Für den Eigenbedarf zur Gästebetreuung wurde alles erlegte Wild mit schlechten Schüssen bzw. Stücke mit geringem Wildbretgewicht, also Rehkitze, Rot- und Damwildkälber sowie Sauen unter 30 kg Wildbretgewicht, ordnungsgemäß zerwirkt und verwendet.

Das Gästeheim des Ministerrates in Lindow/Gühlen wurde bei Bedarf vorrangig mit Wildbret der Qualitätsstufe A beliefert. Das waren manchmal bis zu 400 kg Schwarzwild und bis zu 550 kg Reh- und Damwild im Jahr. Die Lieferung und Verrechnung verliefen reibungslos.

Für 1989 ist die Verwendung des Wildbrets nach Gewicht wie folgt nachweisbar:

Wildart	Verkauf	Eigenbedarf
Rotwild	10.163 kg	312 kg
Damwild	889 kg	-
Rehwild	1.068 kg	38 kg
Schwarzwild	5.363 kg	530 kg
Muffelwild	84 kg	-

Der Eigenbedarf lag bis 1982 deutlich unter den Größen der folgenden Jahre. Er wurde stets kostenwirksam abgerechnet.

Jagdleiter und Jäger erhielten festgelegte Schützenanteile bzw. Führerprämien. Die Schützenanteile betrugen bei Rot- Dam- und Rehwild 20% und bei Schwarzwild 30 % vom Verkauf bzw. Abgabegewicht und wurden jährlich ausgezahlt.

Je nach persönlichem Streckenergebnis und Gästestruktur konnten, nachdem 1980 neue verbindliche Regelungen galten, von Jägern und Jagdleitern jährlich Beträge zwischen 800 M und bis über 3000 M als Vergütung erreicht werden können.

Leider blieben diese festen Vorgaben der Vergütungssätze nicht stabil, sondern wechselten auf Festlegung der ISJ bis 1986 jährlich.

Ich war unzufrieden, legte der Zentrale einen Vorschlag vor, der wurde überprüft und per 1.7.1986 in nachstehender Form bis Ende 1989 in der StJW Lindow angewendet:

Staatliche Jagdwirtschaft / Lindow
Gästeführung- Abschussprämien ab 1.7.1986

Wildart	erlegt durch Jagdleiter und Jäger (in Mark der DDR)	Gästeführung (in Mark der DDR)
Rotwild, m	25	60
Rotwild, w	40	60
Damwild, m	25	40
Damwild, w	30	30
Muffelwild, m	25	40
Muffelwild, w	20	30
Rehwild, m	15	30
Rehwild, w	20	30
Kälber Rotwild m+w	40	40
Kälber Damwild m+w	15	15
Muffellamm m+w	15	15
Rehkitze m + w	15	15
Sauen bis 5 kg	5	5
Sauen 5 - 10 kg	15	30
Sauen über 10 kg	25	40
Hasen	5	-
Fuchs, gefangen	30	-
Fuchs, erlegt	15	15
wildernde Hunde/Katzen	2	-
Elster, Krähe	4	-
Eichelhäher	1,50	-

Sonderregelungen erfolgten auf Weisung des Leiters der StJW Lindow.

Die Erleger- und Führungsprämien wurden aus den gesetzlich festgelegten Schützenanteilen finanziert. Diese wurden monatlich entsprechend der gelieferten Wildmenge dem StFB in Rechnung gestellt und die Beträge auf das Verrechnungskonto der StJW Lindow überwiesen. Das hatte für die Jahre 1987 und 1988 folgende Größe.

Wildart	1987	1988
Rotwild	6.357 M	5.758 M
Damwild	239 M	999 M
Rehwild	1.203 M	1.047 M
Schwarzwild	4.616 M	4.925 M
Muffelwild	43 M	44 M
Gesamt:	12.458 M	12.773 M

Die einzige finanzielle Verpflichtung der Jagdleiter und Jäger bestand in den jährlich fälligen Versicherungs- und Mitgliedsbeiträgen. Die Leiter der StJG und die Jagdleiter waren von Zahlung der Mitgliedsbeiträge befreit.

Im Gegensatz zum erlegten, aber nicht zum Verzehr geeigneten oder nur teilweise für Greife verwendbaren Wildbret wurde Fallwild grundsätzlich vergraben. Ab 1969 wurde bis 1989 nachstehender Fallwildanteil in 5 Jahresetappen nachgewiesen.

Jahre	Rotwild	Damwild	Rehwild	Schwarzwild	Muffelwild
1969 – 1975	2	-	3	7	-
1976 – 1980	10	-	25	16	-
1981 – 1985	6	3	7	18	-
1986 – 1989	11	-	7	14	7

Mit Ausnahme der Auswertung des Extremwinters 1979 und der nicht gesicherten Nachweisführung vor 1976/77 gibt es keine sachliche Erklärung für die aufgetretenen Schwankungen. Ein wahrscheinlicher Grund für das Auffinden von Fallwild ist allerdings die Tatsache, dass alle Funde, welche durch unberechtigtes Jagen, sprich wieder durch Angehörige der Sowjetischen Armee, zwar erfasst, aber nicht gesondert nachgewiesen wurden.

Der reale natürliche Anteil an Fallwild betrug nach Einschätzung der Jagdleiter etwa 30 % der gemeldeten Stücke.

Nun zu unseren besten Helfern, den Jagdhunden. 1988 hatte die StJW folgenden Hundebestand:

3 Hannoversche Schweißhunde
2 Deutsche Wachtelhunde
1 Deutsch- Kurzhaar – Vorstehhund
2 kleine Münsterländer
2 Jagdterrier
3 Teckel

Alle Hunde waren leistungsgeprüft und wurden, mit Ausnahme der kleinen Münsterländer, welche von den Falknern geführt wurden, fast ausschließlich zu Nachsuchen eingesetzt.

Wie in anderen Bereichen, gab es auch die Jagdhunde betreffend eine besondere Situation: Aus der StJW Nossentin übernahmen wir 1985/86 eine junge Hannoveraner-Schweißhündin. Sie hatte eine wirkliche überragende Nasenleistung, aber leider auch regelrecht Angst vor Wild.

Bei einer Nachsuche auf ein laufkrankes Rotwildkalb nahm die Hündin, als das Kalb aus dem Wundbett aufstand, die volle Länge des Schweißriemens in Anspruch, um sowohl am Hundeführer als auch an mir, der die Nachsuchearbeit begutachten wollte, in Richtung Heimat zu flüchten. Leider verbesserte sich dieses Verhalten nicht. Andererseits schaffte sie geradezu gigantische Leistungen bei Todsuchen auf der Übernachtfährte auch bei mehrmaliger Durchquerung von Gräben und kleineren Wasserflächen. Die absolut mangelnde Wildschärfe war Anlass, nach Absprache mit der ISJ in Berlin, Kontakte mit der Zuchtleitung der HS in der DDR aufzunehmen. Unsere Vorstellung war, die Hündin von einem in der Nähe stehenden BGS-Rüden, welcher als wildscharf bekannt war, belegen zu lassen. Dem wurde seitens der Zuchtleitung nach langem Hin und Her zugestimmt. Der Wurf, bestehend aus acht Welpen, wurde dann auf seine Anlagen überprüft und insgesamt als für die jagdliche Praxis geeignet bewertet. Eine Weiterverfolgung der Entwicklung dieser Hunde war für mich nicht möglich. Bei aller Hochachtung vor der Nasenleistung als Ergebnis der schon lang herausgezüchteten Eigenschaften der alten Leithunde – ohne Wildschärfe ist ein Hund für die neuzeitliche Jagdpraxis wenig geeignet. Ich weiß natürlich, dass es ausreichend wildscharfe HS gibt, möchte mich aber aus mangelnder Kenntnis zu Problemen der Leistungszucht von Jagdgebrauchshunden im Allgemeinen und Hannoverschen Schweißhunden im Besonderen nicht weiter äußern.

Alle Hundeführer der StJW Lindow erhielten, wie allgemein üblich, Futtergeld. Für Teckel und Jagdterrier wurde jährlichen durchschnittlich 180 M und für Vorsteh-, Stöber- und Schweißhunde 365.- M ausgezahlt. Für bestandene Hundeprüfungen erhielten die Hundeführer 50.- M Prämie.

Ab 1981 gab es folgenden Nachweis schwieriger Nachsuchen mit Ergebnis:

Jahr	Rotwild	Damwild	Rehwild	Schwarzwild
1981	2	-	-	8
1982	1	-	-	9
1983	2	1	4	11
1984	-	1	1	3
1985	-	1	2	2
1986	3	-	3	2
1987	1	-	1	2
1988	9	1	-	11

Alf von der alten Rhinbrücke nach erfolgreicher Nachsuche

Für 1989 erfolgte kein Nachweis. Die Zunahme der Nachsuchen ließ sich eindeutig auf die erhöhte Anzahl der Jäger zurückführen. Die Nachsuchen auf Rot- und Damwild erfolgten ab 1985 fast ausschließlich mit der erwähnten HS-Hündin „Traudel von Springelbach“: Rehwild und Sauen wurden von den Jagdleitern und Jägern mit eigenen Hunden nachgesucht.

Ich setzte zum Großteil der Nachsuchen, welche bei von mir geführten Gästen immer wieder vorkamen, fast immer meine Hunde ein. Während meiner Zeit in der StJW Lindow führte ich zwei Hunde auf Schweiß. Beide waren wahrhaft unterschiedlich, und zwar sowohl von Eigenart als auch vom Aussehen: Erstens ein richtiger rotbrauner und selbst als Rüde etwas kleingeratener Langhaarteckel und zweitens ein starker, dunkelbrauner Wachtelrüde mit kleinem weißem Brustlatz. Beide endeten tragisch und ich möchte das aus der Erinnerung heraus auch nicht beschreiben.

Ich halte mich lieber an die gute Erinnerung der Vielzahl der gemeinsamen Jagderlebnisse und möchte davon nur Weniges berichten:

Der Langhaarteckelrüde „BOY“ war ein exzellenter Totverbeller und ein mutiger Jagdkamerad. Er hing z.B. an den Tellern eines 70 kg-Keilers, welcher versuchte, ihn hin und her schwenkend, abzuschütteln. Der Keiler hatte sich weidwund eingeschoben und nach 2 bis 3 Minuten flog „BOY“ zur Seite, ich konnte ihn festhalten, einem Begleiter übergeben und dann endlich den Fangschuss abgeben. Interessant war, dass „BOY“ zu Beginn jeder Nachsuche am Anschuss erstens grundsätzlich nur ohne Halsung und Riemen zur „roten Arbeit“ bereit war und zweitens außer mir niemand mit am Anschuss sein durfte. Diese merkwürdige Eigenart war bei ihm von Anfang an vorhanden. Wenn diese Voraussetzung nicht gegeben war, nahm er einfach „Platz“ und verweigerte die Arbeit.

Naja, wir kannten uns ja, so gab es immer den ritualisierten Ablauf: Mit „BOY“ zum Anschuss – erstens; Rute schlaff nach unten, stehen bleiben, mich ansehen, umdrehen, rumstehen, also, da war nichts!

Zweitens: Rute winkte steif hin und her und ab ging`s immer sicher auf der Wundfährte und nun brauchte ich nur stehenzubleiben oder langsam zu folgen, denn bald gab es Hetz- oder Standlaut und am beglückendsten, das erlösende gleichmäßige Totverbellen. Natürlich gab es auch bei „BOY“ ab und zu „Programmänderungen“, aber die waren sehr selten.

Der Wachtelrüde “Alf“ war ein wesensfester Jagdkamerad mit echter Wildschärfe. Einige Nachsuchen mit ihm und besonderen Abläufen sind mir besonders in Erinnerung geblieben.

So z.B. folgendes: Ein Gast beschoss im letzten Licht einen Frischling. Der ging offensichtlich getroffen ab. Da ich bei der Führung von Gästen grundsätzlich keinen Hund mitnahm, über Vor und Nachteile kann man streiten, erfolgte die Nachsuche erst am nächsten Tag. „Alf“ nahm die Fährte am Riemen auf und ich dirigierte einen meiner Helfer, die meist zu zweit bei Nachsuchen, welche ich mit meinen Hunden arbeitete, dabei waren, in Fluchtrichtung auf eine kleine Freifläche. Dann ging es schnell: Der Frischling stand auf, „Alf“ wurde geschnallt und zog den Frischling zu Boden. Ich war schnell am Hund und fing den Frischling mit der blanken Waffe ab. Der Schweiß lief aus, „Alf“ stand, tot verbellend, über seiner Beute. Plötzlich rief mein Helfer, der mir rauchend gegenüberstand:

„Pass auf!“ Zu spät, der kleine todesmutige Kämpfer war unter „Alf“ aufgestanden, taumelte aus etwa 3m Entfernung auf mich zu, biss mit letzter Kraft in meinen Gummistiefel – dann fiel er um.

Das zweite Erlebnis: Ich hatte früh beim Rückwechseln in seinen Tageseinstand einen Keiler beschossen. Nach den ersten Zeichen am Anschuss saß der Schuss wohl leider sehr weit hinten, also zwischen den Dünnungen im Weichen. Um 10 Uhr, also etwa 3 Stunden nach dem Schuss, begann ich mit „Alf“ die Nachsuche und mit der Absprache, dass meine Helfer erst eine andere Aufgabe erledigen und zu einem vereinbarten Treffpunkt kommen sollten. „Alf“ führte ruhig wie immer erst zu zwei Wundbetten, dann ging die Fluchtfährte in einen „Mini-Fichtenhorst“ von etwa 6 m Durchmesser und 80 cm Höhe.

Dort wurden einmal Fichten vor der Pflanzung eingeschlagen und vom ehemaligen Revierförster, inzwischen im Ruhestand, einfach vergessen. Vor diesem dichten Busch blieb „Alf“ stehen, begann tief zu knurren und vor Erregung zu zittern. Etwa in der Mitte des Busches sah ich, dass sich Zweige leicht bewegten. Na, das war für Hund und auch für mich gefährlich, denn immerhin lag da ein Keiler und kein Frischling! Also nahm ich „Alf“ vorsichtig mit beiden Händen ziehend zurück, beruhigte ihn, stieg ins Auto und verlegte die weitere Suche auf den Nachmittag.

Dann ging es mit 4 Hilfskräften wieder los. Vorsichtig näherte ich mich mit „Alf“ dem Fichtengebüsch. Erstaunt sah ich, dass „Alf“, ohne zu zögern, eindringen wollte. Ich schnallte ihn, stand im Anschlag und „Alf“ kam mit tiefer Nase auf der anderen Seite des Busches heraus und folgte einer für mich deutlich erkennbaren Fährte, die mit tiefen ziehenden Schritten auffiel. "Alf" verschwand auf 50 m Entfernung im Stangenholz, gab plötzlich Laut und schon kam der Keiler, zwar langsam, aber leider verdeckt, auf 30 m an mir vorbei in Richtung auf das Flüsschen „Rheinsberger Rhin". Der Rhin mäanderte völlig unreguliert, hatte bis zu 5 m hohe Prallwände und sowohl tiefe Kolke als auch flache Ausspülungen. Genau in Richtung auf so eine Prallwand trollte der Keiler und „Alf" folgte in etwa 10 m Entfernung. Rein zufällig stand in dieser Richtung mein Helfer H. Blum – allerdings ohne Waffe. Ich sah den Keiler über die Prallwand abspringen, rief: „Helmut, halt den Hund!" Und wie in einem Film sehe ich heute noch diese Bilder: der ins Wasser klatschende Keiler, Helmut Blum warf sich auf den „Alf", der wollte weiter, wehrte sich zappelnd und beide rollten schon in Richtung Prallhang, kamen aber glücklich zum Halten und „Alf" blieb zunächst laut gebend an der Oberkante des Prallhangs stehen.

Im Wasser, auf der angeschwemmten Seite, saß der Keiler. Haupt und Teller waren gut zu sehen. Mein Schuss ließ ihn wie eine startende Rakete, gehüllt in Myriaden von Wassertropfen, nach oben schnellen und zusammenbrechend im Wasser verschwinden.

Es war Mitte Oktober, aber Kollege Wolfgang H. ließ es sich nicht nehmen, zur Bergung des Keilers nackt ins Wasser zu steigen und dem Keiler ein Zugseil der KFZ-Seilwinde anzulegen und ihn dann aufs Trockene zu ziehen. Ich bedankte mich natürlich bei meinen Helfern, „Alf" bekam ein paar Bockwürste extra und es wurde für alle Beteiligten ein feucht fröhlicher Abend. Der Keiler brachte aufgebrochen 126 kg auf die Waage und die Waffen erreichten bei der Trophäenbewertung eine hohe Silbermedaille.

Ergänzend zur Beschreibung der Verhältnisse in der StJW Lindow möchte ich noch einige Regelungen, Bewertungs- und Auswertungsergebnisse zur Gesamtsituation der ISJ darstellen, welche den Leitern der StJG / WFG im Rahmen von Dienstberatungen mitgeteilt wurden. Sie sind meinen persönlichen Aufzeichnungen entnommen und deshalb nicht verbindlich, sondern informativ und werden nicht in zwingender Reihenfolge dargestellt.

- Fallwildverlust in den Gebieten der ISJ für das Jagdjahr 1978/79

Rotwild	145 Stück, davon 101 Kälber
Damwild	181 Stück
Rehwild	656 Stück
Sauen	153 Stück
Muffelwild	55 Stück

Außer bei Rotwild betrug der Jugendklassenanteil 63% am gesamten Fallwild. Am stärksten betroffen waren die Bezirke Neubrandenburg, Rostock und Potsdam. Hauptgrund war der Extremwinter.

• Gesamtstrecke der ISJ – Gebiete 1978/79

Rotwild	1482 Stück
Damwild	610 Stück
Rehwild	1827 Stück
Muffelwild	481 Stück
Sauen	3820 Stück

Der Streckenanteil der Gäste betrug beispielsweise bei männlichen Rotwild 44% und bei weiblichem Rotwild 26%.

• Wildbestand in der StJW Lindow per 1.4.1980

	m	w	gesamt
Rotwild	26	59	85
Damwild	24	31	55
Rehwild	110	120	230
Schwarzwild	-	-	110

• 1983: Dienstberatung der ISJ:

Bei allen Wildarten ist der Eingriff in die Zuwachsträger spürbar zu erhöhen. Gleiches gilt für mittelalte Rothirsche. Dabei entgegenwirken, dass die Trophäe zum „Objekt sozialer Repräsentation“ wird. Der Wahlabschuss bei weiblichen Schalenwild nach nicht einfach ansprechbaren Merkmalen wird überbewertet. 1983 lag der ermittelte Rotwildbestand in der DDR in Höhe von etwa 50.000 Stück um fast 220% über der zulässigen Wilddichte. Gründe: die ökologische Entwicklung in der Landwirtschaft führt u.a. zur besseren Ernährung und sinkender Mortalität.

• 1984 Dienstberatung der ISJ:

Zusätzliche Jagdmöglichkeit für Gäste anbieten, z.B. Niederwild, Raubwild und Raubzeug. Die Fuchsstrecke gilt ab sofort als, „Staatliche Planauflage.“

• 1986 Dienstberatung der ISJ:

1985 wurde in der DDR Wildschaden in Höhe von 2,9 Millionen M vergütet. Bei den Schalenwildarten wurde der nutzbare Zuwachs nicht abgeschöpft.

Die Fuchsstrecke betrug 90.883 Stück. 1985 gab es in der DDR fünf tödliche Jagdunfälle, vier Selbstmorde von Jägern, acht Selbstverletzungen von Jägern und drei schwere Verletzungen anderer Bürger durch Jagdwaffen.

- 1987: Dienstberatung der ISJ:

Streckendurchschnittsgewichte der AK 2 – weiblich:

Rotwild	65,9 kg
Damwild	31,7 kg
Rehwild	13,9 kg
Muffelwild	17,4 kg

Das Durchschnittsgewicht der gesamten Schwarzwildstrecke lag bei 30,8 kg. Die Werte basieren auf den Meldungen aller StJG/WFG. Der Abschuss von weiblichen Rot-, Dam- und Muffelwild wurde für die ISJ als Minimalplan festgelegt.

- 1988 Dienstberatung der ISJ:

Einschätzung der Wildbestandsentwicklung in den StJG / WFG

Rotwild:	hoch über dem bonitierten Wert
Schwarzwild:	hoch über dem bonitierten Wert
Damwild:	annähernd normal, einzelne Gebiete zu hoch
Rehwild	annähernd normal, einzelne Gebiete zu hoch
Muffelwild:	annähernd normal, einzelne Gebiete zu hoch

Der Bereich Jagdwirtschaft wird in einer Betrachtung der einzelnen Wildarten abgeschlossen.

Begonnen wird mit Rotwild als Hauptwildart.

Für die StJW Lindow typische und in Eigenleistung hergestellte Kanzeln

Kirrplatz mit Blende als Sichtschutz

Einer der stärksten Rothirsch-Jahrgänge 1986/87

StJW Lindow, Rotwild-Strecke von 1989

Bereich Jagdwirtschaft Teil 2/1

Rotwild – Schwerpunkt der Wildbewirtschaftung

Wie bereits erwähnt, musste ab 1976 gezielt der Kahlwildabschuss verstärkt werden.

Das erfolgte unmittelbar nach der Brunft und weitgehend außerhalb der Einstandsgebiete an den Feldern und zwar ausschließlich durch Einzelabschuss und war für erfahrenen Rotwildjäger kein Problem. Schmaltiere und Schmalspießer und bekannte Brunftplätze blieben also, was den Kahlwildabschuss betrifft, bis etwa 10. Oktober ohne Beunruhigung. Die erwünschten und auch eintretenden Folgen waren:

- Gleichmäßiger Beginn und Verlauf der Brunft. Störungen gab es höchstens durch ungünstige Witterung, also Sturm, Regen, Nebel usw.
- Die Hirsche konnten im störungsfreien Bereich gut angesprochen, bestätigt und erlegt werden.
- Das Kahlwild nahm das Erlegen der Hirsche als relativ seltene Störung kaum übel, wechselte kurz die Brunftplätze und nahm die gewohnten nach zwei bis drei Tagen wieder an.

Nach der Brunft verschwanden die Hirsche sehr schnell und auch das Kahlwild wechselte nach und nach in den gewohnten Wintereinstand. Diese Wintereinstände lagen weitgehend außerhalb der StJW Lindow. Ursache dafür waren offensichtlich die vorhandenen forstwirtschaftlichen und landwirtschaftlichen Strukturen, denn auch nach Bildung der beruhigten Einstandsgebiete änderte sich bezüglich der Winterbestände Rotwild nichts.

Die Kahlwildbejagung begann nach Brunft konzentriert ab Mitte Oktober. Die Kälber waren zu diesem Zeitpunkt schon weitgehend in die Kahlwildrudel integriert. Es kam aber, wenn auch sehr selten vor, dass ein führendes Tier erlegt wurde. Im Verlauf von 14 Jahren wurden vier führende Tiere als gestreckt gemeldet, aber nur ein Kalb wurde nicht in das sich bildende Winterrudel aufgenommen und erlegt. Es war wildbretmäßig gering und wahrscheinlich spät gesetzt. Über den Verbleib der anderen 3 Kälber wurde nichts bekannt. Sie fielen jedenfalls nicht als vereinsamt auf. Ein weiteres junges Tier wurde als Schmaltier angesprochen. Das dazu gehörende Kalb wurde nicht gefunden.

Schwerpunktmäßig wurde in bekannter Folge erst Kalb, dann Tier gestreckt. Das Ansprechen ist bei vertraut äsenden oder ziehenden Rudeln für erfahrenen Rotwildjäger nicht so sehr schwer.

Gleiches gilt, wenn auch doch etwas schwieriger hinsichtlich des Ansprechens, für das Erlegen überalterter oder nicht führender Tiere, woher hier Unterschiede nicht immer erkennbar sind.

Das zum Tierabschuss Gesagte gilt ausdrücklich für großräumige Jagdgebiete mit erfahrenen Rotwildjägern. Ansonsten gelten die bekannten Regeln.

Der Verlauf der Brunft stabilisierte sich zeitlich und räumlich im Laufe der Jahre infolge der ausgewiesenen Ruhezonen. Die Anzahl der Hirsche aller Altersklassen und Qualitäten stieg auf ein dem vorhandenen Kahlwild angepasstes Niveau. Bemerkenswert und bekannt war, dass regelmäßig unerwartete Hirsche auftauchten. „Alte Bekannte" waren ziemlich selten. Ich habe im Verlauf von 14 Brunftzeiten nur einmal einen alten Zwölfender festgestellt, der 3mal nacheinander den gleichen Brunftplatz beherrschte. Weitere 3 Hirsche im Alter 8 bis 10 Jahre schafften das nur zweimal. Der Anteil der jährlichen neu auftauchenden Hirsche überwog deutlich.

Was die rechnerisch erwünschte Qualität der Rothirschtrophäen betrifft, wurden von der „Arbeitsgruppe Rotwild" innerhalb der ISJ Zielvorgaben hinsichtlich erreichbarer Bewertungspunktzahlen ermittelt. Sie differenzierten zwischen Flachland, Mittelgebirge und großräumigen standortlichen Unterschieden. Für die StJW Lindow wurden als erreichbares Ziel folgende Werte ermittelt und vorgegeben: Trophäengewicht > 6 kg, 16 Ender, > 85 cm Stangenlänge.

Neben dem rein zahlenmäßigen erwarteten Erlegen der Rothirsche durch Gäste wurden natürlich die Anzahl der Medaillentrophäen und die dazu erreichten Internationalen Punkte bewertet. In der folgenden Übersicht wird der jährliche Anteil mit den jeweiligen Höchstwerten angegeben. Die Werte für eine Goldmedaille wurden bis 1989 nicht erreicht.

Von 1964 bis 1989 wurden folgende Höchstwerte bei der Trophäenbewertung erreicht:

Trophäengewicht:	einmal 8,2 kg; 14-mal über 7 kg
Stangenlänge:	einmal 11o,5 cm; einmal 107,5 cm; 24-mal 100 – 105 cm
Endenzahl:	zweimal 17 Enden; 6-mal 16 Enden
Rosenumfang:	einmal 29,5 cm
Mittelwerte	über 25cm

Insgesamt: Unter den gegebenen Bedingungen, also keine Fütterung, Wahlabschuss nach dem Grundsatz das schlechteste zuerst und ständigem Bemühen um Regulierung der Bestandeszahlen Rotwild insgesamt zeigte sich eine geringe Steigerung der Spitzenwerte und eine Zunahme in der Breite.

Übersicht über Anzahl der Medaillen-Hirsche und erreichte höchste Punktwerte

Erlegungsjahr	Bronzemedaille		Bronzemedaille	
	Anzahl	Höchstwert	Anzahl	Höchstwert
1964	1	175,1	-	-
1965	2	177,1	1	190,1
1966	2	183,9	-	-
1967	2	184,0	-	-
1968	-	-	1	200,9
1969	-	-	2	203,0
1970	1	170,9	2	200,8
1971	4	185,5	1	199,9
1972	-	-	4	202,5
1973	1	183,1	1	201,5
1974	1	187,6	4	202,4
1975	2	183,9	1	192,4
1976	1	179,1	1	190,3
1977	2	176,4	-	-
1978	4	179,2	-	-
1979	2	188,1	2	198,9
1980	2	177,4	1	201,1
1981	2	184,4	-	-
1982	2	177,5	1	199,9
1983	2	172,9	1	199,3
1984	1	185,2	-	-
1985	2	183,1	2	203,1
1986	4	178,2	-	-
1987	5	188,4	1	204,5
1988	4	187,1	-	-
1989	9	187,4	4	204,8

Insgesamt ergab sich, offensichtlich bedingt durch die Vergrößerung der Jagdfläche, eine zahlenmäßige Erhöhung der erlegten Rothirsche in Medaillenbereich. Die gering erhöhten Punktwerte lassen keinerlei Schlüsse auf etwaige Ergebnisse eines Ausleseabschusses zu.

Die Mehrzahl der Medaillenhirsche kann folgenden Erlegern zugeordnet werden:

Erleger	Bronze	Silber	Gesamt
Schalck-Golodkowski	14	5	19
Claussen	6	4	10
Minister Lietz	6	2	8
Jagdleiter Helle	6	2	8
Minister Ewald	1	6	7
Dr. Weiß	4	3	7
Minister Kuhrig	5	2	7

Schalck erreichte diese Strecke in 14 Jahren. Jagdleiter Helle brauchte 25 Jahre, wobei er vor allem in den ersten Jahren unter Minister Ewald „freie Büchse“ hatte. Ein ähnlicher Zeitraum, und zwar 15 Jahre, stand auch Claussen zur Verfügung. Minister Lietz erlegte dagegen die 9 Rothirsche in drei Jahren.

Bei Betrachtung der Ergebnisse stellen sich Fragen, z.B. wenn ein definiertes Einstandsgebiet langfristig nach gleichen Grundsätzen bejagt wird, müssten sich, nach züchterischen Gesichtspunkten, Trophäen finden lassen, die sich stark ähneln. Sicher gibt es einstandsgebietstypische Merkmale in einem gewissen Rahmen, aber die individuellen Abwechslungen zeigen immer wieder, freilebende Tiere sind keine Zuchtobjekte und können deshalb, trotz versuchter menschlicher Eingriffe, kaum qualitativ bewertet werden. Sämtliche zivilisatorische Einwirkungen, wie Vereinzelung, Umweltveränderung u.a. sind davon ausgenommen. Alle beschriebenen Hegeerfolge sind fragwürdig, weil offensichtlich kaum in freier Wildbahn realisiert. So sind die teilweise von Frevert und anderen verkündeten Hegeerfolge ausschließlich der kräftigen Fütterung, der Gatterung und keineswegs einem gezielten Hegeabschuss in freier Wildbahn zu verdanken. Dazu hätten wohl auch die bekannten begrenzten Zeiträume, die selten drei Hirschgenerationen umfassten, nicht ausgereicht.

Bei aller Freude an starken Trophäen, aber fern jeder „Punktdominanz“, sollte nur ein Grundsatz gelten: Der Rothirsch soll möglichst alt werden! Wenn er dann noch eine nach menschlichem Ermessen begehrenswerte Trophäe hat, ist das umso erfreulicher.

Meine Meinung nach wie vor: auch ein wirklich alter Achter ist eine begehrenswerte Trophäe! Wer nur nach Trophäengewichten und Rekordendzahlen hechelt, sollte folgendes Buch lesen: „Der Jäger und KEIN Schatten“ – das wurde aber noch nicht geschrieben....

Werden dagegen Gewichte und Punktzahlen ohne den „Schießerwettbewerb“ betrachtet, sind sie auswertbare Weiser auf Zustand, Qualität und Entwicklung der Wildbestände.

Zur Bewertung von Zustand und Perspektiven eines Rotwildbestandes gehört langjährige Erfahrung. Das ist allen „Insidern“ bekannt. Bedauerlicherweise können viele Jäger Rotwild nur auf große Entfernung, bei schlechter Sicht oder z.T. auch nur außerhalb der Jagdzeiten beobachten. Dabei werden sicher viele Wünsch wach, die man allerdings nur in großen Einstandsgebieten realisieren kann.

Ein Wort zu den „Alleswissern“: Wenn ein Jäger über Jahre hinweg im Durchschnitt pro Jahr ein Stück Rotwild erlegt, hat er entweder kein Standwild im Revier oder wenig Erfahrung zum arttypischen Verhalten des Rotwildes. Ich wünsche ihm Weidmannheil, aber er sollte sich nicht anmaßen, über die Bewirtschaftung großer Rotwildbestände in großen Rotwildeinstandsgebieten, detailliert zu urteilen. Dazu gehört einfach mehr als umfassende Literaturkenntnisse.

Bei Beobachtungen in freier Wildbahn erscheinen mir auch einige bekannte Verallgemeinerungen als fragwürdig. Die Rolle des Leittieres wird z.T. übertrieben, wenn es sich um große Kahlwildrundel mit mehr als 20 Stück handelt. Hier wechselt die Rudelführung ständig. Bei kleineren Rudeln, etwa aus bis zu drei Familienverbänden bestehend, ist die Stellung des Leittieres klarer zu erkennen. Ähnlich verhält es sich mit der Rangordnung bzw. der Reihenfolge anwechselnder Feisthirschen. Eine strenge Rangordnung existiert bei Feisthirschen nur auf Zeit. Es zeigt sich, dass wir dazu neigen, das soziale Verhalten des Wildes im Allgemeinen, hier des Rotwildes im Besonderen, getrennt nach männlich und weiblich zu bewerten. Man kann die jeweilige „Wildart insgesamt“ nur in umfassendem Sinn bewirtschaften. Tatsache ist allerdings, dass bei vielen Arten männliche und weibliche Artmitglieder zeitweise voneinander getrennt leben. Wir sollten und aber an das o.g. halten. Einige mitbestimmende Faktoren müssen aber beachtet werden, wenn man die Entwicklung der Lebensräume aller Waldtierarten in Mitteleuropa betrachtet. Ich zähle die wichtigsten bekannten auf:

Entwicklung von Industrie, Transportwegen, Transportmitteln, hochleistungsfähige Landnutzung in Agrar- und Forstbereich, Hochbelastung der Umwelt durch verschiedene Faktoren, zunehmende menschliche Aktivitäten usw. Es soll genügen.

Bestimmende Faktoren zur Lebensraumgestaltung, also sozusagen einer „Wohlfühlzone“ für Rotwild, ergaben sich aus den z.T. möglichen, weitgehendst aber regelrecht erkämpften kleinen Freiheiten hinsichtlich vorgegebener forstwirtschaftlicher Regelungen.

Dazu gehört die Regelung zeitlicher Abläufe für Holzeinschlag, Bestandes- und Jungwuchspflege, Holzabfuhr und die Steuerung einer räumlichen Ordnung der Forstwirtschaft unter Beachtung der jagdlichen Aufgaben. Dazu wurde bereits schon einiges beschrieben. Die Kombination dieser Faktoren ermöglichten es, dass Rotwild an Tagesaktivität zu gewöhnen. Es konnte in Ruhe in Althölzern oder lückigen Stangenhölzern äsen oder ruhen. Gleiches galt natürlich für die vorhandenen Wildwiesen und Wildäcker. Vor allem das möglichst lang Erhalten der Kiefern-Althölzer bot gute Äsung mit Beerkraut und Drahtschmiele. Diese spezielle Situation war natürlich mit den allgemein geltenden forstwirtschaftlichen Regelungen und Forderungen der Waldbewirtschaftung in der DDR nicht in Einklang zu bringen, sondern führte zu den beschriebenen anhaltenden Auseinandersetzungen mit den forstlichen Kontrollorganen. Die Leitung der Inspektion Staatsjagd tat sich mit diesen Themen schwer.

Konkret galt für alle Jagdleiter in Gebieten mit ständigen Gästen:

Es waren manchmal nur Stunden oder Tage mit höchster Anspannung möglich, um die Gäste zu Schuss zu bringen. In meinem Zuständigkeitsbereich waren 3 Reviere Schwerpunkte der Rotwildbejagung. Alljährlich vom 1.August an waren die beiden zuständigen Jagdleiter und ich täglich mit der Beobachtung des Rotwildes beschäftigt. Erfreulicherweise wurden die Leiter der Rotwildgebiete währen der Brunft kaum zu irgendwelchen Beratungen und Versammlungen geladen. Da ich, wie bereits gesagt, die jeweiligen Minister, vor allem Bruno Lietz, persönlich führen musste, entstand für mich eine Zeit hoher Anspannung, denn die Gesamtleitung des umfassenden Betriebsgeschehen durfte ja nicht geschwächt werden. Ich war deshalb in jedem Jahr froh, wenn am 6.Okober die Brunftjagd grundsätzlich beendet wurde.

Die Waffe kam dann immer für eine Woche in den Waffenschrank und der Beginn des Kahlwildabschusses wurde den Jägern und der Jagdleitern überlassen. Die Brunft verlief so wie überall, wo das Rotwild wenig gestört wird. Die reifen Hirsche standen als erstes bei den Kahlwildrudeln und waren natürlich auch als erste abgebrunftet. Bei starken Kahlwildrudeln konnte man dann manchmal sehen, dass der sog. „Platzhirsch" total geschwächt auf dem Brunftplatz lag und Beihirsche aller Klassen die noch brunftig werdenden Tiere beschlugen.

Das gilt natürlich nur für die hier beschriebenen Gegebenheiten und in der Hochbrunft. In der immer wieder, aber unter unseren Bedingungen eher selten, auftretenden Nachbrunft waren es dann häufig die älteren Hirsche, die sich entweder erholt hatten, oder zugewandert waren, welche sich um diese noch nicht beschlagenen Tiere z.T. ernsthaft bekämpften. Ein großer Teil der geforkelten Hirsche, unter unseren Bedingungen alle zwei bis drei Jahre einmal vorkommend, war älter als 12 Jahre und wildbretmäßig abgekommen.

Ansitzdrückjagd mit Gästen 1981: v.l.: Jagdleiter B. Ulbrich, Jagdleiter R. Wagner, Leiter Bereich Jagd: J. Karla, Im Hintergrund: Stellv. Jagdleiter H. Arpert

Jagdtaktisch nutzten wir sowohl die entsprechend hohe Kanzel an den Brunftplätzen, zweitweise aber auch das Anpirschen in den Fällen, wo das Brunftrudel aus verschiedenen Gründen wie Windrichtungswechsel oder Zuwechseln anderer starker Hirsche sowohl zeitlich wie auch räumlich anders als bekannt reagiert. Ein langfristiges angelegtes System von stets geräumten Pirschwegen bot dafür gute Voraussetzungen. Etwa 70 % der Brunfthirsche wurde an den Brunftplätzen von Kanzeln aus erlegt. Außerhalb der Brunft wurde nicht gepirscht, sondern die Möglichkeiten für Reduzierungs- und Ausleseabschüsse bei Kahlwild und geringen Hirschen vor allem von Kanzeln aus auf die bis in die Ruhezonen hinein dann morgens bei gutem Licht einwechselnde Rudel zu nutzen. Dies musste geschehen, ehe die Rudel ihre gewohnten Tageseinstände erreicht hatten. Trotz gleicher Entfernung von den nach häufigen zur Äsung aufgesuchten Feldern, kamen die Rudel nicht jeden Tag zur annähernden gleichen Zeit zurück. Auch hier wirkten Wind- und Wetterlage oder eventuelle Störungen durch landwirtschaftliche Arbeiten auf Feldern auf das Verhalten des Wildes ein. Ähnlich wie bei der Erlegung von Brunfthirschen nahm das Kahlwild die Bejagung meist erst nach einer Woche so übel, dass es die gewohnten Wechsel vermied oder häufiger regelrecht Sicherungspausen beim Rückwechsel in die Tageseinstände einlegte. Unter den beschriebenen Umständen war anzunehmen, dass hohe Sicherheit in der Wildbestandsermittlung erreichbar war. Man muss natürliche Organisationsformen des sozialen Zusammenlebens des Rotwildes beachten. Große Rudel bilden sich als Äsungsgemeinschaften, als Brunftrudel zur Sicherung der Arterhaltung und nicht zuletzt aus dem Bestreben nach gemeinsamer Sicherheit. Zu beachten ist daher: die großen Rudel bestehen aus kleineren Familienverbänden, die teilweise über längere Zeiträume, wie oben schon beschrieben, teils aber nur über Stunden zusammenstehen. Die Zusammensetzung der Rudel ändert oder bewegt sich sozusagen um einen mehr oder weniger stabilen, nicht genau definierbaren Kern. Im Übrigen war im Brunftverlauf feststellbar, das beschlagene Tiere, meist ältere und mittelalte, nach einem relativ kurzen Besuch die Brunftplätze verließen und mitsamt den Kälbern in Richtung Äsungsflächen zogen.

Es ist anzunehmen, dass vor allem spät setzende Tiere und auch die spät gesetzten Schmaltiere als letzte auf den Brunftplätzen standen. Im Gegensatz zur beschriebenen grundsätzlichen Regelung wurden eindeutig spät brunftende Tiere zielgerichtet erlegt.

Meine Meinung zu Bewirtschaftungsrichtlinien: Sie dürften nur grundlegende Regelungen und Vorstellungen für eine naturgemäße bzw. so weit als möglich naturnahe Bejagung sein. Alle Vorgaben zur Geweihentwicklung und Erzielung kapitaler Trophäen müssen auf ein gebietstypisches Minimum beschränkt werden und nur der Regulierung von Altersklassen- und Geschlechtsverhältnis dienen.

Abnorme oder kranke Stücke sind natürlich davon ausgeschlossen. Wenn man Bewirtschaftungsrichtlinien dogmatisiert, werden sie meist von der Realität der Bestandesentwicklung „ad absurdum“ geführt und überholt.

Es gibt für Bewirtschaftung in Speziellen und Hege im Allgemeinen nur die bekannten Grundsätze, welche ich immer wieder bewusst machen will:

- Schaffung und Erhaltung bestmöglich geeigneter Lebensräume für Wild
- Erhaltung des Artenreichtums an Tieren und Pflanzen im Lebensraum
- Einflussnahme auf die Qualität der für den jeweiligen Lebensraum geeigneten Wildbestände durch Sicherung des Altersklassen- und Geschlechterverhältnisses im Rahmen der Bestandesregulierung
- Fütterung nur ausnahmsweise in ausgesprochenen Notzeiten

In der Realität der Staatlichen Jagdwirtschaft mussten wir zeitweilig von diesen unseren eigenen Vorstellungen zeitweilig abweichen. Um den Gästeerfolg zu sichern, mussten zur Brunft reichlich Kahlwild vorhanden sein. Das war für die Leiter der Staatsjagdgebiete mit Rotwildvorkommen fast existenziell nötig. Mit Hilfe der beschriebenen Jagdmethoden und der geschaffenen Ruhezonen wurde das in Zippelsförde meistens auch erreicht. Als begünstigend für Rotwild wirkten in der StJW Lindow auch das ausreichende Vorkommen von Wasserflächen zum Schöpfen und Suhlen sowie die durch weitgehende Erhaltung der Althölzer und anderer lockerer mittelalter Kiefernbestände entstandene Gras- und Krautäsung.

Die regelmäßigen Bestandesermittlung zeigten: Schwankungen in Rotwildbestand wird es, bedingt durch Jahreszeitenwechsel mit Änderungen im Äsungsangebot und Sozialverhalten, immer geben. Zu beachten ist, dass Bestandesermittler über ausreichend Erfahrung und Sachkenntnis verfügen müssen. Das gilt natürlich für alle Wildarten!

Das Ansprechen von Geschlecht und Alter gehört natürlich zu den Grundlagen aller Bestandesermittlungen und Vorstellungen zur Bewirtschaftung der Wildarten: während das Feststellen des Geschlechtes bekanntermaßen relativ einfach ist, gibt es bei der Altersschätzung doch Schwierigkeiten. Das gilt bei Rotwild z.B. für Kälber und Schmaltiere. Spät gesetzte Kälber, z. T. mit mehrwöchigem verschobenen Setztermin, holen im ersten Lebensjahr meist den Rückstand in der körperlichen Entwicklung nicht auf, werden so zu geringen Schmaltieren oder Schmalspießern und können auch bei evtl. guten genetischen Voraussetzungen durchaus bis in die mittleren Altersbereiche geringer als andere Individuen des gleichen Jahrganges sein. Zusätzlich gibt es natürlich auch eine individuelle unterschiedliche Entwicklung. Das liegt offensichtlich in der Höhe des Gesamtbestandes und zeigt sich mitunter in unterschiedlich wildbretstarken Familienverbänden. Im Grunde fallen körperlich schwächere Stücke durchaus auf, lassen sich aber manchmal sehr schwer zu entnehmen.

Nachfolgend noch Darstellungen zur Bestandesentwicklung, zu Altersklassen- und Geschlechterverhältnis, Durchschnittsgewichte der Alttiere, Anteile der von Gästen erreichten Rotwildstrecke und anderes.

Zunächst können die Ergebnisse der Bestandesschätzung für Rotwild, beginnend 1976, gezeigt werden. Ein exakter Nachweis über Bestandesermittlungen in der StJW Lindow vor 1976 existiert nicht.

Jahr	Bestand/St.	Jahr	Bestand/St.
1977	225	1983	104
1977	200	1984	104
1978	206	1985	112
1979	228	1986	102
1980	124	1987	220
1981	85	1988	230
1982	145	1989	216

In der folgenden Übersicht wird die Entwicklung der Rotwildstrecke von 1970 bis 1989 dargestellt. Geringe Abweichungen zu anderen Darstellungen resultieren aus unterschiedlichen Nachweisen.

Während im Jahrzehnt 1970 die Gesamtwildstrecke 515 Stück, davon276 Stück = 54 % männlich und 239 Stück = 46 % weiblich ausweist, wurde von 1980 bis 1989 insgesamt 803 Stück erlegt, davon 327 Stück = 41 % männliche und 476 Stück weibliche = 59 %.

Jahr	Strecke/Stück			Jahr	Strecke/Stück		
	m	w	gesamt		m	w	gesamt
1970	11	11	22	1980	24	39	63
1971	14	16	30	1981	34	35	69
1972	12	13	25	1982	45	41	86
1973	20	17	37	1983	27	37	64
1974	19	11	30	1984	21	11	32
1975	24	18	42	1985	25	30	55
1976	44	29	73	1986	30	51	81
1977	28	39	67	1987	37	80	117
1978	52	42	94	1988	42	87	129
1979	42	43	95	1989	42	65	107

Das Geschlechterverhältnis zeigt erst ab 1980, mit den Ausnahmen 1982 und 1984, dass der Anteil weiblichen Rotwildes den Anteil an männlichem Rotwild regelmäßig und z.T. deutlich überstieg. In den Ausnahmejahren waren die realen Gästestrukturen der begrenzende Faktor. D.h. Gäste erlegten kaum Kahlwild. Hinsichtlich der jagdlichen Praxis ist z.B. zu vermerken, dass im Jagdjahre 1983 alles weibliche Rot-, Dam- und Rehwild bis zum 15.2. zum Abschuss freigegeben war. Grund: Abbau überhöhter Bestände! Das wurde aber viel zu wenig genutzt, da auch die Schmalspießer frei waren. Das war für Gäste, vor allem der Nomenklaturfolge 3 und 4 doch wohl sehr wichtig; dann „er hatte bereits eine Trophäe und war gut anzusprechen." Die Möglichkeit für Jagdleiter, hier regulierend zu bremsen, ging gegen null.

Außer der Erhöhung der Gesamtstrecke wurde vor allem der Eingriff in die Zuwachsträger, also einem bewährten Mittel der Bestandesregulierung, spürbar vergrößert und damit ein weiteres Ansteigen der Rotwildbestände vermieden. Erst nach der erwähnten Flächenvergrößerung stieg der Rotwildbestand wieder an. Eine erneute spürbare Einflussnahme auf die Entwicklung wurde begonnen konnte aber nicht mehr voll wirksam werden. Der Rückgang der Rotwildstrecke 1983/85 war eindeutig auf den Zuständigkeitswechsel, also den Wechsel Kuhrig zu Lietz zurückzuführen. Es war für mich unklar, welche Vorstellung des neue „Oberste Jagdherr" zu dieser Frage hatte. Er stimmte mir erfreulicherweise absolut zu, den Rotwildbestand auf eine insgesamt den Forderungen der jagdlichen Aufgabenerfüllung und einer weitgehendst geordneten Forstwirtschaft entsprechende Größe anzupassen, also zu begrenzen.

Eine Bewertung des Altersklassenverhältnisses im Abschuss in den Jugendklassen 0 und 1 zeigt Folgendes in 5 – Jahresabständen als Durchschnittswerte:

Jahr	m	w
1969 bis 1974	42 %	68 %
1975 bis 1980	58 %	43 %
1981 bis 1985	64 %	40 %
1986 bis 1989	58 %	38 %

Der beschriebene jährliche mögliche hohe Eingriff in die Altersklasse 1 männlich, also Schmalspießer, bewirkte offensichtlich den Überhang der Werte bei männlichem Rotwild. Die Gesamtbejagung diente seit 1976 dem Ziel, die Anzahl der Tiere, als den reproduzierenden Bestand zu verringern. Diese Entwicklung wurde infolge der erwähnten Gebietserweiterung unterbrochen. Ab 1992 hatte ich geplant, den Jugendklassenanteil an der Kahlwildstrecke wieder zu erhöhen, da ich nach dem Zeitraum 1976 – 1986 dem Anteil der erlegten Alttiere für ausreichend hochhielt. Dieses Vorhaben in Hinblick auf einen altersmäßig günstigen Aufbau erschien mir aber dann doch kaum durchführbar, da das Rotwild in den Wintermonaten, wie erwähnt, meist in andere Einstandsgebiete in den angrenzenden Jagdgesellschaften einwechselte und dort nach den gegebenen Notwendigkeiten der Planerfüllung bejagt wurde.

Neben den Werten des Geschlechter- und Altersklassenverhältnisses ist auch der Trend der Durchschnittsgewichte der Alttiere zur Einschätzung von Entwicklungen geeignet: Er hatte von 1969 bis 1989 folgende Werte:

Jahr	Durch.-Gewicht in kg	Jahr	Durch.-Gewicht in kg
1969	68,0	1980	71,6
1970	69,5	1981	75,5
1971	70,0	1982	71,4
1972	68,4	1983	72,2
1973	70,1	1984	70,9
1974	73,8	1985	68,5
1975	67,8	1986	67,7
1976	68,7	1987	69,8
1977	65,0	1988	65,9
1978	67,6	1989	67,0
1979	69,8		

Außer den mehr zufälligen Eingriffen in die Alttiere in 1973/74 gingen die Durchschnittsgewichte auch im Zeitraum 1980 bis 1984, da allerdings so vorgesehen, zurück. Wie für andere Werte der Bestandesentwicklung bei Rotwild konnten wegen des Flächenzugangs und des Ministerwechsels keine allgemeingültigen Aussagen direkt belegt werden. Die für nach 1990 vorgesehene Neubewertung konnte nicht erfolgen.

In verschiedener Hinsicht bremsend oder auch vorteilhaft wirkt sich der Anteil des durch Gäste erlegten Rotwildes auf die einzelnen Jahresstrecken spürbar, aber auf den Gesamtverlauf nicht direkt nachweisbar aus.

Jahr	männlich		weiblich		gesamt	
	a	b	a	b	a	b
1969	15	11	11	5	26	16
1970	3	3	11	5	14	9
1971	14	11	12	3	26	14
1972	11	7	13	6	24	13
1973	20	12	17	11	37	23
1974	19	9	11	5	30	14
1975	24	12	18	5	42	17
1976	28	9	33	5	61	14
1977	25	15	26	9	51	24
1978	54	18	37	7	91	25
1979	48	18	34	8	82	26
1980	23	9	40	5	63	14
1981	32	6	35	5	67	11
1982	45	13	41	6	86	19
1983	27	7	35	5	62	12
1984	21	11	11	-	32	11
1985	25	10	55	11	80	21
1986	30	10	51	1	81	11
1987	37	11	80	2	117	13
1989	42	15	87	6	129	21
1980	51	16	90	4	141	20

Anteile des durch Gäste erlegten Rotwildes von 1969 bis 1989
Rotwildstrecke a. Jahresstrecke b. erlegt durch Gäste
Bis einschließlich 1977 wurden durchschnittlich jährlich 63 % des männlichen und 35 % des weiblichen Rotwildes durch Gäste erlegt.

Von 1978 bis 1989 änderten sich die Werte auf Anteile von 30 % bei männlichem und 12 % bei weiblichem Rotwild. Im Verlaufe von 20 Jahre zeigt sich also hinsichtlich des Streckenanteils der Gäste eine deutliche Veränderung. Die Ursache war: Bis zu meinem Dienstantritt 1976 gab es keine einheitliche straffe Ordnung der Jagdausübung mit Gästen. Die eingesessenen Jagdleiter konzentrierten bis dahin um zahlenmäßige Erfolgsserien zur Stärkung ihres Ansehens als Einzelperson. Sehr gute fachkundige Jäger waren sie aber zweifellos. Das Durchsetzen jagdwirtschaftlicher Grundsätze in der Hinsicht, dass nicht der Gast, sondern der Jagdleiter entscheidet, was wann und wie viel erlegt wird, musste ihnen allerdings erst einmal bewusst gemacht werden. Obwohl Minister Kuhrig, z.T. sehr eigene Vorstellungen zur Jagdwirtschaft und Jagdausübung hatte, erhielt ich von ihm alle Unterstützung hinsichtlich der Durchsetzung eines geordneten Jagdbetriebes.

Noch einiges zum Rotwildanteil am Fallwild, und zwar in Bezug auf geforkelte Hirsche; Insgesamt wurden 6 Rotwildhirsche gefunden, davon 1971 einer, 1972 einer, 1987 und 1989 je zwei. Alle waren älter als 8 Jahre und zwei Trophäen konnten mit Bronzemedaillen bewertet werden.
Über Umfang und Umgang mit Fallwild wurde an anderer Stelle berichtet.

Zusammenfassend zur Rotwildbewirtschaftung in der StJW Lindow:

- Konflikte mit Land- und Fortwirtschaft konnten im Laufe der Zeit durch sachgemäße Abstimmung eingedämmt werden.
- Artgerechter Lebensraum durch Erhaltung natürlicher Äsungsflächen, Schaffung von Wildruhezonen und Einhaltung von jagdlichen Ruhepausen (Intervalljagd) bieten die Grundlage für die Vorstellung von einer langfristigen Rotwildbewirtschaftung.
- Jagdstrategien einhalten; Einzeljagd möglichst störungsarm ausführen, Nachtjagd nur auf Feldern, nie im Wald Strukturen der kleinen Familienverbände des Kahlwildes vorsichtig auflösen.
- Regelmäßige Auswertung langzeitiger Streckenergebnisse nach Altersklassen- und Geschlechtsverhältnis, und Auswertung der Durch-

schnittsgewichte der erlegten Alttiere und natürlich auch der Qualität der bewerteten Geweihe.

Die Tatsache, dass auch bei Bemühung um die Einhaltung aller Vorgaben sowohl die Durchschnittsgewichte der Tiere, die Streckendurchschnittsgewichte des gesamten Kahlwildes und natürlich auch sowohl die Trophäendurchschnittsgewichte als auch die Anzahl der Spitzentrophäen unsystematisch von Jahr zu Jahr und auch vom Erlegungsort zu Erlegungsort streuen, ist für freilebendes Wild wohl ganz normal! Ich betone: in der STJW Lindow wurde freilebendes Rotwild bewirtschaftet: Bekanntermaßen nachteilig ist die Tatsache, dass der Gesamtbestand einer Wildart und seine Gliederung nach Alter und Geschlecht in freier Wildbahn nicht exakt ermittelt werden können. Die von Menschen gebildeten Einstandsgebiete sind für Rotwild keine „geschlossenen Objekte“. Eine Bewertung der Rotwilddichte unter Bezug auf diese Gebiete kann zu großen Fehleinschätzungen führen und damit auch zu falschen Bewirtschaftungsvorgaben. Wildbestandsermittlungen führen nur großräumig zu orientierenden Ergebnissen. Übrigens sollte man allen freilebenden Tieren die Freiheit lassen, geeignete Lebensräume selbst auszuwählen. Auch der Mensch beansprucht intensiv und aktiv seinen Lebensraum.

Stärkster Hirsch, 1989 vom Minister für Land-, Forst- und Nahrungsgüterwirtschaft Bruno Lietz erlegt

Damwild

Damwild kam regelmäßig im Osten der StJW Lindow, in den Revieren Gühlen und Lietze vor. Ein Zusammenhang mit den dort angrenzenden größeren Einstandsgebieten war anzunehmen. In den Revieren Fristow, Schwanow und Rägelsdorf kam Damwild zeitweilig und nie flächendeckend vor.

Es gab dort auch keine großen Rudel. Trotzdem tauchten erstaunlicherweise ab und zu vor allem in der Dambrunft starke Schaufler auf den inzwischen verwaisten Rotwildbrunftplätzen auf, ohne dass eine größere Anzahl von Damkahlwild vorhanden war. Vielleicht war das Einwechseln von Damwild ab Mitte Oktober in die vom Rotkahlwild bis dahin bevorzugte Einstände eben auch vom Beginn des Wegziehens des Rotwildes in die Wintereinstände und vom Beginn der Schwarzwildkirrungen abhängig. Damwild nimmt bekanntlich durchaus häufig Mais und anderes Kirrmaterial auf.

Zu Beginn meiner Tätigkeit in Zippelsförde hatte ich wenig Erfahrung mit Damwild in der freien Wildbahn, fand es aber interessant und natürlich als Herausforderung, Damwild jagdlich zu bewirtschaften. Aber wie schon berichtet, machte mir Minister Kuhrig im ersten Sachgespräch klar, dass er von den „Damzicken" überhaupt nichts hält, und demnach Damwild überall, wo es im Rotwildeinstandsgebiet vorkommt, scharf bejagt werden soll.

Nach der Übernahme des Gebietes durch Minister Lietz wurde das Damwild zwar auch nicht intensiver behandelt, aber es kam wegen des nun geringeren Jagddrucks im gesamten Gebiet häufiger vor.

Nachstehend zur Übersicht die Bestandeszahlen mit Jahresstrecken und Gästeanteilen wobei die Bestandesermittlungen erst ab 1976 erfolgten.

Übersicht Damwild
Strecke in Stück

Jahr	Bestand	männlich		weiblich		gesamt	
		Strecke	davon Gäste	Strecke	davon Gäste	Strecke	davon Gäste
1969	-	4	4	4	3	8	6
1970	-	3	2	2	-	5	2
1971	-	1	1	4	2	5	3
1972	-	2	1	-	-	2	1
1973	-	1	1	6	6	7	7
1974	-	5	4	1	1	6	5
1975	-	2	2	1	-	3	2
1976	45	3	3	3	2	6	5
1977	51	4	2	1	-	5	2
1978	58	5	2	2	1	7	3
1979	70	9	2	3	1	12	3
1980	55	13	4	8	1	21	5
1981	55	10	5	5	-	15	5
1982	50	9	6	7	3	16	9
1983	82	17	14	9	1	26	15
1984	75	12	8	15	12	27	20
1985	74	11	4	10	2	21	6
1986	60	5	1	7	1	12	2
1987	45	13	6	9	3	22	9
1989	73	15	3	28	3	43	14
1980	105	12	4	18	-	30	4

Im Gesamtergebnis zeigt sich, dass bis 1985 etwa 50 % der Gesamtstrecke und rund 60 % der Strecke des männlichen Damwildes erlegt wurden. Der kontinuierliche Anstieg der Bestände spiegelt sich auch annähernd in den Jahresstrecken wider.

Das Damwild bot sich vor allem als ideale Jagdgelegenheit für Gäste, welche z.B. als Ausländer oder nur kurzfristig jagend ins Gebiet kamen. Es war von Vorteil, dass Damwild nicht speziell bewirtschaftet wurde, aber vor allem tagaktiv in allen Jagdgebieten bevorzugt ab Mitte Oktober an den Schwarzwildkirrungen vorkam.

Daraus ergab sich auch der relativ hohe Anteil des von Gästen erlegten Damwildes an der Gesamtstrecke. Erfreulich war zusätzlich, dass ab und zu auch starke Schaufler einwechselten. Insgesamt wurden von 1970 bis 1989 immerhin drei Schaufler mit Bronzemedaille und je einer mit Silber- bzw. Goldmedaille erlegt.

Perspektivisch war vorgesehen, den Gesamtbestand an Damwild in den Revieren Gühlen und Lietze auf relativ hohem Niveau zu halten. In den Rotwildgebieten sollte das Damwild weiterhin stark bejagt werden. Der Anstieg der Damwildstrecke ab 1986 ergab sich offensichtlich aus der mehrfach erwähnten Gebietserweiterung, da Damwild in den dort angrenzenden Jagdgebieten häufiger vorkam. Daraus resultierte aber keine Qualitätsverbesserung des Damwildbestandes bezogen auf Altersklassen- und Geschlechtsverhältnis, was einerseits in diesem kurzen Zeitraum auch nicht zu erwarten war und mich andererseits veranlasste, den Jagddruck auf Damwild zu erhöhen.

Rehwild

Rehwild kam in allen Jagdgebieten der StJW vor, allerdings in stark unterschiedlicher Bestandeshöhe. Wie bei der Betrachtung der anderen Wildarten z.T. schon erwähnt, war der Rehwildbestand in den Jagdgebieten Lietze und vor allem Gühlen hoch festzustellen. In den Rotwildgebieten mit den großen zusammenhängenden Dickungen, Stangenhölzern und weiträumigen Althölzern kam Rehwild deutlich seltener vor, denn dieser Lebensraum war für Rehwild nicht vorteilhaft und bewirkte die ungleiche Verteilung im Gesamtgebiet. Andererseits war die Verteilung vorteilhaft, weil Jagdgäste, welche im Regierungsheim in Lindow / Gühlen längere Zeit Urlaub machten und häufig jagen wollten, nicht in die Rotwildgebiete eingewiesen werden mussten.

Die Folge war logischerweise, dass das meiste Rehwild im Jagdgebiet Gühlen, gefolgt vom benachbarten Gebiet Lietze, erlegt wurde.

Wie bei Rot- und Damwild auch im Folgenden die Darstellung der Bestände und Streckenanteile:

Rehwild Strecke

Jahr	Bestand	männlich Strecke	männlich davon Gäste	weiblich Strecke	weiblich davon Gäste	gesamt Strecke	gesamt davon Gäste
1969	-	50	23	53	17	103	40
1970	-	45	25	27	7	72	32
1971	-	37	17	23	2	60	19
1972	-	47	21	34	10	81	31
1973	-	48	24	34	15	82	39
1974	-	54	35	34	15	88	50
1975	-	61	44	27	8	88	52
1976	272	59	32	40	11	99	43
1977	257	48	22	36	8	84	30
1978	192	78	38	40	15	118	53
1979	230	21	5	16	2	37	7
1980	185	40	17	22	5	62	22
1981	230	39	13	15	5	54	18
1982	205	50	20	44	3	94	23
1983	273	41	12	48	4	89	16
1984	254	32	13	43	8	75	21
1985	254	30	8	37	3	67	11
1986	361	41	12	55	-	96	12
1987	250	44	11	66	2	110	13
1989	260	50	8	38	11	88	19
1980	270	46	10	41	2	87	12

Die hohen Anteile der Gästestrecke an männlichem Rehwild sind zunächst bis 1976 /77 natürlich dem Streben der Jagdgäste zuzurechnen, möglichst mit einer Trophäe abzureisen. Der Anteil der Gäste an der Rehbockstrecke lag bis 1976 bei 45 bis 70 % und bei weiblichem Rehwild bei 25 bis 40 %.

Bei weiblichem Rehwild lag der Anteil der Strecke durch Gäste ab 1979/80 deutlich niedriger als in den Vorjahren. Ursache dafür war die sich mit der

Entwicklung des Ausbaus in Zippelsförde verbundene Änderung der Gästestruktur. Der Anteil der von den Ministern Kuhrig und Lietz bevorzugten Gäste, welche auf Rot-, Dam- und Schwarzwild jagen konnten, vergrößerte sich im Verhältnis zu jagenden Gästen aus dem Regierungsheim in Gühlen. Zweiter Faktor war die zunehmende Anzahl in der StJW Lindow beschäftigter Jäger, die in den Gebieten Fristow, Schwanow und Rägelsdorf Rehwild ohne besondere Vorgaben erlegen konnten. Einzige Regel war, den Anteil des weiblichen Rehwildes an der Gesamtstrecke zu erhöhen, um die ungleiche Entwicklung des Geschlechterverhältnisses aus den Vorjahren zu beenden. Der Anteil weiblich stieg dann auf die notwendigen etwa 50 % der Gesamtstrecke. Andererseits war ab Mitte der 80iger Jahre eine geringe Zunahme des Rehwildbestandes festzustellen. Das betraf aber vor allem die sowieso schon „rehwildreichen“ Jagdgebiete Gühlen und Lietze und war für Jagdgäste, welche auf kleinere Jagderfolge orientiert wurden, natürlich von Vorteil.

Im Vergleich zu anderen StJG konnte der vorhandene Rehwildbestand weder bei den Wildbretgewichten noch bei den Gehörngewichten mithalten. Für einige Jahre wurden die Durchschnittsgewichte der Ricken wie folgt ermittelt.

1978	13,7 kg
1979	13,6 kg
1980	14,0 kg
1981	14,1 kg
1982	14,4 kg
1983	13,7 kg
1984	13,9 kg

Es ergeben sich keine Hinweise auf etwaige Probleme der Vitalität des Rehwildes. Ähnlich wie die Wildbretgewichte der Ricken zeigen auch die Jahrgangsbesten der Gehörngewichte, dass die Rehwildpopulation im Bereich der StJW Lindow zwar vital, aber in den vergleichbaren Weiserwerten nicht überragend war. Das belegen auch die Spitzengehörngewichte der letzten Jahre wie folgt:

1984	230 gr.
1985	275 gr.
1986	320 gr.
1987	320 gr.
1988	260 gr.
1989	230 gr.

Insgesamt war das Rehwild zusammen mit dem Damwild als tagaktive Wildart bestens geeignet, überraschende und z.T. auch jagdlich wenig aktive Gäste zu Schuss zu bringen. Aber auch anspruchsvolle Gäste, wie z.B. PB-Mitglied Felfe, den ich gleich am ersten Tag auf einen Rehbock zum Erfolg führen konnte, äußerte sich erfreut über das schnelle Weidmannsheil. Das Rehwild war zwar nicht die Hauptwildart in Zippelsförde, aber durchaus kein „Lückenbüßer", auch wenn der Rehbock für Felfe natürlich „angebunden" war.

Frank Kietzmann mit Goldwidder 1989

Muffelwild

In der StJW Lindow tauchten sowohl im Norden als auch von Osten kommend, zwar selten aber im Abstand von zwei bis drei Jahren immer wieder einzelne Muffel, überwiegend Widder, im Staatsjagdgebiet auf.

Das Jagdgebiet Rägelsdorf war davon kaum betroffen, in den Gebieten Fristow und Schwanow wechselten dagegen schon vor 1980 öfter einzelne Widder, manchmal auch kleine Widderrudel von drei bis fünf Stück, ein.

Zu Beginn der Rotwildbrunft 1981 informierte mich mein Stellvertreter Helle ganz aufgeregt: „Gestern Abend war ich zum Bestätigen eines Hirsches auf dem neuen Kahlschlag. Das Kahlwild stand schon der Fläche und ich erwartete jeden Augenblick, dass der Hirsch zum Rudel tritt. Plötzlich tauchte, ebenfalls aus der Dickung kommend, ein Widder auf. Erst zog er langsam auf das Kahlwild zu, die Tiere warfen auf, denn sie kannten Muffelwild ja kaum. Der Widder aber wurde immer schneller, trieb nicht nur das Rudel auseinander, sondern so lange hin und her, bis die Fläche leer war“.

Ich sagte einfach: „Schieß ihn tot“!

Nach drei Tagen und zwei Fehlschüssen, Koll. Helle war zeitweise sehr nervös, lag ein vierjähriger Widder mit fast Medaillentrophäe.

Schon seit 1979/80 wurde mir in Gesprächen mit Richter ab und zu die Frage gestellt, warum ich nicht Muffelwild als fünfte Wildart im Gebiet bewirtschaften würde.

Meine Vorbehalte, insbesondere nach der eben beschriebenen Attacke auf Rotwild, aber auch aus prinzipiellen Gründen gegen regelrecht „Mode“ gewordene Wildschafe waren erheblich. Anderseits sah ich ein, dass das Muffelwild, zumindest die Widder, sehr attraktiv wirkten und allgemein von den Gästen als „gut jagdbar“ angesehen wurden.

Ich konnte mich in den Staatsjagdgebieten Liebenberg und Leutenberg, welche qualitativ ausreichende Muffelbestände hatten, durch Besuche und Gespräche mit den Leitern über Vorteile und Probleme der Muffelwildbewirtschaftung informieren.

Im Ergebnis dieser Informationen war ich nicht unbedingt begeistert, aber doch der Meinung, dass das Vorhandensein von Muffelwild die Möglichkeit der Jagderfolge für Gäste erhöhen würde. Die Leiter der beiden Gebiete hatten auch berichtet, dass die bereits vorhandenen Wildarten, also das Rotwild, sich an die Muffel gewöhnen würden.

Nun kam die Sache ins Rollen: Im Revier Fristow befand sich das bereits beschriebene Jagdgatter. Es war nur nötig, das Gatter absolut dicht zu machen, also keine Einsprünge und Einschlupfe zuzulassen, damit sie nicht als mögliche „Aussprünge" genutzt werden konnten. Weiterhin musste das im Gatter vorhandene Dam- und Schwarzwild, wenn auch nicht in großer Stückzahl vorhanden, weitgehendst reduziert werden. Es mussten außerdem zwei bis drei Fütterungen, die es bis dahin nicht gab, sowie ausreichende Kanzeln neugebaut werden. Unter diesen Voraussetzungen war es möglich, das Gatter als Eingewöhnungsraum für Muffelwild zu nutzen.

Im April 1982 wurde durch die ISJ beim Rat des Bezirkes Karl-Marx-Stadt – Abt. Forstwirtschaft – 10 Stück Muffelwild (4 männlich und 6 weiblich) für die StJW Lindow bestellt. Die Muffelbestände im Unteren Vogtland, genauer in der Umgebung von Plauen i.V., waren qualitativ als sehr gut bekannt und hatten offensichtlich auch keine Probleme mit der Schalenerkrankung, der sog. Moderhinke. Es wurden Lieferverträge abgeschlossen und am 3. Februar 1983 kamen als erste ein 3-jähriger Widder, ein Widderlamm und 3 Schaflämmer, alle vom Frühjahr 1982, bei uns an und wurden im Gatter freigelassen. Am 7. Februar 1983 folgten noch ein zweijähriger Widder, zwei Widderlämmer, ein Schaflamm und zwei Altschafe. Alle 11 Stück wurden mit nummerierten Ohrmarken gekennzeichnet, hatten ein Veterinärzeugnis und hinterließen einem vitalen Eindruck.

Damit hatte sich für mich das „Muffelproblem" zunächst erledigt. Die Kosten beliefen auf 5064.- M, der Transport erfolgte als Eigenleistung. Es kamen dann nochmals Angebote, weitere Muffel aus der Fangsaison 1983/84 zu liefern. Ich lehnte alle erstmal ab. Inzwischen hatte sich das Gatter aber doch als Möglichkeit erwiesene, auch nichtjagende „Gäste" bzw. nichtjagenden Angehörigen das tagaktive Muffelwild zeigen zu können. Da zugefüttert werden musste, klappte es gut, weil das Muffelwild meist schon bei der Anfahrt der Futtertransporte auftauchte. Das fand ich zwar alles nicht so gut zu meiner jagdlichen Konzeption passend und wie oft im Leben, ging es doch irgendwie weiter. Da nach einem Sturm einige fallende Bäume den Gatterzaun zerstört hatten, war der größte Teil Gatterbewohner in die freie Wildbahn „ausgewandert". Die Schäden am Zaun wurden schnell behoben, die Tore geöffnet, dahinter regelrecht gefüttert und gekirrt und nach wenigen Tagen waren bis auf 3 Stück alle anderen wieder im Gatter.

Minister Lietz war über die Entwicklung sehr erfreut und hoffte auf ein zunehmendes jagdliches Angebot und starke Trophäen. Da musste ich halt noch eine Nachbestellung aufgeben. Im Januar 1985 wurden wieder 3 Widderlämmer, ein Alt-Schaf, ein Schmalschaf und 5 Schaflämmer geliefert und im Gatter freigelassen.

Trotz aller guten Beobachtungs- und Kontrollmöglichkeiten konnte die Bestandsentwicklung im Gatter schlecht bewertet werden. 1986 wurde überraschend festgestellt, dass wieder einige Stücke Muffelwild aus dem Gatter entwischt waren, Grund dafür waren ebenfalls wieder Schäden im Zaun, wobei die Ursachen für diese Schäden nicht eindeutig festzustellen waren. Gewollte Zerstörung war nicht auszuschließen.

Die Muffelstrecke, zunächst im Gatter bis 1983 nur bei verletzten Lämmern, blieb insgesamt gering. Nach 1985 wurden auch in freier Wildbahn zwei der ausgebrochenen Muffel erlegt. Insgesamt ergab sich folgende geringe Strecke:

Jahr	Strecke	Muffelwild
	m	w
1981	1	-
1983	1	-
1984	-	1
1985	2	-
1986	-	-
1987	2	-
1988	1	3
1989	1	-

Nach der Wende wurde das Gatter geöffnet, alle Muffel verteilten sich. Nach Information durch jetzt noch ansässige Jäger ist Muffelwild kaum noch vorhanden. Obwohl ich in anderen StJG und WFG durch Nachfragen und eigenen Beobachtungen feststellen konnte, dass Muffel- und Rotwild sogar in großen gemeinsamen Rudeln zur Äsung auf die Felder zogen, empfand ich, die in Lindow immer wieder einzeln einwechselnden oder aus dem Gatter entwichenen Wildschafe als Störungsfaktoren für die gewohnte heimische Wildbahn.

Schlusspunkt: Der erste stärkere Widder wurde 1981 von Helle in freier Wildbahn erlegt. Der stärkste, acht Jahre alte Widder wurde 1989 von einem meiner ehemaligen Bereichsleiter erlegt. Weidmannsheil, Frank Kietzmann!

Schwarzwild

Sozusagen zum „Einwechseln“ in die „Schwarzwildgeschichte“ der STJW Lindow von 1969 bis 1989 stelle ich wieder eine Zahlenübersicht dar:

Jahr	Bestand	männlich Strecke	davon Gäste	weiblich Strecke	davon Gäste	gesamt Strecke	davon Gäste
1969	-	18	4	45	13	63	17
1970	-	21	13	37	19	58	32
1971	-	28	14	30	9	58	23
1972	-	52	21	35	10	105	36
1973	-	54	23	51	13	82	39
1974	-	70	23	42	10	112	33
1975	-	69	35	75	32	144	67
1976	234	104	31	121	38	225	69
1977	280	71	25	84	25	155	50
1978	317	106	16	117	42	223	58
1979	422	98	30	88	25	186	55
1980	200	85	32	106	36	191	68
1981	210	127	32	143	29	270	61
1982	168	66	20	82	29	148	49
1983	155	84	22	73	29	157	51
1984	178	71	10	73	7	144	17
1985	172	94	20	94	12	188	32
1986	273	96	15	95	18	191	33
1987	180	116	9	125	10	241	19
1989	250	102	5	122	19	224	24
1980	370	99	5	127	10	226	15

Zu den einzelnen Werten: Die Bestände weisen zunächst einen Rückgang seit 1981 aus. Er begründet sich teilweise aus der Liquidierung des wie bereits erwähnten, vom ehemaligen Minister Ewald im Jagdgebiet Gühlen in Nähe des Regierungsheimes gewünschten und eingerichteten Gatters.

Der Anstieg der Bestände in den letzten Jahren resultierte aus den ebenfalls erwähnten Vergrößerungen der Jagdfläche, aber auch aus Veränderung der

Anbaustrukturen, also Flächengröße und zunehmender Maisanteil, in der Landwirtschaft. Die Gesamtstrecke Schwarzwild von 1969 bis1989 betrug 3389 Stück, davon 1643 Stück männlich mit 48,3 % und 1755 Stück weiblich mit 51,7% Anteil an der Gesamtstrecke. In den bewerteten 21 Jahren lag der Anteil des erlegten weiblichen Schwarzwildes 17-mal über 50 % an der Gesamtstrecke.

Neben dem Geschlechtsverhältnis vermittelt auch eine Darstellung der Altersklassenverteilung in der Gesamtstrecke das Bemühen, den Schwarzwildbestand artgerecht zu bejagen.

Schwarzwild nach Altersklassen in %

Jahr	AK0 und 1 m und w	Keiler	Bachen
1969	91	2	7
1970	89	7	3
1971	89	10	4
1972	92	7	3
1973	90	5	5
1974	90	7	3
1975	90	5	5
1976	92	4	4
1977	90	7	7
1978	90	5	5
1979	89	3	8
1980	91	4	5
1981	87	7	6
1982	96	1	3
1983	93	3	5
1984	97	2	1
1985	96	2	2
1986	93	1	6
1987	95	2	3
1989	92	2	6
1980	88	3	9
ø	91	4	5

Wie gezeigt, entsprach der Jugendklassenabschuss in allen Jahren, mit ganz geringen Ausnahmen, den diversen Hegevorstellungen. Er lag im Durchschnitt über 91 % der Gesamtstrecke. Durchaus befriedigend und vor allem den Gästewünschen entsprechend lag der Anteil der Keiler bei 4 %, der Anteile der Bachen lag, in fast allen vergleichbaren Streckenauswertungen, bei nur 5 %. Aber auch das war unter den damals gegeben Bedingungen sogar günstig. Ein großer Teil der sozusagen „weniger aktiven oder seltenen Jagdgästen" aus dem Regierungsheim in Gühlen bewertete es als „riesiges Weidmannsheil", wenn er eine „Sau", sprich einen gestreiften Frischling, strecken konnte. Ich erinnere mich an einen älteren Jäger, ein wirklich anständiger und zurückhaltender Mensch, der an einem Abend zwei Frischlinge erlegte und dann spät, mal vor Erregung stotternd, seiner Frau am Telefon berichtete: „Du, du, du – ich habe heute zwei Wildschweine geschossen!"

Eine Bewertung der Streckendurchschnittsgewichte ergab erst nach der Auflösung des mehrfach erwähnten Gatters in Gühlen einigermaßen reale Werte. Denn bis 1982 lag das Streckendurchschnittsgewicht bei 32,0 kg und sank dann auf 27,9 kg. Bis 1982 ließen z.B. alleine 4 Bachen aus dem Gatter Gühlen mit dem Gewicht 150 kg, 130 kg, 125 kg, 120 kg, die Durchschnittgewichte des Jahres 1979 in unreale Größenordnung steigen. Die letzten dieser „Saurierbachen" wurden 1980 mit je 95 kg und 100 kg und 1981 endgültig als Letzte mit 92 kg und 109 kg abgeliefert. Das erfolgte aber nicht als „Normallieferung" an den StFB Neuruppin, sondern nach einer schon zu Beginn der „Zucht" vereinbarten Absprache nach Eberswalde zur weiteren Vermarktung durch das StJG Oderberg, welches sich auf die Verarbeitung von Wildbret spezialisiert hatte.

Bemerkenswert ist, dass der Anteil des durch Gäste erlegten Schwarzwildes an der Gesamtstrecke von 1969 bis 1982 mit nur drei Ausnahmen immer über 30 % lag und 1970 sogar 55 % erreichte.

Ab 1983 ging dieser Anteil dagegen auf unter 20 % zurück: Die Gründe wurden mehrfach genannt: kein „Scheibenschießen" mehr im Saugatter Gühlen und Veränderungen in der Gästestruktur nach Beginn der Zuständigkeit von Minister Lietz.

Erwähnt werden muss auch die 1981 ergangene Anweisung Nr. 5/81 des Ministers für LFN zur Bekämpfung des damaligen Seuchenzuges der Europäischen Schweinepest mit dem Ziel, den Schwarzwildabschuss spürbar zu erhöhen. Die Strecke der StJW Lindow erreichte daraufhin die Rekordhöhe von

270 Stück. Der Anteil der Todfunde in der StJW Lindow lag bis 30.06.1981 zunächst bei 0. Im zweiten Halbjahr wurden die Reste von zwei jeweils in ihren Kesseln liegenden Rotten und weiteren 6 bis 8 Frischlingen oder Überläufern entdeckt, konnten aber nicht mehr eindeutig angesprochen und dem Seuchenzug zugeordnet werden.

Die Vermarktung des Schwarzwildes erfolgte überwiegend durch Abgabe zum Weiterverkauf an den StFB Neuruppin Frischlinge bis 7 kg standen dem Erleger kostenlos zu, Sauen mit wildbretzerstörenden Schüssen wurden, wie schon erwähnt, zur Eigenverwertung im Gästebereich oder zum Verkauf an Betriebsangehörige verwendet. Alles nicht verwertbare Wildbret wurde auf die Futtertische für Kolkraben u.a. ausgelegt.

Während die Anzahl der mit Medaillen bewerteten Trophäen vor allem bei Hauptwildart Rotwild relativ gleichmäßig von Jahr zu Jahr blieb, zeigte sich für Keilerwaffen eine unregelmäßige Verteilung. Der Nachweis begann erst 1978 mit einer Medaille und folgte mit

1981 vier Medaillen
1982 eine Medaille
1983 zwei Medaillen
1985 eine Medaille
1987 eine Medaille

Diese ungleiche Verteilung ist nicht begründbar und resultiert auch nicht aus jagdwirtschaftlichen oder jagdtaktischen – also Formen der Gästeführung – Veränderungen.

Die Bewertung ergab für den angegebenen Zeitraum zwei Goldmedaillen, 4 Silbermedaillen und 4 Bronzemedaillen. Der folgende Nachweis mit Erlegungsjahr, erreichten IP und Wildbretgewicht zeigt die bekannte Tatsache, dass bei Schwarzwild kein Zusammenhang zwischen Trophäenstärke und Wildbretgewicht besteht.

Jahr	IP	Medaille	Wildbretgewicht in kg
1978	122,3	Gold	90
1981	116,8	Silber	129
1981	116,3	Silber	116
1981	110,4	Bronze	117
1981	117,7	Silber	92
1982	110,3	Bronze	66
1983	110,5	Bronze	80
1983	112,7	Bronze	112
1985	116,0	Silber	86
1987	126,5	Gold	74

Ein von mir erlegter Keiler mit 126 kg Wildbretgewicht und Silbermedaille durfte in der offiziellen Nachweisführung nicht erscheinen.

Den Wintereinbruch im Frühjahr 1979 hatte das Schwarzwild gut überstanden. Es wurden nur zwei Frischlinge als Fallwild gefunden.

Fazit: Die Schwarzwildbejagung ist ganzjährig möglich und wurde deshalb vor allem von den Jagdgästen bevorzugt. Dabei ging es sowohl den Gästen als auch den Jagdleitern und Jägern nie darum, besonders starke Sauen zu erlegen, sondern die Schwarzwildjagd mit ihren wunderschönen Bildern und Überraschungen zu erleben. Sowohl unter den Gästen als auch unter Jagdleitern und Jägern gab es regelrechte „Schwarzwildspezialisten“ und die gibt es erfreulicherweise ja heute noch. Eine besondere Bewirtschaftungsrichtlinie, außer stärkster Eingriff in die AK 0 und 1 sowie der leider nie erreichte Zieleingriff in die Bachen, gab es für Schwarzwild in der StJW Lindow nicht.

Niederwild, Raubwild, Raubzeug

Im Verhältnis zum Schalenwild spielten Niederwild, Raubwild und Raubzeug sowohl im alltäglichen Jagdablauf der Jagdleiter als auch im Zusammenhang mit der Gästeführung eine untergeordnete Rolle. Einige Stellvertretende Jagdleiter und Jäger nutzten aber die Möglichkeit, mit den recht ansehnlichen Fang- oder Erlegerprämien, die es für Raubwild und Raubzeug gab, ihren Geldbeutel aufzufüllen. In der folgenden Zusammenstellung wird das Ergebnis der Strecke seit 1969 dargestellt.

Wildart	Anzahl
Hase	31 Stück
Stockente	46 Stück
Blessralle	271 Stück
Fuchs	584 Stück
Baum- und Steinmarder	91 Stück
Iltis	31 Stück
Katze	380 Stück
Hunde	14 Stück
Nebel- und Rabenkrähen	458 Stück
Eichelhäher	157 Stück

Nachstehende Arten kamen aus verschiedenen Gründen seltener zur Strecke:

- Dachse: 2 erlegt
- Waschbären: Beginnend 1981 wurden 10 Stück erlegt, bzw. gefangen
- Wildernde Hunde: Diese wurden fast ausschließlich in der Nähe eines sowjetischen Militärobjektes angetroffen und erlegt: insgesamt 13 Hunde.
- Kolkraben wurden grundsätzlich geschont und nur vier Stück zur Herstellung von Präparaten zu Schulungswecken erlegt.
- Für die ab 1978 jährlich eingestellten zwei bis sechs Greifvögel wurden gezielt drei Möwen fünf Haubentaucher 48 Fischreiher, alles auf Wunsch und Abstimmung mit den Fischzüchtern in der Nachbarschaft erlegt. Die Bejagung dieser Arten erfolgte meist im Bereich der unmittelbaren in der

Nähe zum Objekt liegenden Forellenzucht- und Mastanlage. Hier richteten vor allem die Fischreiher messbaren Schaden an. Erwähnenswert, dass 1985 ein Fischotter in Nähe der Rhinbrücke Zippelsförde überfahren und ein weiterer 1986 in einer Fischreuse im Möllensee ertrunken gefunden wurde. Im Rheinsberger Rhin wurden Fischotter regelmäßig, aber nicht häufig beobachtet.

Auch in perspektivischer Hinsicht spielte die Jagd auf Niederwild, Raubwild und Raubzeug keine Rolle, obwohl regelmäßig Abschusspläne für diese Wildarten erstellt wurden.

Im langjährigen Mittel lagen die Werte für Plan und Ist-Strecke bei:

Hasen	10/15 Stück
Wildenten	20 Stück
Bleßrallen	10 Stück
Fuchs	50/60 Stück
Steinmarder	10 Stück
Streunende Katzen	20 Stück
Krähen	25 Stück
Eichelhäher	20 Stück

Unabhängig vom Abschussplan und Ist-Strecke gab es allerdings eine wichtige Vorgabe, und zwar die planmäßige Abgabe von jährlich etwa 50 Fuchs- und 10 Marderbälgen ab 1980. Diese Vorgaben wurden bei Füchsen immer und bei Marder meist eingehalten. Gefangenes Raubwild wurde besser als geschossenes bewertet. Die erreichten Prämiensummen wurden an Jahresende ausgezahlt. Gefangen wurde überwiegend mit dem damals nach zulässigen Tellereisen auf den von der StJW bejagten Feldern.

J. Richter, Leiter der IJS, gratuliert dem Autor zum 50. Geburtstag

Das Hauptgebäude der StJW Lindow in Zippelsförde nach Fertigstellung im Sommer 1982

Personal- und Kaderentwicklung sowie soziale Betreuung

Wie unter „Allgemeine Entwicklung“ bereits beschrieben, war ich als Leiter der StJW in erster Linie für den gesamten Personalbestand zuständig. Alle rein arbeitsrechtlichen und sozialrechtlichen Fragen oder Probleme wurden aber im Rahmen der bereits bestehenden Absprachen hinsichtlich einer engen Zusammenarbeit durch die Kaderabteilung des StFB Neuruppin geregelt. Mir oblag demnach die Entscheidung über Auswahl, Einsatz und Beurteilung aller direkt in der StJW Beschäftigten. Die Zusammenarbeit mit dem StFB verlief in diesem Bereich erfreulich problemlos.

Wie aus der allgemeinen Entwicklung ersichtlich ist, waren die alle zwei Jahre sich erhöhenden Aufgabenstellungen notwendigerweise nur mit einer ständigen Erweiterung des Personalbestandes lösbar. Diesen von mir bei Antritt meiner Dienstzeit völlig unerwarteten Verlauf möchte ich nur zu dem Verständnis der von meinen ursprünglichen Vorstellungen hinsichtlich Aufgaben und Inhalt der Leitung eines Staatsjagdgebiets völlig abweichenden Realität darstellen.

Bei Dienstantritt am 1.September 1976 gab es keine eindeutige Zuordnung der vorhandenen Arbeitskräfte zu speziellen Aufgaben im Jagdbereich. Mit Ausnahme einer Kollegin, welche ausschließlich für die Befütterung des Schwarzwildgatters im Revier Gühlen zuständig war, wurden drei Arbeiter sowohl zu forstwirtschaftlichen als auch zu jagdwirtschaftlichen Arbeiten eingesetzt. Dies geschah im Wesentlichen durch den als Kontaktperson zum StFB bestimmten Revierförster M. Genge.

Nach den erwähnten Absprachen mit Minister Kuhrig begann ich 1977/78 mit dem Aufbau und der Neustrukturierung eines klaren Funktions- und Leitungssystems. Die beschriebene Situation aus der gegebenen Lage 1977 und der völlig neu definierten Aufgaben ab 1988/89 spiegelt sich in der nachfolgenden Darstellung sowohl der alten als auch der neu entstandenen Aufgaben und Zuordnungen wieder. Aus meinem alten Traum von „Jagen ohne Grenzen“ – gemeint im zeitlichen Sinne – wurde nach und nach die Realität von Ökonomie und Produktion. Das sollte im umfassenden Maße ab 1989/90 wirksam werden.

Nun gut, ich hatte es angefangen, aber es kam anders.

Wie beschrieben, bestimmte die wachsende Aufgabenstellung auch den Bedarf an Arbeitskräften. Diese Entwicklung möchte ich folgend darstellen.

1977 bestanden 5 Reviere mit jeweils einem Revierförster, davon waren 4 gleichzeitig als Jagdleiter eingesetzt. Für den unmittelbaren Jagdbetrieb konnten drei Waldarbeiter eingesetzt werden. Meine Frau wurde als Wirtschaftsleiterin eingestellt und war sowohl für die Bürotätigkeit als auch für die später in nicht geahnte Umfänge steigende Gästebetreuung sowie Bewirtschaftung der Aufenthalts- und Speiseräume für die Beschäftigten der StJW und die Erhaltung der Außenanlagen zuständig.

1989 waren im Zusammenhang mit der Flächenvergrößerung aus dem Jahre 1986 vier neue Reviere mit anderen Reviergrenzen und entsprechenden Flächenvergrößerungen entstanden. Alle 4 Revierförster waren gleichzeitig verantwortliche Jagdleiter für ihre Gebiete. Ein Oberförster vertrat den Leiter der StJW Lindow für die forstlichen Aufgaben im Rahmen des StFB Neuruppin.

Innerhalb der StJW waren bis 1989 folgende Betriebsbereiche bzw. Arbeitsgruppen entstanden:

- der Leiter der StJW
- ein Stellvertreter des Leiters und gleichzeitig des Forstbereiches der StJW mit 55 als Forstarbeitern
- vier Revierförster / Jagdleiter
- sieben Abteilungsleiter mit 54 Arbeitern nur für die StJW-Arbeitsstellen wurden als vollbeschäftigten Einheiten (VBE) geplant und abgerechnet

Diese sieben Abteilungen hatten folgende Aufgabenbereiche und Personalausstattung:

<u>Betriebsabteilung 1: Jagdwirtschaft</u>

1 Abteilungsleiter

Waffenwerkstatt	1 VBE	
Jagdwirtschaft	4 VBE	
Falkner, Hunde	2 VBE	
Wildverwertung	2 VBE	
Pferdezucht	2 VBE	Gesamt: 11 VBE

Betriebsabteilung 2: Technik

1 Abteilungsleiter		
Schlosser	4 VBE	
Kraftfahrer	3 VBE	
Sägegatter	6 VBE	Gesamt: 13 VBE

Betriebsabteilung 3: Bauwirtschaft

1 Abteilungsleiter		
Projektierung	1 VBE	
Maurer und Fliesenleger	7 VBE	
Tischler	5 VBE	
Maler, Installation	3 VBE	Gesamt: 16 VBE

Betriebsabteilung 4: Allgemeine Verwaltung

1 Abteilungsleiter		
Beschaffung und Versorgung	1 VBE	
Telefon, Funk	2 VBE	
Heizung	3 VBE	Gesamt: 6 VBE

Betriebsabteilung 5: Wirtschaftsleitung

1 Abteilungsleiterin		
Büro des Leiters, Ordnung und Sicherheit im Objekt, Gästebetreuung, Essenausgabe für Beschäftigte, Inventuren	5 VBE	Gesamt: 5 VBE

Betriebsabteilung 6: Naturschutz, Öffentlichkeitsarbeit, Arbeits-, Gesundheits- und Brandschutz

1 Abteilungsleiter

Betriebsabteilung 7: Zentrale Arbeitsgruppe für Planung, Abrechnung und Beschaffung der Inspektion Staatsjagd

1 Abteilungsleiterin		
Datenbearbeiter und Schreibkräfte	3 VBE	Gesamt: 3 VBE

Betriebsleitung 8: Forstwirtschaft

1 Leiter der Oberförsterei und gleichzeitig
Stellvertreter des Leiters der StJW Lindow
4 Revierförster / Jagdleiter
Forstarbeiterinnen und Forstarbeiter 55 VBE Gesamt: 55 VBE

Als problematisch erwies sich im Laufe dieser Entwicklung die Tatsache, dass die Beschäftigten in 10 verschiedenen Ortschaften wohnten und kaum über eigene Fahrzeuge verfügten. Es mussten also über 40 Kollegen täglich transportiert werden. Dafür standen ab 1987/88 drei Kleinbusse B1000, ein Robur-Mannschaftswagen sowie zwei Geländewagen ARO zur Verfügung.

Insgesamt verlief der Arbeitertransport reibungslos. Die Abteilungsleiter und Revierförster waren mit PKW vom Typ Wartburg oder Trabant ausgerüstet.

Perspektivisch war für die Zeit nach 1990 eigentlich keine weitere Erhöhung des Personalbestandes vorgesehen. Ich hatte erkannt, dass das im Entstehen begriffene neue Projekt unter den gegebenen Bedingungen an die Grenzen einer wirtschaftlich tragbaren und vor allem kontrollierbaren Größe gekommen war. Ausnahmen zeichneten sich allerdings zum einen für den Ausbau der Waffenwerkstatt mit zusätzlich zwei Mitarbeitern und zweitens mit weiteren vier Beschäftigten zur Bildung einer zweiten kompletten Bedienungsgruppe für das neue Sägegatter und den Schnittholztrockner sowie Absicherung von Verlade- und Transportarbeiten ab.

Die Anzahl der Jagdleiter und ständigen Jäger in der StJW veränderte sich im Zusammenhang mit der Gesamtentwicklung ebenfalls. 1979 jagten außer dem Leiter weitere vier Jagdleiter, drei stellvertretende Jagdleiter und drei Jäger, insgesamt also 11 Jäger ständig im Gebiet.

1988 waren dann schon insgesamt 25 Jagdberechtigte, 2 Rentner mit Verbindung aus ehemaliger Beschäftigung sowie 5 Jäger aus der von Gebietserweiterung betroffenen Jagdgesellschaft.

Nachstehend die Verteilung auf die einzelnen Jagdgebiete:

Fristow	3
Schwanow	5
Rägelsdorf	6
Lietze	8
Lindow	3

Diese Verteilung entsprach nicht der grundsätzlichen Einteilung in vier Reviere, sondern war der Bildung von Ruhezonen und Vorbehaltsgebieten zur Gästeführung geschuldet. Unter Berücksichtigung dieser Besonderheit konnte jeder Jäger über den größten Teil des Jagdjahres hinweg durchschnittlich 150 bis 200 ha Fläche bejagen. Dazu wurden jeweils feste Pirschbezirke vergeben. Die vier Jagdleiter waren grundsätzlich für alle Planungen, die Planerfüllung, Vorkommnisse und Abläufe in ihrem Jagdgebiet verantwortlich.

Mit zunehmender Beschäftigtenzahl wurde mehr und mehr auf das damalige förderliche „kollektive Wohlergehen" geachtet. Neben dem Ausbau einer Ausgabestelle für angeliefertes Mittagessen in Form eines sachgemäßen Küchenraumes mit zugehörigem Speiseraum für ca. 60 Personen wurden auch die gemeinsamen Fahrten und Veranstaltungen organisiert. Außer den obligatorischen Feiern zum 1. Mai und 7. Oktober, als „Tag der DDR", waren es vor allem die regelmäßigen Rechenschaftslegungen sowie Gewerkschaftsversammlungen, die meist auch mit Speisen und Getränken für die Teilnehmer ausgestattet waren. Aus dem sozialen Fonds wurde dafür beispielsweise 1988 je Beschäftigten 50 Mark bereitgestellt. Als gemeinsame Veranstaltung waren z.B. alljährliche Fahrten zum Pokal-Angeln sehr beliebt. Es gab dabei jeweils eine Zeitvorgabe und gewertet wurden, je ein Fisch und Gewichtsgramm, ein Punkt. Die Anzahl der Preise richtete sich nach der Zahl der Teilnehmer, sodass auch der Letzte immerhin noch beispielsweise eine Packung Zigaretten gewinnen konnte. So unterschiedlich wie die Gewässer, so verschieden waren natürlich auch die Fangergebnisse. Im Übrigen nahmen alle männlichen Mitarbeiter an diesen Angelausflügen teil. Von 1978 bis 1989 waren wir in folgenden Gebieten als „Petrijünger" unterwegs:

Waren/Müritz, Oderberg und Liepe, Liebenberg, Mahlendorf, Nossenthin und Serrahn, davon in einigen Gebieten mehrmals. Als Äquivalent für die Frauen gab es die alljährlichen Frauentagsfeiern und ab 1983 jährlich eine Ein- oder Zweitagesfahrt in andere Staatsjagdgebiete bzw. Ausflugsgebiete, so z.B. ins Erzgebirge, den Thüringer Wald, die Sächsische Schweiz oder den Spreewald.

Ein weiterer Höhepunkt war z.B. eine gemeinsame ganztätige Schifffahrt mit allen Beschäftigten und ihren Partnern am 8.Oktober 1985 mit Start in Rheinsberg in Richtung auf die angrenzenden Seen. Vorbereitung und Organisation aller dieser Fahrten erfolgte durch den Leiter der „Allgemeinen Verwaltung".

Außer den beschriebenen Feiern und Ausfahrten orientierte sich die soziale Betreuung auf die Versorgung mit warmem Mittagessen, Bereitstellung von Arbeitsschutzbekleidung und den bereits erwähnten Arbeitstransporten und ähnlichen Aufgaben. Außer der auf die direkte Arbeitsform orientierten Arbeitskleidung hatten die Beschäftigten auch die Möglichkeit, ab 1984 in zeitlichen Abständen von 2 bis 3 Jahren von sogenannten „Forstausstattern“ geeignete Kleidung zu erwerben. Dabei ging es vor allem um Teile der Forst-Dienstbekleidung, welche bei Besuchen der einzelnen Arbeitsbereiche durch Gäste oder, bei Teilnahme an Großjagden bzw. Veranstaltungen und Gästebetreuung, von den Beschäftigten getragen werden sollten. Das funktionierte meist recht gut und ergab demnach „gute Noten“ für geschlossenes Auftreten. Für das Jahr 1985 wurde z.B. für diese Kleidung insgesamt über 2.200 Mark aus dem vorhandenen Kostenvolumen eingesetzt.

Die ständige Zunahme an Arbeitskräften ab Mitte der 80er Jahre führte allerdings auch zu neuen Problemen. Das galt vor allem hinsichtlich der Arbeitsdisziplin, also Arbeitszeit und Qualität, aber z.T. auch für unberechtigte Benutzung betriebseigener Fahrzeuge. Dies traf besonders zu, wenn z.B. Bauarbeiten im Auftrag der ISJ in anderen Gebieten oder überhaupt außerhalb der StJW Lindow ausgeführt wurden. Durch verstärkte Kontrollen und entsprechende Auswertungen wurde versucht, diese Unregelmäßigkeiten abzustellen. Alle Beschäftigten waren belehrt, auch die Regeln, hinsichtlich einer gewissen Zurückhaltung über die Abläufe innerhalb der StJW in der Öffentlichkeit zu informieren, einzuhalten. Zwei Beschäftigte mussten allerdings wegen schwerer Verstöße gegen die geltenden Regeln von der Kaderabteilung des StFB in andere Betriebsbereiche umgesetzt werden.

Bei den Jagdleitern, ihren Stellvertretern und den jagenden Beschäftigten gab es mit Ausnahme des „Waffenverlierers“ keine wesentlichen Verstöße gegen geltende Ordnungsrichtlinien.

Insgesamt wurde mit Zunahme der Arbeitsbereiche, und damit der Anzahl der Beschäftigten, die Sicherung ordentlicher Abläufe zu einer der wichtigsten Leitungsaufgaben.

Aber gleichzeitig wurden mir auch Zwiespalt und Problematik der neuen Aufgabenstellung bewusst: Entweder Staatliche Jagdwirtschaft mit ihren bekannten speziellen Aufgaben oder ein neu entstehender, produzierender Betrieb mit ebenfalls speziellen Aufgaben.

Dass beides schwer zu vereinbaren sein würde, wurde mir immer klarer. In diesem Sinne hat mir der Verlauf der deutschen Geschichte wohl viel Kraftverschleiß und Ärger erspart.

Frauentagsausflug mit Bootsfahrt im Spreewald

Bild unten: Bildmitte: H. Arpelt, Leiter Allgemeine Verwaltung

Bild Mitte: Gemeinsames Beisammensein beim Pokalangeln: 3. v.r.: Falkner Blum, 4. v. r.: F. Kietzmann, Bereichsleiter Nat.-Schutz, Öffentlichkeitsarbeit, 5. v. r.: Falkner Wetzel, Weitere: Jagdleiter Wagner, Schmitz, Reeko.

Planung, Finanzen

Die Planung erfolgt vorausschauend in Perspektivplänen und natürlich auch jährlich. Sie umfasst im Laufe der Jahre immer mehr Einzelpositionen, was durchaus auch auf die spezifische Entwicklung der StJG Lindow zurückzuführen war. Grundsätzlich zeigte die staatliche Planauflage aber für alle Gebiete die gleichen Positionen an. Für das Jahr 1988 hatte die staatliche Planauflage beispielsweise folgenden Umfang:

Bezeichnung der Plankennziffer	M E	Wert
Investitionen insgesamt (mater. Volumen)	Mio. M	1,50
darunter Bau	Mio. M	0,30
Ausrüstungen	Mio. M	1,20
Baureparaturen insgesamt	Mio. M	0,03
Kosten insgesamt	Mio. M	3,61
Erlöse insgesamt	Mio. M	0,12
Stützung aus dem RELAT	Mio. M	3,49
Arbeitskräfte (Arbeiter und Angestellte) insgesamt	Personen	60
Arbeitskräfte (Arbeiter und Angestellte) insgesamt	VBE	58
Lohnfonds (Arbeiter und Angestellte)	Mio. M	0,81

Die für Lindow geplanten Werte dokumentieren Aufwand und Umfang der Aufgabenstellung. Die Plankennziffern resultieren aus perspektivischen Vorermittlungen und wurden bis ins Detail in entsprechenden Anlagen zum Plan ergänzt. Im Voraus waren dazu intensive Beratungen mit den jeweiligen Bereichsleitern und Jagdleitern nötig. Hauptprobleme zur Bewertung von Bedarfsplanung und realem Verbrauch durch die Zentrale der ISJ und später die ZAG bestanden in der sehr unterschiedlichen Größe und differenzierten Aufgabenstellung der StFG/ WFG.

Während z.B. das Staatsjagdgebiet Oderberg, die StJW Lindow, das StJG Liebenberg, das StJG Oberwiesenthal und einige andere Gebiete verschiedene Aufgaben hinsichtlich Bauwirtschaft, Materialbeschaffung, Herstellung von Präparaten und jagdbezogenen Gastgeschenken usw. zu erfüllen hatten, gab es andere Gebiete mit der Aufgabe „Gästebetreuung" in erweitertem Sinne und wieder andere, in denen z.B. nur ein Mitglied des Politbüros jagte. Letzteres traf für Waren Müritz mit W. Stoph, Eixen mit H. Tisch, Liebenberg mit A. Neumann, Mahlendorf mit Krolikovski und Nossentiner Hütte mit der Reihung Grüneberg, Kleiber und den letzten Jahren Honecker mit Mittag und Mielke zu.

Einige andere Gebiete wurden zeitweilig, aber vor allem in der Urlaubszeit und in den Hauptjagdzeiten der Rot- und Damwildbrunft von Gästen häufig besucht.

Diese verschiedenen Vorbedingungen wurden negativ zusätzlich durch zunächst uneinheitliche Regelungen der Zusammenarbeit mit den StFB erschwert. Die StFB verwalteten und organisierten im Rahmen der gesamten Forstwirtschaft der DDR auch die gesamte Abrechnung und Finanzierung aller Gebiete der ISJ. Das geschah allerdings oft sehr unterschiedlich je nach der beschriebenen Spezifizierung der Gebiete Die grundlegenden Regelungen, Zusammenhänge, Nachweisführungen usw. werden bei H.G. Schumann in „Von der Ostsee bis zum Erzgebirge“ und bei in „Die Jagd in der DDR“ dargestellt.

Nach Vorgabe der Leitung der ISJ sollte der Bestand an Grundmitteln (Fahrzeuge aller Art, Maschinen, Geräte, Ausrüstungen usw.) möglichst ständig auf neuestem Stand gehalten werde. Dazu erfolgte, je nach Umfang der jährlichen Zuführungen und dem vorgegebenen Verschleißgrad – vor allem bei PKW – eine regelmäßige Aussonderung der Grundmittelbestände. Alle auszusondernden Grundmittel, gleich welcher Art, wurden vorrangig an den StFB Neuruppin oder andere Betriebe und Einrichtungen, mit denen diverse Geschäftsbeziehungen bestanden, übergeben, aber auch an Beschäftigte der StJW Lindow. Alle abgegebenen Grundmittel, von der Bohrmaschine über Motorsäge, bis PKW oder LKW brachten entweder einen Verkaufserlös oder entlasteten den Grundmittelbestand spürbar. Zwischen den Direktoren der StFB und den jeweiligen Leitern der StJG wurden mancherlei „Hilfslieferungen“ an die StFB ermöglicht, vor allem wenn es um Material ging, wie z.B. Fliesen oder Parkett in guter Qualität, das sonst kaum in ausreichenden Mengen planbar bzw. lieferbar war.

Die jährlichen Aussonderungen an Technik brachten dem für Lindow zuständigen StFB Neuruppin zwischen von 1977 bis 1986 folgende außerplanmäßige Zuführung:

Geländewagen ARO	4 Stück
Kleinbus B1000	10 Stück
PKW Lada	3 Stück
PKW Wartburg	1 Stück
PKW Trabant Kübel	8 Stück
PKW Trabant Kombi	5 Stück
LKW W 50	4 Stück
LKW Robur	1 Stück
BUS Robur	1 Stück
Multicar	6 Stück
Traktor MTS	5 Stück
Mobilkran	1 Stück

Im Zusammenhang mit dem Anstieg der Aufgaben stieg der Bedarf an Kraftfahrzeugen in Zippelsförde für Material und Personentransporte ständig an und erreichte 1989 folgenden Bestand:

LKW Pritsche	1 Stück
LKW Kipper	1 Stück
LKW Langholztransporter	1 Stück
BUS LO MTW	1 Stück
LKW LO	2 Stück
Kleinbusse B 1000	5 Stück
B 1000 Pritsche	2 Stück
Multicar	6 Stück
Traktoren	2 Stück
Kleintraktoren	3 Stück
Div. Anhänger	10 Stück
PKW-Trabant	12 Stück
PKW Wartburg	2 Stück
PKW Lada	3 Stück
PKW LADA NIWA	2 Stück
Geländewagen ARO	5 Stück

Der Bus LO MTW und die 5 Kleinbusse dienten ausschließlich dem Arbeitertransport. Die PKW standen den Leitern der Bereiche und ihren Stellvertretern sowie den Jagdleitern, Jägern und speziell in der Jagdwirtschaft eingesetzten Arbeitern zur Verfügung.

Allerdings erschien mir von Anfang an die planungstechnische Zusammenarbeit der StFB mit den Staatsjagdgebieten irgendwie unklar. Auch im Laufe der Jahre erschien mir Aufwand und Ergebnis nicht verhältnismäßig.
So z. B: folgende Regelung:
Ein Großteil der Rechnungen zur materiell technischen Ausrüstung und vor allem auch für Gästebetreuung und für Sonderausgaben, wie z.B. die Diplomatenjagden, verblieb im Original bei den Leitern der Staatsjagdgebiete und wurden nur im allgemeinen Formulierungen den StFB zur Begleichung und Führung von Nachweisen zum Gesamtverbrauch zugestellt. Die Kontrolle dieser Vorgänge erfolgte intern in Form einer Innenrevision durch Richter und Lolk und nach Bildung der ZAG mit der notwendigen Regelmäßigkeit und Sachkenntnis durch die Leiterin der ZAG.
Die bereits erwähnte Zurückhaltung finanzieller Belege, also Rechnungen, Abrechnungsstatistiken und auch Planungsunterlagen, führten immer wieder zu Verständnisschwierigkeiten bei Mitarbeitern der Forstverwaltung und z.T. auch bei den Direktoren. Die in der „Zweiten Durchführungsbestimmung zum Jagdgesetz – Staatliche Jagdgebiete und Wildforschungsgebiet vom 15. Juni 1984“ festgelegten Bestimmungen waren z.T. widersprüchlich und wirkten sich nicht nur auf Planung und Abrechnung aus. Einerseits wurde grundlegend festgestellt, dass das „Jagdwesen“ in den StJG und WFG staatlich organisiert und geleitet wird und das die jagdliche und forstliche „Bewirtschaftung“ durch den zuständigen StFB zu erfolgen hat.

Anderseits wurde bestimmt:

§ 3 (1) „Die Leiter der staatlichen Jagdgebiete und Wildforschungsgebiete werden vom Minister für Land-, Forst- und Nahrungsgüterwirtschaft berufen. Sie sind zugleich Stellvertreter des Direktors des Staatlichen Forstwirtschaftsbetriebes für das Staatliche Jagdgebiet oder das Wildforschungsgebiet.“
Diese Bestimmung war absolut untauglich. In der Realität unterstanden die Leiter der Gebiete infolge der Berufung fachlich und disziplinarisch dem Lei-

ter der Inspektion Staatsjagd, anderseits sollten sie als Stellvertreter des Direktors des jeweiligen StFB gelten, dem sie eben weder disziplinarisch noch anderwärtig nachgeordnet waren. Es ist wohl ersichtlich, dass diese Regelung nicht wirklich praxistauglich war. Obwohl in den meisten Fällen ein gutes Miteinander praktiziert wurde, kam es vor allem in den flächenmäßig großen StJG und WFG, so etwa ab 3000 ha Jagdfläche, doch öfter zu Abstimmungsproblemen hinsichtlich der Erfüllung der forstwirtschaftlichen Aufgaben aber auch bei der Finanzierung und Abrechnung der speziellen jagdlichen Aufgaben sowie auch bei der Finanzierung von Baumaßnahmen und der materiell-technischen Ausrüstung.

Beispielgebend war dafür folgender Vorgang:

1977 wurden die für den Aufbau des Objektes Zippelsförde geplanten Mittel für „Bauinvestition“ wegen fehlender Baukapazität der beauftragten Ausführungsbetriebe nicht in Anspruch genommen. Es handelte sich dabei um 250 TM. Ich teilte dies der ISJ-Zentrale mit und beantragte formal nochmals die bereits von Richter mündlich zugesagte Erhöhung der Bauinvestsumme für das folgende Jahr.

Im Oktober 1978 waren erfreulicherweise die Bauarbeiten für das laufende Planjahr abgeschlossen und ich gab die eingegangenen Rechnungen nach sachlicher und rechnerischer Überprüfung an den StFB zur Begleichung weiter. Zwei Tage später rief mich die Hauptbuchhalterin erstaunt an und fragte, aus welchen Fonds diese Rechnungen beglichen werden sollten, denn es sei für das laufende Planjahr keine entsprechende Finanzierung vorgegeben. Mei erster Griff war natürlich zum Telefon mit einem Anruf zur ISJ. Dort fand man kein sachbezogenes Schreiben von mir vor. Ich fuhr am nächsten Tag sofort nach Berlin. Richter befand sich zu diesem Zeitpunkt gerade in einem REHA-Objekt. Sein Stellvertreter war zunächst sehr verunsichert, aber dann hatte die „Nachsuche“ nach meinem Schreiben endlich Erfolg. Meine Befürchtungen wegen eines zu erwartenden „Großen Ärgers“ lösten sich in Wohlgefallen auf, weil durch Richter ein klärendes Gespräch mit der Finanzchefin der Forstabteilung vereinbart wurde. Dabei kam es durch Umverteilung von Mitteln aus anderen Bereichen zur Lösung meiner Probleme. Obwohl ein zweijähriger Planungsvorlauf als ausreichende Vorbereitung angenommen wurde, zeigte die Realisierung bzw. Abrechnung immer wieder die Probleme der DDR-Volkswirtschaft auf.

Für die StJW Lindow wurde das vor allem nach der Installierung einer eigenen Bauabteilung deutlich, denn so konnten unabhängig von einer langfristigen Eingliederung in die Kreis- bzw. Bezirksplanung sogenannte „Initiativbauten“ errichtet werden.

Eine umfassende Darstellung der Kosten und Erlöse ist nicht mehr möglich. Einige wenige Beispiele sollen aber auf die Größenordnung hinweisen.

Der Umfang an Kosten und Erlösen hatte folgende, aber nicht mehr vollständig nachweisbare Größe: Alle Beträge in TM der DDR.

Jahr	Bau-Investitionen	Ausrüstungen	Gesamt Kosten	Erlöse	Stützung
1978	140	263	578	152	517
1981	221	310	671	108	540
1981	341	245	653	132	521
1981	150	275	775	186	620
1981	150	343	918	185	918
1982	150	207	976	152	885
1983	-	-	923	37	856
1983	-	-	-	50	-
1985	238	590	2087	180	1907
1987	401	-	2600	97	2409

Die Ursache für die z.T. erheblichen Schwankungen und den Anstieg in den letzten Jahren finden sich in den erwähnten inhaltlichen und methodischen Schwankungen der Zuordnung in den Jahresberichten sowie in der veränderten Aufgabenstellung.

Die Zuordnung der Kosten ist im Einzelnen nicht mehr für die Jahrgänge, sondern für 1983 und 1985 in einigen Positionen nachstehend erkennbar.

1983:	Gästebetreuung	3.378 M
	Arbeitsgruppen der ISJ	607 M
	Brigadeversammlung	405 M
	Örtliche Organe	97 M
	Bestand Nahrungs- und Genussmittel	3.370 M
	Gesamtbetrag	7.857 M

1985:	Gästebetreuung	3.213 M
	Arbeitsgruppe ISJ	493 M
	Bestand Nahrungs- und Genussmittel	4.820 M
	Gesamtbetrag	8.526 M

Diese Darstellung bezieht sich ausschließlich auf in der Wirtschaftsleitung angefallenen nachgewiesenen Betreuungskosten. Die hohen Jahresendbestände resultieren aus der Tatsache, dass Betreuungs- und Versorgungsaufgaben für den Gästebereich überwiegend ohne lange Voranmeldung realisiert werden mussten.

Eine kurzfristige Beschaffung der benötigten Nahrungs- und Genussmittel war bekanntermaßen unter den gegebenen Bedingungen in der DDR kaum möglich. Das Regierungsheim in Lindow war, zumindest theoretisch, zur Lieferung dieser Dinge ansprechbar, hatte aber meist selbst ausreichend Probleme bei der Lösung der eigenen Aufgaben.

Speziell für die Jagdwirtschaft und ihr Ergebnis lassen sich für das Wirtschaftsjahr 1988 folgende Werte nachweisen:

1. Erlöse durch		
	Wildbretverkauf	
	Verkauf an StFB Neuruppin	53.122 M
	Verkauf an Beschäftigte	2.184 M
	Verkauf an Regierungsheim Lindow	1.906 M
	Verkauf an Sonstige	4.196 M
Erlöse durch Wildbretverkauf		61.408 M
2.	Selbstkosten Jahresbetrieb	
	Schützenanteile	13.865 M
	Eigenbedarf Gästebetreuung	2.228 M
	Selbstkosten	16.093 M
	Gesamtergebnis Wildbretverkauf	45.315 M

Eine konkrete betriebswirtschaftliche Wertung ist natürlich wegen der gezielten Aufgabenstellung und der wechselnden Nachweis- und Bezugsmethoden nicht möglich. Immerhin wurden die Ergebnisse der Wildvermarktung nach Wirksamwerden der Kontrolle durch die ZAG gebietsweise ausgewertet und diskutiert. Das dem StFB Neuruppin zugelieferte Wild wurde der StJW Lindow nach den jeweils geltenden staatlich festgelegten Preisen vergütet. In Relation zur Jahresstrecke schwankten die Erlöse zwischen 36 und 68 TM und lagen im Durchschnitt jährlich bei 55 TM.

Schützenanteile einschließlich der Führungsprämien und der Mehrausgaben für Beschäftigte der StJW Lindow wurden aus meinem Verantwortungsbereich als Leiter abgerechnet und nachgewiesen.

Im Gegensatz zu den für jeden Jagdleiter oder Jäger erreichbaren Abschuss und Führerprämien wurden, ähnlich wie in allen Jagdgesellschaften der DDR, Mitgliedsbeiträge und Versicherungsbeiträge erhoben und über die ISJ den zentralen Konten zugeführt. Die Mitgliedsbeiträge der Jäger der SJW Lindow schwankten zwischen 10 M und 100 M jährlich je nach Jahreseinkommen. Der Jahresversicherungsbeitrag lag einheitlich bei 10 M.

Exakte Zahlen für die Aufwendungen nur für Jagdgäste und damit zusammenhängende Aktivitäten Beratungen ausschließlich für den Jagdbetrieb, also sämtliche jagdwirtschaftlichen Kosten einschließlich der Löhne und Gehälter, sind nicht mehr für die aufeinander folgenden Jahre nachweisbar.

Eine Überschlagsrechnung für das Jahr 1989 mit etwa 80 Beschäftigten und einem Lohn- und Gehaltsetat von etwa 1.151.000 M würde für die etwa 10 ständig mit jagdwirtschaftlichen Arbeiten befassten Beschäftigten, die 6 Jagdleiter/ Revierförster sowie einen Leiter und vier ständig Beschäftigte in der Wirtschaftsleitung etwa 290.000 M ausmachen. Zum Vergleich die Werte einiger StJG mit Jagdflächen von 5000 bis 8000 ha, als so in der Größenordnung wie Zippelsförde und ohne gesonderte Aufgaben:

StJG	Beschäftigte	Lohn und Gehälter
Eixen	14	184 TM
Schlaubemühle	20	286 TM
Oberwiesenthal	22	348 TM
Lindow	20	290 TM

Einige voreilige Bewertungen des insgesamt „hohen Aufwandes nur für die Jäger“ sind für die StJW Lindow nichtzutreffend.

In den ersten Jahren meiner Leitungstätigkeit in Zippelsförde gab es, vor allem wegen des zunächst geringen Finanzvolumens, keine speziellen Regelungen. Ab 1982 gab es dann eine „Ordnung über die Anweisung, Abzeichnung und Nachweisführung von Rechnungen und Zahlungsanweisungen mit vertraulichem Inhalt“. Vom Ministerium der Finanzen wurden zur Kontrolle der Unterlagen, welche die Gebiete und Einrichtungen der ISJ betrafen, Revisoren benannt, welche aber kaum zum Einsatz kamen. Mit Bildung der „ZAG Planung und Beschaffung“ erfolgten die Kontrollen durch die Leiterin der ZAG. Die Auswertung der Ergebnisse erfolgte durch die Leitung der ISJ. Ab 1986 wurden nebenstehende Positionen in ausgewählten Staatsjagd- bzw. Wildforschungsgebieten überprüft:

- Kassenführung
- Erfassung und Erlösabstimmung
- Nachweispflicht aller Belege
- Aufbewahrungsfristen

Im Sommer 1988 wurde wegen des zunehmenden Bedarfs im Rahmen der Erhöhung der Aufgabenstellung erstmals über eine klare Abgrenzung der Nachweisführung und Aufgabenstellung zwischen den StFB und dem StJW / Wildforschung diskutiert.

Schwerpunkt war dabei, die StJG / WfG als „selbständig planende und abrechnende Einheiten“ in ihrer rechtlichen Stellung eindeutiger zu fixieren. Dazu sollten der Umfang der zwischen Selbständigkeit und die Regelungen der ökonomischen Zusammenarbeit mit den StFB vorrangig geordnet werden.

Unabhängig von dem anhaltenden Suchen nach Neuregelungen aller beschriebenen Probleme gab es einige Schwerpunkte. Eine wesentliche Rolle in Vorgabe und Kontrolle spielte z.B. der Kraftstoffverbrauch. Er war eigentlich Dauerthema. In der StJW Lindow wurden die Vorgaben von 1977 bis 1980 immer überzogen. Später gab es keine Probleme mehr. Selbst in der „Ölkrise“ konnten die Vorgaben durch bessere Abstimmung und Organisation der Aufgaben trotz Reduzierung eingehalten werden. Durch die Zentrale der ISJ wurde merkwürdigerweise der Kraftstoffverbrauch bei vergleichenden Auswertungen nur in Bezug auf die „bejagbare Waldfläche“ der einzelnen StJG / WFG ausgewertet. Unterschiedliche Aufgabenstellungen und Anteile an bejagten Landwirtschaftsflächen wurden nicht beachtet. Allerdings fand zum Thema Kraftstoffverbrauch auch keine „regulierende Auswertung“ statt.

Ein weiterer Schwerpunkt war die Erfüllung der geplanten Bauinvestitionen. Für das Jahr 1988 gab es für einige Gebiete folgende Planzahlen:

Mahlendorf	600 TM
Born	500 TM
Müritz	400 TM
Oderberg	320 TM
Schlaubemühle	300 TM
Rosenthal	300 TM
Lindow	300 TM

Alle diese Vorgaben sollten durch Fremdleistungen, also Einordnung in die Bauwirtschaftspläne der Bezirke erreicht werden. Ausgenommen davon war die StJW Lindow, hier konnten, wenn auch mit größerem Aufwand die jährlichen Vorgaben in Eigenleistung der Bauabteilung erfüllt werden. Der Erfüllungsstand in den anderen Gebieten lag dagegen bei 70 – 90 %.

Außer diesen Schwerpunkten wurden zum Zahlenteil der Jahresabrechnung für die StJW Lindow ergänzend ab 1987 folgende Angaben gefordert:

1. Einschätzung der Kadersituation und der Entwicklung des Kollektivs, Leitungstätigkeit, Zusammenarbeit mit den örtlichen Organen.
2. Ordnung und Sicherheit, Arbeitsdisziplin, Arbeits-, Gesundheits- und Brandschutz
3. Erfüllung der Aufgaben in den Leitungsbereichen der StJW LIndow
   - 3.1 Bereich Jagd Wildbewirtschaftung
     - Einschätzung der Wildbestände
     - Abschussplanerfüllung
     - Maßnahmen zur Äsungsverbesserung
     - Wildschadensverhütung und Wildschäden
     - Jagdhunde
     - Beizvögel und Pferdezucht
     - Jagdliche Einrichtungen
     - Waffenwerkstatt, Waffen und Munition
   - 3.2 Bereich Produktion, Technik, Material

3.3 Bereich Bauwirtschaft
3.4 Bereich Allgemeine Verwaltung
3.5 Bereich Wirtschaftsleitung
3.6 Naturschutz – und Öffentlichkeitsarbeit sowie Arbeits-,Gesundheits- und Brandschutz
3.7 Zentrale Arbeitsgruppe ZAG
3.8 Bereich Forstwirtschaft

Die Zuarbeit forderte ich von den Leitern der einzelnen Bereiche. Sie erfolgte überwiegend in guter Qualität.

Abschließend als letzter Vergleich die Ist-Zahlen der Auswertung des Jahres 1987 und die Planzahlen der gesamten ISJ für 1990. Zunächst die Auswertung. von 1987, einmal für den Durchschnittswert der ISJ und zum anderen für die StJG Lindow und Oderberg mit den größten Abweichungen.

Gebiet	Kosten je 100M Erlöse	Kosten je 100 ha Jagdfläche	Erlöse je 100 kg Wildbret	Erlöse je 100 ha Jagdfläche	Stützung je 100 ha Jagdfläche	Stützung je 100 kg Wildbret
ISJ Gesamt /0	402	14	6	3,5	10,5	4,5
StJW Lindow	1600	34	17	2,0	32	16
StJG Oderberg	5100	64	-	21	63	46

Die starken Abweichungen im StJG Oderberg resultieren in erster Linie aus der jagdlichen Spezialisierung auf Fasanenaufzucht und der Verarbeitung von Wildbret und der Herstellung jagdlicher Souvenirs.

Die über dem Durchschnitt stehenden Werte der StJW Lindow sind die Folge der ebenfalls von anderen Gebieten abweichenden bereits beschriebenen Aufgabenstellung.

Für 1990 entstand nachstehender Planvorschlag für die StJW Lindow. Die Beträge wurden in TM (Tausend Mark der DDR) angegeben.

Materielles Investitionsvolumen insgesamt	11654 TM
davon Materielles Investitutionsvolumen Bau	5450 TM
davon Materielles Investitutionsvolumen Ausrüstung	6204 TM

Kosten insgesamt	41886 TM
Erlöse Kosten insgesamt	11544 TM
Stützung aus RELAF	30442 TM

Arbeitskräfte in Personen	65 Pers.	
Arbeitskräfte in VBE (Vollbeschäftigteneinheit)	65 Pers.	
Lohnfonds Arbeiter – und Angestellte		7820 TM

Dem Gesamtaufwand von etwa 11 Mio. Mark an Investitionen für Bau und Ausrüstungen standen etwa 41 Mio. Mark an laufenden Kosten gegenüber, welche infolge der Struktur- und aufgabenbedingten Situationen nur mit 11,5 Mio. Mark aus Erlösen ausgeglichen und dann nur mit Stützung aus dem RELAF-Fonds der gesamten Forstwirtschaft in Höhe von 30 Mio. M bereinigt werden konnten.

Diese Planzahlen wurden 1988 im üblichen zweijährigen Planablauf zusammengestellt. Minister Lietz ließ sich das alles nochmal am Anfang des Jahres 1989 vorlegen, obwohl er die Gesamtgrößen bereits kannte. Ich übergab ihm das von der ZAG vorbereitete Planprojekt, als er zu einer „ruhigen Arbeitswoche" in Zippelsförde war. Er blätterte in der ganzen Woche schweigend in den Unterlagen. Abschließend sagte er dann, er wäre dafür, die kleineren Gebiete bis etwa 3000 ha Jagdfläche direkt an die StFB anzuschließen und die größten Gebiete mit erweiterter Aufgabenstellung völlig zu verselbständigen. Dafür sollte ich die StJW Lindow zum Pilotprojekt entwickeln. Das Ende ist bekannt.

Erweiterung der Leitungsbereiche und Sonderaufgaben

Wie zu erwarten war, bestand der Anfang des Aufbaus eines ganzen neuen Verantwortungsbereichs aus gutem Willen, aus leider nicht realisierbarer Zuversicht, welche sich aus leider nicht haltbaren Versprechungen und meist mangelhaften objektiven Vorbedingungen ableiten lies.

Aber der Reihe nach:

Für 1977/1978 waren finanzielle Mittel für den Aufbau des ersten Teils der neuen Gebäude ordnungsgemäß geplant und bereitgestellt. Eine Realisierung scheitert, wie beschrieben, an fehlender Baukapazität und Mangel an Material im Landkreis. Auch die Zuordnung der Staatsjagdgebiete zum „Sonderbedarf" reichte eben nicht aus, diese Vorhaben termin- und qualitätsgerecht zu sichern. Bereits im zweiten Halbjahr 1978 war der Erfüllungsstand auf etwa 30 % gesunken. Dabei ging es ausschließlich um den Bau des Haupthauses und des daneben vorgesehen Verwaltungsgebäudes einschließlich Heizhaus mit Wohnung für den Heizer mit Familie.

Ich war, was die Einschätzung von Leistungsvermögen und Qualität von Bauleistungen betrifft, völlig unerfahren. Wie erwähnt, kam mir ein erfahrener Bauingenieur zu Hilfe. Er nahm bis dahingeleistete Bauarbeiten fachlich ab und stellte bis zu 40 % Preisminderung infolge von Qualitätsmängeln fest. An einen zügigen Aufbau des Gesamtkomplexes war selbst bei Terminverlängerung um zwei bis 3 Jahre nicht zu denken. Gleichzeitig stellte ich fest: Es war unmöglich, kleinere Reparaturarbeiten an den Wohnungs- und Wirtschaftsgebäuden der Revierförstereien oder den Bau qualitativ hochwertiger Kanzeln und ähnliche jagdliche Einrichtungen bedarfsgerecht zu realisieren. Die inzwischen von mir speziell für die jagdwirtschaftliche Tätigkeiten eingesetzten vier ehemaligen Waldarbeiter waren zwar fleißig, aber keine gelernten Handwerker. Es gab wie schon erwähnt, keine andere Lösung als Handwerker speziell für die StJW Lindow einzustellen. Logischerweise mussten Tischler, Maurer, Dachdecker, Fliesenleger, Maler u.a. von Sachkundigen angeleitet und ihre Aufgabenstellung geplant und kontrolliert werden. Deshalb hatte ich plötzlich eine Bauabteilung mit Bauingenieur und Bauzeichnerin und damit erheblich mehr Leitungsaufwand und Verantwortung. Erfreulicherweise zeigte sich, dass die eingestellten Handwerker gut ausgebildet und auch am Aufbau der gesamten Aufgabenstellung interessiert waren. Außer einigen Ergänzungen im Haupthaus und Verwaltungsgebäude, welche durch Auftragnehmer bis Beginn 1980 endlich fertiggestellt waren, wurden folgende Gebäude errichtet: 1 Wildannahmestelle einschließlich Kühlraum, 4 Garagen für Führungsfahrzeuge, 2 Wohnhäuser, der Werkstattkomplex für KFZ- und Schlosserarbeiter, die Tischler mit Werkstatt und Maschinenraum, Garagen für LKW und Traktoren, ein neues Gästehaus, eine Sauna mit Tauchbecken und diverse Nebenanlagen.

Weiterhin wurden zwei Revierförstereien und zwei Wohnhäuser für Mitarbeiter modernisiert.

Ab 1980 wurden auch Baureparaturen an Gebäuden in benachbarten StJG ausgeführt. Diese Entwicklung war natürlich nur mit Unterstützung der Leitung der ISJ möglich. Und hatte entsprechende Folgen: Nicht nur die direkte Leitung der Bauabteilung musste gesichert sein, sondern es mussten auch Arbeitsplätze für Materialplanung, Materialbeschaffung und Materiallager entstehen. Bereits nach zwei bis drei Jahren verwaltete die StJW Lindow im Auftrag der ISJ alles mögliche Material, so z.B. Holzpflaster, Fliesen, Heizkessel, Rohrleitungen u. a. Später zeichnete sich dann eine Entwicklung ab, die ganz andere Bereiche umfasste. Es gab von Anfang an Schwierigkeiten bei der Beschaffung von Schnittholz sowohl für die beumlagten Baubetriebe als auch für den Eigenbedarf. Die örtlichen Sägewerke waren planmäßig total ausgelastet und absolut nicht in der Lage, den Bedarf der StJW Lindow sorten- und mengengerecht zu decken. Auf der Suche nach Lösungen erhielt ich einen Tipp, dass in meinen ehemaligen Tätigkeitsbereich ein älteres, aber komplettes Sägegatter vor Jahren ausgebaut und in einer Scheune abgelagert wurde. Also: hinfahren, ansehen, Preisabsprache und mit eigenen Mitteln und Möglichkeiten alles abzuholen und wieder aufzubauen. Einer unserer Schlosser, genannt der „Bastelheinz“, hatte zufällig schon mal am Aufbau eines Sägegatters gearbeitet. Mit Unterstützung durch die Besitzer eines laufenden kleinen Sägegatters in der Umgebung wurde das alte Gatter mobilisiert und ich hatte plötzlich einen weiteren neuen Arbeitsbereich mit Gatterbesatzung, Holzeinlagerung, Transport in Eigenregie, Holztrocknung, Listenschnitt usw. Eines Tages lief der Stamm tatsächlich durchs Gatter. Unsere Probleme, z.B. bei der Herstellung von Dachbindern, Dachschalung, Ausbauholz aller Abmessungen sowie Holz für die Errichtung jagdlicher Anlagen waren zunächst auf längere Zeit gelöst. Nach einer kurzen Anlaufzeit kam Richter zu erster Absprache, in deren Ergebnis sofort die Versorgung anderer STJG und WFG mit Schnittholz festgelegt wurden.

Nach ersten Anlaufergebnissen war ab 1985 mit einem Einschnittvolumen von maximal 200 fm Stammholz jährlich zu rechnen, denn das Gatter war wie gesagt alt und mit mehr technischen Verschleiß versehen als zunächst angenommen. Zu Beginn des Gattereinsatzes 1983 waren keine ausgebildeten Bedienkräfte vorhanden, es gab kleinere Havarien und längere Stillstandzeiten, so dass 1983 nur 29 m³ und 1984 nur 36 m³ Schnittholz an andere Gebiete ausgeliefert werden konnten. Der Eigenbedarf wurde aber komplett gesichert.

Nach diesem vorsichtigen Beginn arbeiteten sich die neuen Arbeiter am Sägegatter besser ein, der technische Zustand wurde stabilisiert und die Auslieferungsergebnisse stiegen wie folgt:

1985:	210 m³
1986:	249 m³
1987:	247 m³
1988:	175 m³

Für 1989 wurden fast 200 m³ bereitgestellt. Es zeigt sich natürlich von Anfang an, dass das alte Sägegatter trotz „Dauerlaufs“ und ständiger Reparaturen und Stillstandzeiten nicht in der Lage war, weder den steigenden Eigenbedarf noch die inzwischen von anderen StJG angeforderten Schnittholzmengen – meist in Form detaillierter Listenschnitte – zu realisieren. Ich sprach darüber mehrfach mit Minister Lietz und im Herbst 1988 sagte Schalck bei seinem alljährlichen Brunftjagdbesuch überraschend zu mir: „Du kriegst ein neues Sägegatter!“

Ein Vertreter einer österreichischen Firma erschien, unsere Bauabteilung plante und baute alle neuen Gebäude und Anlagen, der Bau wurde bis Ende 1989 abgeschlossen, das Gatter aufgebaut, die Gatterbesatzung eingewiesen, die Holztransportfahrzeuge standen bereit, der erst Stamm lief durchs Gatter: das wars.

Das Gatter wurde nach der Wende abgebaut und anderen Nutzern übergeben.

Im inzwischen entstandenen Bereich der Bauabteilung gab es bald auch andere Probleme. Da, wie bekannt, auch für die staatliche Institutionen und leitende Mitarbeiter wenig Möglichkeiten bestanden, unvorhersehbare Instandhaltungsarbeiten ausführen zu lassen, wurden zunehmend immer wieder unterschiedliche große Bau- und Baureparaturaufträge in Abstimmung mit der Zentrale an die StJW Lindow übergeben. So wurden z.B. für das Ministerium für Land-, Forst- und Nahrungsgüterwirtschaft 1989 folgende, allerdings geringfügige, aber noch nachweisbare Leistungen abgerechnet:

Malerarbeiten	61,25 Stunden
Tischlerarbeiten	332,50 Stunden
Klempnerarbeiten	48,75 Stunden
Fliesenlegerarbeite	173,75 Stunden
Insgesamt	586,25 Stunden

mit einem Verrechnungssatz von 5,20/ Stunde und einen Rechnungsbetrag von 3.048,50 M.

Für das mitgelieferte und verbrauchte Material (Bauholz, Sperrholz, Fliesen, Farben, Leime, Kleinmaterial) wurden weitere 2.304.07 M berechnet.

Einzelne Leistungen für den Leiter oder andere Mitarbeiter der ISJ betrafen sowohl Dienstgebäude als selten private Objekte und wurden ebenfalls ordnungsgemäß nachgewiesen und in Rechnung gestellt. Derartige Aufträge waren allerdingst selten und spielten gegenüber den planmäßigen Investbau- und Baureparaturmaßnahmen keine Rolle.

Obwohl die Bauabteilung zunächst in kleinem Umfang wirksam werden konnte und hinsichtlich Materialbedarf relativ gut abgesichert war, gab es bei einigen baubeauftragten Betrieben unerwartete Probleme. Als Hochbau und Ausbau des Haupthauses Ende 1980 weitgehend abgeschlossen waren, machte mich der ausführende Bauleiter darauf aufmerksam, dass der Fußboden im Gästebereich zwar als Parkett geplant sei, er aber weder Material noch Parkettleger zur Realisierung hätte.

Nun war guter Rat teuer!

Lösung: 1. Beschaffung von Parkettlack. Mein Mitarbeiter für Allgemeine Verwaltung und zunächst auch zuständig für Materialbeschaffung hatte schon mehrfach gutes Organisationstalent bewiesen. Deshalb mein Auftrag: Wir brauchen Parkettlack und Härter, fahre du durchs ganze Land, bis du Erfolg hast!

Es kam zu einer wahren Kreuzfahrt zunächst nach Greifswald, dann über Thüringen bis ins Erzgebirge mit mehreren Zwischenstationen, ehe er mit den benötigten Mengen Parkettlack und Härter nach drei Tagen wieder in Zippelsförde eintraf. Er hatte natürlich, wie damals unumgänglich, etwas „Erfreuliches“ aus unserer Wildannahme im Kofferraum und setzte dies als gewandter Redner auch zweckmäßig ein. Im gleichen Zeitraum hatte ich mich auf die Reise zum StFB Lübben gemacht, weil dort die einzige Möglichkeit bestand, das benötigte Parkett zu bekommen. Hier griffen mir meine ehemaligen Kollegen und guten Freunde, die leider inzwischen schon der „grüne Rasen“ deckt, „kräftig unter die Arme“. Ein in der Nähe ansässiger Parketthersteller bekam „auf die Schnelle“ einen ausreichend großen zusätzlichen Anteil an Eichenstammholz zugeliefert und ich konnte unseren LKW bald auf Versorgungsfahrt schicken. Nach mehreren Wochen war dann alles Material beschafft, eine Parkettlegefirma in „außerplanmäßiger Bereitschaft“ gefunden und der große Raum endlich nutzbar.

Und wie mehrmals in damaliger Situation gab es ein unerwartetes Nachspiel: Im Keller des Haupthauses war ein altes Gewölbe mit Kamin ausgebaut worden. Als Fußboden wurde nicht Parkett, sondern Holzpflaster in der Würfelform mit etwa 4 – 6 cm Kantenlänge eingelegt. Schon das Beschaffen des Holzpflasters war wieder ein Abenteuer und nur mit meinen alten Freunden aus Lübben realisierbar. Sofort nach Ankunft des Pflasters wurde es von unseren Tischlern mit Hilfe der restlichen Parkettkleber innerhalb von einem Mittwoch bis Freitagabend sachgerecht verlegt.

Und dann klingelte am Freitagabend 17 Uhr das Telefon: Hier Richter, der Minister Kuhrig kommt morgen mit einem Freund und möchte den Kaminkeller nutzen.“

Ich: „Hannes, der Kellerfußboden ist noch nicht fertig. Er muss noch lackiert werden!“

„Hast du verstanden? Der Minister kommt morgen!“

Ich: „Dann müsste ich die Tischlerkollegen aus dem Feierabend zum Wochenende holen. Das mache ich nicht“.

Richter: „Muss ich dich noch mal fragen, ob du verstanden hast?“

Aufgelegt!

Mein kurzer Entschluss: Aktiv werden, komm, liebe Frau, wir müssen das Holzpflaster im Keller lackieren! Es geschah, Fenster und Türen über Nacht geöffnet, dem Lack etwas mehr Härter beigemischt und Minister Kuhrig verbrachte mit Gast einen angenehmen Abend.

Wir haben das gemacht, weil wir eine übernommene Aufgabe erfüllen und endlich auch die geplante Gastlichkeit erreichen wollten.

Die Schwierigkeiten der Materialbeschaffung bestanden von Anfang an und belasteten nicht nur den rein sachlichen Aufbau, sondern auch die Zeitfonds insgesamt. Ich erinnere mich, dass ich 1976/77 lt. Fahrtenbuch nur wegen Problemen der Materialbeschaffung einmal um die Erde gefahren bin. Und das ausschließlich in der jagdfreien Zeit.

Weitere Probleme:

Zum Aufbau des Kamins im Keller wurde mit geraten, die Außenseite mit Naturplatten optisch vorteilhaft zu gestalten. Also, auf zu einem entsprechenden Lieferbetrieb.

Der Betriebsleiter sagte unumwunden: „Auch wenn es nur 25 m² Bedarf sind, ich bin ausbilanziert für PB-Mitglieder!“

Nach kurzem Hin und Her und die inzwischen erfolgreiche Methode „Wildschein aus dem Kofferraum“ konnte ich bereits am nächsten Tag ein Fahrzeug zur Abholung des Materials losschicken.

Fast letztes „Drama“ – bei der Fertigstellung des Gästebereichs: Es sollten insgesamt vier bis fünf Telefonanschlüsse eingerichtet werden. Das war problematisch, weil es wegen des unsicheren Bauablaufs vorher nicht genau planbar war, aber nun kurzfristig erfolgen sollte. Der Zufall wollte es, dass ein Telefontechniker aus persönlichen Gründen eine andere Arbeitsstelle suchte, zu mir kam, und da in Zippelsförde vieles in Bau war und ja auch weiter gebaut werden sollte, stellte ich ihn ein. Damit hatten wir auch Telefonkabel, Telefonhörer und Kleinmaterial im Lager und ich ein weiteres, ziemlich heikles, Aufgabengebiet.

Zusammenfassend zum Bereich Bauwirtschaft: Nach unvollständigem Nachweis, wurde ab 1978 mindestens folgende Baumaßnahmen in Eigenleistung ausgeführt:

- Zwei Einfamilienhäuser
- Renovierung von 4 Revierförstereigebäuden
- Schlosserwerkstatt, Tischlerei, Sägegatter
- Aufenthaltsraum mit Essenausgabe
- Garagenkomplex für PKW, LKW, Traktoren und div. Anhänger, Holztrockenraum
- Verwaltungsgebäude für die ZAG, Waffenwerkstatt mit gesichertem Waffenlager
- Wildannahmestelle mit Kühlraum
- Sauna mit Tauchbecken, Lagerplatz für Heizungsmaterial, Greifvogelanlagen
- Hundezwinger, Erweiterung Pferdestall
- Hilfe bei Bau von Eigenheimen für drei Beschäftigte
- Bau und Ausbau von fünf Bungalows nach Vermittlung durch die ISJ – Zentrale.

Voller Einsatz der Baubrigafe der StJW Lindows in Zippelsförde

Die Hilfeleistungen und Bungalowbauten wurden anteilig in Rechnung gestellt und erlössicher für die StJW wirksam.

Nach Fertigstellung des Haupthauses 1979/80 wurde der Fertigteilbau, in dem ich mit Familie bis dahin wohnte, zu einem Gästeobjekt mit zwei Einzel- und zwei Doppelzimmern sowie Kleinküche und Aufenthaltsraum umgebaut. 1987 wurde ein Neubau für Gäste mit Unterbringung von vier bis sechs Personen fertiggestellt.

Haupthaus und Verwaltungsgebäude wurden durch einen Heizhausanbau mit Wärme und Warmwasser versorgt. Als Heizmaterial waren Briketts, Holz und teilweise auch Rohbraunkohle vorgesehen. Ein Bauleiter eines des am Bau des Haupthauses beteiligten Baubetriebes machte mich darauf aufmerksam, dass unmittelbar vor unserer Baustelle eine relativ gering dimensionierte Erdgasleitung vorbeiführte und Erdgasheizung ja bedeutend effizienter als der Einsatz von Briketts und Holz sei.

Ich fragte nichtsahnend bei Minister Kuhrig an und erhielt wirklich bissig die Antwort:„Willst du, dass wegen dir der Ministerrat zusammentritt?“

Ölkrise und allgemeine Krise der DDR gingen sichtbar Hand in Hand.

Alle Bauleistungen der Kategorie „Baureparatur“ und vor allem der „Bauinvestition“ konnten ergebniswirksam zugunsten der StJW Lindow abgerechnet werden. Ein realer Ergebnisvergleich unter Berücksichtigung aller Eigenaufwendungen und Selbstkosten unterblieb. Das sollte erst nach 1990, also nach Konsolidierung der neuartigen Betriebsform, belegbar gemacht werden.

In freier Folge zur Darstellung weiterer Leistungen und Messgabenbereiche. Wegen des häufigen Nebeneianders ihrer Entstehung ist eine zeitliche Ordnung nicht möglich.

Mehr zufällig entstand bei Minister Kuhrig in Gesprächen der Gedanke, einige Greifvögel in geeigneter Form unterzubringen und als Beizvögel auszubilden. Reiner Zufall war, dass einer unserer Beschäftigten ausgebildeter Falkner war und eines Tages einen Junghabicht, der bei Holzeinschlagsarbeiten von Waldarbeitern aufgefunden wurde, auf der Faust zu mir brachte.

Es wurde schnell ein provisorischer Unterstand errichtet und damit der Beginn der Greifvogelhaltung im StJG Lindow gestartet. Im Laufe der Jahre wurden Freifluganlagen für Habichte und Turmfalken sowie eine Voliere für einen Uhu errichtet. Das brachte zusätzlich Aufwand und erforderte die Einstellung eines zweiten Falkners. Allerdings waren beide Kollegen zusammen

Freifluganlage für Greifvögel

In Eigenleistung durch den Bereich Bauwirtschaft der StJW Lindow erbautes Einfamilienhaus für einen beschäftigten Falkner

mit der Falknerei bei weitem nicht immer ausgelastet und so wurden sie zweckmäßiger weise auch für Nachsuchen und die gesamte Abwicklung von Wildbergung, Wildverwertung und sachgemäßes Betreiben der Wildverarbeitungs- und Kühlräume eingesetzt.

Die Falkner zeigten jährlich ab 1981/82 zwei bis drei Schaubeizen. Dazu wurden aus dem StJG Oderberg jeweils 8 bis 10 Fasanen geholt. Diese Schaubeizen wurden sowohl für die Minister mit ihren Gästen als auch seltener für die Gäste aus dem Regierungsheim Lindow durchgeführt.

Ansonsten richtete sich die Aufmerksamkeit der Gäste meist auf die Fluganlagen und Volieren. Zur Ernährung der Greife wurde regelmäßig aussortierte Küken aus einem Geflügelzuchtbetrieb bereitgestellt und durch erlegtes Niederwild und ähnliches ergänzt. Für die Zeit nach 1990 war der Neubau einer weit größeren Greifvogelanlage mit Schaucharakter vorgesehen. Sie sollte auch der Öffentlichkeit zugängig sein.

Zu Beginn meiner Tätigkeit stellte ich überrascht fest, dass in einem nicht mehr genutzten Stall der Revierförsterei Rägelsdorf zwei für Kutschfahrten geeignete Pferde – leichte Wallache – eingestallt waren. Betreut wurden sie von einem Gespannführer der Forstwirtschaft in dessen Freizeit mit Stundenvergütung. Das war keine Lösung. Zunächst übernahmen der Falkner und die entstehende Jagdarbeitsgruppe die Fütterung, dann wurden nach und nach richtige Pferdekenner eigestellt.

Die Nachfrage nach Kutschfahrten war bei Kuhrig gering, stieg aber bei Lietz spürbar an. Zu Beginn waren zwar die Pferde, aber keine geeignete Kutsche oder ähnliches vorhanden. Nach und nach nutzte ich die Angebote von Pferdebesitzern, welche geeignete Fahrgeräte abgeben wollten, um sowohl eine Kutsche, einen sog. Jagdwagen, einen Kremser und einen Schlitten zu kaufen.

Entscheidend war hierbei, dass die Wallache abgegeben und durch Haflingerstuten aus bester Herkunft ersetzt, wurden. Folge: Es wurde mit Pferdezucht begonnen und bald erschienen die ersten Fohlen!

Die Pferdebetreuer waren auch für die Beschaffung und Lagerung von Futter, also die Bewirtschaftung kleinerer zur StJW gehörender oder von ihr bewirtschafteten Wiesen sowie Mitnutzung von Wildäsungsflächen zuständig. Durch Zugang an Fohlen stieg der Pferdebestand weiter, sodass noch eine Kollegin mit Sachkenntnis eingestellt werden musste. Der Gesundheitszustand der Pferde und ihr Erscheinungsbild wurde regelmäßig durch einen vom Minister beauftragten Sachkundigen kontrolliert.

Kutschfahrten mit dem Ziel, vom Wagen aus Wild zu beschießen, lehnte Minister Lietz grundsätzlich ab. So hatten alle Beteiligten viel Freude an den schönen Tieren, aber im Grunde genommen war es eine unnötige Belastung der Leitungstätigkeit und – wenn auch in geringen Umfang – der Kosten. Der Pferdenachwuchs wurde regelmäßig verkauft und die Zuchtgruppe 1990 aufgelöst.

Als Ergänzung zu Kutschfahrten wurden ab 1984 auch Fahrten mit einem Motorboot auf dem Rhinkanal in Richtung Gudelacksee unternommen. Das war aber selten und wurde nur bei gutem Wetter und nie zur Jagd auf Wasserwild genutzt.

Die zunächst günstig erscheinende forst- und jagdwirtschaftliche naturräumliche Ausstattung des Gesamtgebietes erwies sich im Laufe der Jahre als ständig steigende Belastung für die Sicherung der doch sehr speziellen Aufgabenstellung: Grund für die entstehenden Schwierigkeiten war der zunehmende Tourismus, so z.B. Anlage oder Ausbau von Zeltplätzen, Wasserwanderer, Angler, Pilzsucher und die starke Nutzung der in geringer Nähe vom StJG befindlichen Touristenstation und der damals existierenden Gaststätte „Rhinklause“. Es gab viele Beratungen, Aussprachen und Vorschläge zur Lösung und Regelung entstehender Probleme. Und es gab vor allem viel Unverständnis seitens der örtlichen Verantwortlichen, dazu, dass ausgerechnet in so einem für Erholungssuchende attraktiven Gebiet so eine Einrichtung, wie die StJW Lindow etabliert wurde.

Ein Höhepunkt für Belastung unserer Aufgabenstellung zeigte sich 1981 z.B. in folgender Form:

Es erschien eine Neuauflage von Wanderkarten vom VEB Landkartenverlag Berlin, in denen das gesamte Territorium der StJW Lindow als ein Hauptziel für Erholungssuchende aller Art kartenmäßig mit allen Wegen und anderen Details dargestellt wurde.

Das gesamte Erholungsgebiet „Ruppiner Schweiz“ wurde in der Öffentlichkeit, vor allem in der Presse, ständig als besuchenswert beschrieben.

Folge: Zunehmendes Fahren und Parken auf Waldwegen, Zelten außerhalb der Zeltplätze, Zerstörung jagdlicher Einrichtungen, Störung der Wildeinstandsgebiete und Äsungsflächen.

Der Rheinsberger Rhin schlängelt sich mitten durch einen großen Teil des Gesamtgebietes. Da er als Salmonidengewässer ausgewiesen war, zog er die Angler natürlich an – also weitere Besucher! Eine Aussprache mit Vertretern des Deutschen Anglerverbandes – DAV – brachte folgende Einigung:

Im Bereich der StJW Lindow wird das Angeln im Rheinsberger Rhin untersagt. Der DAV fischt aber regelmäßig in Absprache mit der StJW das gesperrte Gebiet zum Zwecke der Nutzung und vor allem der Bestandeskontrolle mit Elektrofanggeräten ab. Es entstand eine problemlose Zusammenarbeit. Eine ähnliche Vereinbarung bestand bereits seit 1975 für den sogenannten „Teufelssee" im Jagdgebiet Lietze. Er war nur knapp 2 ha groß und wurde aus dem Verzeichnis der DAV-Gewässer gestrichen und dem Regierungsheim Gühlen und der StJW Lindow zur Nutzung überlassen. Allerdings wurde er kaum beangelt.

In geringer Entfernung vom Jagdhauskomplex der StJW befand sich eine direkt vom Rheinsberger Rhin durchflossene Forellenzucht- und Mastanlage. Mit diesen Nachbarn hatten wir stets ein gutes Verhältnis und es gab nur wenige Probleme. Nur ab und zu erlegten unsere Jäger dort als „Nachbarschaftshilfe" ein paar Fischreiher und einige Wildenten, dem regelmäßig als „Mitnutzer" auftretenden Fischadler sahen wir gern als eleganten Flieger zu, während sich unsere Nachbarn alle möglichen Abwehrmaßnahmen ausdachten, so z.B., dass bespannen der Becken mit Netzen.

Das Problem mit der Öffentlichkeit und verschiedenen Nachbarn zwangen regelrecht zur Bildung eines neuen Leitungsbereichs. Er umfasste die Bereiche Ordnung, Sicherheit, öffentliche Verkehrsarbeit, Kontakte zur Naturschutzbehörde und Straßenverkehrsamt. Kontrolle und Sicherung der öffentlichen Anlagen und der gesperrten Gebiete, Arbeits-, Gesundheits- und Brandschutz einschließlich der Leistungsbewertung. Im Bereich Naturschutz waren besonders das Vorkommen des Fischotters sowie die Horstgebiete von See- und Fischadler von Interesse. Besondere Nachweise wurden dazu nicht geführt!

Aber die unerwarteten Entwicklungen nahmen kein Ende: Einer unserer Kraftfahrer war ausgebildeter Fahrschullehrer der damaligen „Gesellschaft für Sport und Technik" (GST). Sein Bruder war Mitglied der Kreisleitung der GST und kam zu Gesprächen über die Möglichkeit, am Rande des Staatsjagdbereiches kurzzeitig einige Schneisen und Waldwege für Übungen der GST-Motorrad-Geländefahrer nutzen zu dürfen. Wir hatten, wie man so sagt, einen „Guten Draht" zueinander und mir kam eine Idee: Da es zu Erreichen des Führerscheins, damals Fahrerlaubnis, riesige Anmeldefristen gab, besprach ich mit ihm die Möglichkeit, eine Fahrschulausbildung für unsere Beschäftigten – mit unseren Fahrzeugen und auf Kosten der StJW – mit Hilfe seiner Fahrlehrer zu organisieren. Wir fanden eine gute Lösung und so war die StJW Lindow plötzlich auch Ausbildungsstelle für Fahrschüler, natürlich mit Zustimmung der ISJ und natürlich sofort mit einer umfangreichen Liste angehender Fahrschüler aus anderen StJG und WFG. Vorrangig wurden Beschäftigte unseres Gebiets ausgebildet, dann ging es nach der Listenfolge und später auch für die hilfreichen Bürger aus der Umgebung und einige Angehörige unserer Beschäftigten weiter. Die Unkosten lagen bei den Fahrschülern bei etwa 350.-M für den Führerschein plus einen festen Tagessatz für Unterkunft und Verpflegung, soweit diese in Anspruch genommen wurde. Die Ausbildung begann 1987 und brachte geringe Erlöse von etwa 2500 bis 5000 M jährlich je nach Anzahl der Fahrschüler.

Im Verlauf der erweiterten Aufgabenstellung war auch vorgesehen, die in der Nähe vorhandene und stillgelegte ehemalige Gaststätte, die „Rhin Klause" zu übernehmen und als zusätzliches Wohnhaus für Gäste, welche nicht direkt im Objekt untergebracht werden konnten oder sollten, auszubauen. Es kam 1985 zur Übernahme und Beginn der Planung, aber nicht mehr zum Ausbau und Nutzung.

Bereits 1980 kamen, ebenfalls überraschend, Mitglieder einer Volkskunst-Schnitzergruppe aus dem Erzgebirge zu mir und fragten, ob eine Lieferung von Linden – oder Obstbaumholz oder ähnlichen geeigneten Baumarten in kleinen Mengen möglich sei. Vermittelt hatte dies ein Kollege aus einem anderen StJG. Wir konnten den Bittstellern helfen und bekamen als Dank einige geschnitzte Figuren. Seitens der ISJ erging zeitgleich eine Nachfrage an alle StJG, sämtliches geeignetes Nussbaumholz, egal aus welchem Besitz, aufzukaufen und zur Schaftherstellung nach Suhl zu vermitteln.

Zusammen mit all diesen neuen Aufgaben stieg auch der Anspruch auf Belastung der KFZ- und Schlosserwerkstatt. Neben den ständig anfallenden Bauschlosserarbeiten war allein schon die Pflege und laufende Instandhaltung des Fuhrparks eine ständige, oft durch Materialmangel erschwerte Aufgabe.

1989 gehörten 18 PKW, 5 Geländewagen, 6 Motorräder, 6 LKW, 7 Kleintransporter, 6 Multicar, 6 Traktoren und 9 verschiedene Traktoren- bzw. LKW- Anhänger zu den mehr oder weniger ständigen Reparaturobjekten unserer fleißigen Schlosser. Unter der Leitung eines sich gerade zum Meister ausgebildeten Kollegen wurde zuverlässig gearbeitet.

Neben den unmittelbaren Leitungsaufgaben im regelrecht als Betrieb mit eigener Finanzstruktur und Abrechnung entstandenen Wirtschaftsbereich war auch Mitarbeit in den für die ISJ spezifischen oder notwendigen Bereichen wichtig. Dazu gehörte die Mitarbeit in verschiedenen Arbeitsgruppen der ISJ, so z.B. Beratung mit Vertretern der Jagdwirtschaft in Vorbereitung der „Dritten Durchführungsbestimmung zum Jagdgesetz – Jagdbare Tiere sowie Jagd- und Schonzeiten – vom 15 15. Juni 1984 oder Mitarbeiter an einem Vorschlag zur exakteren Abgrenzung der Aufgaben zwischen StFB und StJG/WG einschließlich der Reduzierung der fast endlosen Flut neuer Formulare und Vordrucke. Andere Arbeitsgruppen, so z.B. zur Verbesserung der Rotwildbewirtschaftung, waren nur kurze Zeit aktiv und belasteten mich kaum.

Etwa ab 1980 wurde ich mit der Leitung des „Rotwildeinstandsgebietes „Ruppiner Heide beauftragt.

Es entwickelte sich mit den angrenzenden Jagdgesellschaften ein „gut nachbarliches Verhältnis“, aber eine nur wenig ergebnisintensive Zusammenarbeit. Dazu wäre ein längerer Zeitraum nötig gewesen.

Eine zeitweise und kaum belastende Aufgabe war die Organisation von Prüfungen zum Erhalt des Jagdscheins, der sog.„Jagderlaubnis“. Diese Prüfungen wurden seit 1984/85 jeweils innerhalb zwei Tagen in Zippelsförde veranstaltet. Die Ergebnisse wurden der Zentrale übermittelt und von dort weiter bearbeitet. Prüfer waren außer mir wechselnd die Leiter benachbarter Staatsjagdgebiete bzw. deren Stellvertreter. Im gleichen Rahmen wurden auch Prüfungen für Jagdleiter und deren Stellvertreter in den StJG und WFG durchgeführt. Letzteres geschah erstmals am 17. März 1981 und wiederholte sich bis 1989 nur dreimal, weil der Bedarf an Kadern für diese Aufgaben zahlenmäßig begrenzt war.

Zusammenfassend und in Ergänzung zum bereits beschriebenen Leitungsaufbau und unabhängig vom zeitlichen Ablauf werden einige Aufgabenbereiche nochmals dargestellt:

Die Abteilung Jagdwirtschaft mit den Aufgaben Wildbergung und Nachsuche, Wildvermarktung und -Verwertung, Unterhaltung jagdlicher Anlagen, Hundezucht und -Haltung, Falknerei, Pferdezucht- und Haltung, Waffen- und Munitionstransporte.

Die Abteilung Produktion und Technik mit Leistungssicherung am Sägegatter, Transporte von Rohholz und Waren für die Bauwirtschaft und für das Verteilungslager der ZAG, Leitung der eigenen Fahrschule, Leistungs- und Qualitätssicherung der Schlosserwerkstatt für alle Fahrzeuge und Sicherung der Materialversorgung für den Eigenverbrauch.

Die Abteilung Bauwirtschaft mit Bauzeichnerin, Maurern, Zimmerleuten, Tischler, Fliesenleger, Dachdecker, Klempner und Maler einschließlich Bauplanung, Abstimmung mit Auftraggebern, Materiallieferanten und Kreisbauamt.

Die Abteilung Ordnung, Sicherheit, Öffentlichkeitsarbeit mit Naturschutz sowie Kontakte zur Polizei und benachbarte Gemeindeverwaltungen.

Die Abteilung Allgemeine Verwaltung mit Organisation der bedarfsgerechten Abläufe im Gesamtobjekt hinsichtlich Energieverbrauch, Kraftstoffe, Heizmaterial sowie Vorbereitung und Organisation von betrieblichen und überbetrieblichen Beratungen und Feiern mit Beschäftigten, so z.B. das erwähnte Pokalangeln und die Frauentagsfeiern. Bis zur Bildung der ZAG erfolgte auch eine sachkundige und initiativreiche Beteiligung an Materialplanung und -beschaffung.

Mit zunehmender Beschäftigungszahl und steigender Probleme in Materialbeschaffung und -nachweisführung sowie Kontrolle der Arbeitsabläufe musste der Bereich „Arbeitsschutz und Naturschutz“ in seiner umfassenden Form getrennt werden.

So entstanden Anfang 1989:

- der Bereich Naturschutz – Öffentlichkeitsarbeit, Ordnung und Sicherheit,
- der Einsatz eines Mitarbeiters für Gesundheits- Arbeits- und Brandschutz sowie Materialverwaltung.

Die Gesamtentwicklung der StJW Lindow, bedingt durch die beschriebenen Anfangsschwierigkeiten und folgend dann den Initiativen und Vorstellungen von Minister Lietz, die Nähe zu Berlin und die allgemeine Zunahme von Verwaltungsarbeiten auch in der Zentrale der ISJ, führten dann, wie bereits beschrieben zur Bildung der zentralen Arbeitsgruppe „ZAG“.

Sonderjagden, Waffen, Munition

Seit Bestehen der Staatsjagdgebiete war die Ausrüstung der Jagdleiter und Jagdgäste mit geeigneten Jagdwaffen eine der vorderdringlichsten Aufgaben. Die Zuführung von Jagdwaffen wurde stückzahlmäßig und je nach Gebrauchseigenschaften planmäßig über die ISJ geregelt und grundsätzlich mit den Bezirksbehörden der Deutschen Volkspolizei (DVP) zur Genehmigung und Erstellung der Waffenscheine abgestimmt. Dies erfolgte durch die Abteilung Erlaubniswesen der DVP in den Bezirken und war mit regelmäßigen Kontrollen vor Ort, vor allem hinsichtlich der Aufbewahrung der Waffen in geeigneten Behältnissen und Räumen verbunden. Standorte der Waffen waren meistens die Wohngebäude der Jagdleiter. Infolge des weiteren Aufbaus der Staatsjagdgebiete mit meist repräsentativen Verwaltungs-, Unterkunfts- und Versorgungsgebäuden bzw. -räumen wurden die Waffen auch in gesonderten Räumen aufbewahrt. Gleiches gilt für die entsprechende Munition.

Für mich entwickelte sich im Laufe der Jahre eine besondere Situation. Fast jährlich gab es die bereits erwähnte traditionelle Fasanenjagd im Staatsjagdgebiet Oderberg in Liepe jeweils am Jahresende für die jagenden Mitglieder des Ministerrats. Vor der für Dezember 1977 dort geplanten Jagd musste ich wie immer, wenn Minister Kuhrig nach Zippelsförde kam, zum „Rapport“ in seine Jagdhütte antreten.

Zu diesem Zeitpunkt sagte er mir, ich soll zukünftig an diesen Jagden teilnehmen, mich um seine Waffe und Munition kümmern und auf jeweils einem Schützenflügel der meist fünf bis acht kleineren Treiben einige seiner Gäste auf die Stände einweisen. Die meisten Waffen wurden zunächst zusammen mit Munition von StJG Oderberg bereitgestellt. Da war zu diesem Zeitpunkt etwa 20 Suhler Doppelflinten - Kaliber 12 -, weil nur wenige Minister oder andere geladene Gäste eigene Flinten besaßen. Im Jahr 1978 wurde ich von Richter zur Unterstützung der Vorbereitung der Hasenjagd für das Diplomatische Corp`s erstmals nach Erfurt geschickt. Zur Vorbereitung traf ich schon am 14.12.1978 in Erfurt ein. Großjagden in diesem Ausmaß waren mir völlig neu. Der Leiter des StJG „Dreiherrenstein“, M. Ißleib, war dagegen im Auftrag der ISJ schon lange dabei. Er kannte „Land und Leute“ und war mit Kenntnissen und Organisationserfahrung einer der wichtigsten Vorbereiter und Durchführer hinsichtlich der jagdräumlichen Notwendigkeiten und der konkreten Organisation der Abläufe. Absolut authentisch sind dazu seine

Schilderungen in seinem Buch „Jäger – Staatsjagd – Jägerschaft". Zu dieser Jagd 1978 wurden Doppelflinten aus den Jagdgesellschaften des Bezirkes Erfurt abgezogen und sollten an die Jagdgäste ausgegeben werden. Ißleib und ich überprüften auf Funktionsfähigkeit und Zustand und stellten mehr oder weniger erstaunt fest, dass etliche Flinten in sehr schlechtem Zustand waren und keinesfalls bei einer derartigen Jagd eingesetzt werden konnten. Nach langem Hin und Her, also sowohl Rückfragen bei den Jagdgesellschaften als auch schnellstmöglicher Bereitstellung von 10 bis 12 Doppelflinten aus Beständen der StJG konnte die notwendige Anzahl von Jagdwaffen gesichert werden. Die fast bedrückende Erkenntnis, dass mit „ausgeliehenen" Jagdwaffen eine sicherheits- und erfolgsgarantierte Niederwildjagd mit z.T. jagdlich völlig unerfahrene Diplomaten als Gäste absolut unmöglich ist, hatte weitreichende Konsequenzen.

Bei der Auswertung des Jagdverlaufs in der ISJ-Zentrale wurde festgelegt, dass ein zentrales Lager mit eigenen Doppelflinten angelegt werden muss. Da die StJW Lindow relativ zentral und nahe an Berlin lag, bekam ich den Auftrag, ein zentrales Waffenlager in Zippelsförde aufzubauen und zukünftig für Aufbewahrung, technische Sicherheit und sauberen Zustand sowie für Hin- und Rücktransport und die Gesamtorganisation der Waffenausgabe an die Gäste Verantwortung zu übernehmen. Gleichzeitig musste ich verständlicherweise die Gesamtbeschaffung der jeweils benötigten Schrotmunition organisieren. Der Bedarf an Waffen und Munition musste natürlich finanziell und materiell geplant werden. Den ersten Bestand bildeten zunächst einige Doppelflinten, welche aus anderen Staatsjagdgebieten abgezogen und in Zippelsförde eingelagert wurden oder je nach Bedarf nach den großen Jagden an die Staatsjagdgebiet wieder zurückgegeben wurden.

Zur Überbrückung und Auslieferung wurden 1980/81 folgende Waffen aus anderen Gebieten zeitweise in Zippelsförde zentral gelagert und bei Großjagden eingesetzt:

StJW Nossenthiner Heide	5 Doppelflinten Kal. 12
StJW Born / Darss	10 Doppelflinten Kal. 12
StJG Märkisch Buchholz	16 Doppelflinten Kal. 12
StJG Dreiherrenstein	7 Doppelflinten Kal. 12
StJG Dreiherrenstein	3 Bockdoppelflinten Kal. 12
StJW Lindow; Neuzuführung	2 Doppelflinten Kal.12
	3 Bockdoppelflinten Kal.16
	10 Bockdoppelflinten Kal.12

Insgesamt kamen somit zu Beginn der 1980er Jahre 56 Schrotflinten aus dem Bestand der ISJ zum Einsatz.

Zu erwähnen ist noch, dass ich 1981 zum damals bereits vorhandenen Waffenbestand eine Zuführung bekam. Es handelte sich dabei um sog. „Automatenflinten", und zwar 5 Browning B 80, 3 Browning Automat und 4 Automaten aus der SU.

Am 14.1.1982 fand die jährliche Diplomatenjagd in Erfurt statt. Es herrschten am Jagdmorgen Temperaturen von unter – 10° C. Die Automatenflinten wurden mit ausreichend Munition von den jeweiligen Personenschützern aus unseren Zelten abgeholt. Kurz nach Beginn des Treibens kam „in rasender Fahrt" ein Begleitfahrzeug von Honecker mit der „Schreckensbotschaft": die Automaten funktionieren nicht! – Es muss eine Intuition von Richter gewesen sein, zwei Suhler Schwesterflinten Kal.16 – sie glichen sich wirklich „wie ein Ei dem anderen" – für diverse Sonderfälle anfertigen zu lassen und mir für spezielle Einsätze zu übergeben. Ich gab also die „Schwestern" aus, die Situation war gerettet, Honecker wollte die „Schwestern" darauf manchmal wieder haben und die Automaten wurden aus dem Bestand genommen und in andere Gebiete umgesetzt.

Gleichzeitig mit dem konzentrieren der Jagdwaffen musste selbstverständlich die Beschaffung der jeweils benötigten Schrotmunition organisiert werden, weil auch neue Probleme entstanden:

1979 erhielt die StJW Lindow als Neuzuführung noch 10 Bockdoppelflinten Typ ETS - Kal. 12.

Erstaunlicherweise gab es gerade bei diesen neuen Waffen eine Vielzahl von Versagern. Die Begleiter hochrangiger Gäste kamen mit Händen voll ausgeschlagener und nicht gezündeter Schrotpatronen zu mir ins „Führungszelt Rot" gestürmt. Folge: Richter beschwerte sich in Suhl, wir nehmen keine dieser maschinengefertigten Bockflinten mehr ab, sondern nur noch Doppelflinten in bewährter Qualität! Aber: die Versager stammten nicht nur aus den neuen Bockflinten, sondern auch bei den bewährten Doppelflinten kamen ungewöhnlich viele Versager vor. Einige Wochen nach der Jagd fuhr ich im Auftrag der ISJ zum Munitionshersteller in Schönebeck. Dort wurde infolge der von mir geschilderten Qualitätsmängel beschlossen, die dem Bedarf der ISJ zugeordnete Munition sowohl bei der Herstellung als auch vor Ort im Jagdlager zu überprüfen.

Im März 1981 wurden deshalb 800 Stück unbenutzte Schrotpatronen der

Erich Honecker im Gespräch mit dem Leiter der ISJ, J. Richter, vor Beginn einer Hasenjagd für das Diplomatische Corps im Bezirk Magdeburg

Die Strecke ist gelegt

Sorte „ IP 12/70“ – 3,5mm Spezial“ – sie wurde t.w. schon bei der Hasenjagd 1980 eingesetzt – zur Nachkontrolle an die Abt. Absatz des Sprengstoffwerkes Schönebeck übergeben. Gleichzeitig wurden einige Versager ebenfalls zur Ursachenbewertung übergeben. Da es über drei bis vier Jahre keine umfassende Erklärung für die immer wieder vorkommenden Versager gab, wurde der Leiter der Abt. „Technische Kontrolle Munition“, H.G. Schumann, von Schönebeck aus direkt meiner „Bewaffnungsgruppe“ und damit unmittelbar zur Teilnahme an den Diplomaten- und Attachéjagden zugeordnet. Er untersuchte alle zurückgegebenen Versager schon vor Ort im Waffenzelt Rot. Er war ein ausgezeichneter Fachmann und wurde mir ein guter Freund und Berater in Sachen Munition.

Soweit noch dokumentarisch nachweisbar, gab es folgende Untersuchungsergebnisse z.B. bei der Diplomatenjagd am 13.12.1985 im Bezirk Erfurt:

- 4 nichtgezündete Patronen wurden überprüft: zwei Patronen verfügten über einen kaum sichtbaren Schlagbolzen – Anschlag, zwei weitere Patronen hatten einen außermittigen Schlagbolzenanschlag.
- Alle 4 Patronen wurden nach der Jagd in Schönebeck aus einem Prüflauf verschossen und zündeten. Als Ursache des Versagens waren nach der Jagd festgestellte Verschmutzungen des Verriegelungssystems der benutzten Jagdwaffen nicht auszuschließen.

Bei der am 6.12.1986 im Bezirk Leipzig durchgeführten Attaché-Jagd wurde bei etwa 7000 verschossenen Schrotpatronen nur drei Versager an H.G. Schumann übergeben. Als Hauptursache wurde wiederum exzentrischer bzw. zu schwacher Schlagbolzenanschlag festgestellt, wobei auch eine gewisse Instabilität der Bodenzone durch den Hersteller vermutet wurde. Der außerordentliche geringe Anteil an Versagen – immerhin nur 3 von 7000 – ließ die zeitweilig auftretende Kritik weitgehend verstummen und führte zusammen mit den beschriebenen Aussonderung der Bockflinten und Automatenflinten gegen die bewährten Doppelflinten zu weitgehender Zufriedenheit bei den Schützen, bei der Leitung der ISJ und demzufolge auch bei mir. In den Jahren nach 1985 gab es kaum noch Probleme hinsichtlich der Zuverlässigkeit von Waffen und Munition.

Die Waffentransporte und Bereitstellung in den Waffenzelten folgten schnell aus Erfahrung entstandenen Regeln. Die Waffen wurden zum Transport aus dem Waffenlager zu je 10 Stück in stapelbare Holzkisten eingelegt. Waffenkisten und in den Zelten aufgestellte hölzerne Waffenständer erhiel-

Vorbereitung zur Diplomatenjagd. v.r.: G. Schuhmann, Schönebeck; 3.v.r.: T. Langhoff, Jagdleiter; 2.v.l.: Autor

Leiter IJS, J. Richter, mit Stellvertreter C. Lolk im Jagdlager vor Beginn der Hasenjagd

ten schon in der Vorbereitung die gleiche durchlaufende Nummerierung. So konnten im Waffenverzeichnis alle Waffen mit ihrer Nummer auch immer der gleichen Transportkiste bzw. dem jeweiligen Waffenständer in den Waffenzelten zugeordnet werden. Dadurch war eine sofortige Kontrolle im Einzelnen und eine Übersicht im Ganzen gewährleistet.

An den Waffenständern hing an jedem Waffenplatz eine Umhängetasche mit ca. 30 Schrotpatronen.

Die Schützenbegleiter hatten ebenfalls meist noch Munition „am Mann“ und konnten im Bedarfsfall aushelfen.

Am Abend vor der Jagd erhielt ich von Mitarbeitern des Außenministeriums die vorbereiteten namentlichen Angaben der auf die Flügel ROT, GELB, GRÜN und ORANGE verteilten Gäste

Je nach politischer „Großwetterlage“ kamen jedes Mal bis tief in die Nacht hinein noch Änderungen, die ich bei der namentlichen Zuordnung der Waffen auf den Waffenständern beachten musste. So sollte oder wollte der eine oder der andere nicht neben den Albaner, dem Chilenen, dem Somali oder dem bundesdeutschen Vertreter jagen. Erfreulicherweise gab es nie irgendwelche unangenehmen Vorkommnisse.

Beratung im Jagdlager.
rechts: J. Lehmann, Leiter StJG Johannismühle; Mitte: Autor

Die Gäste, bei „hohen“ Gästen die Begleiter, holten aus den Waffenzelten die ihnen nach Flügelfarbe und Standnummer in den Waffenständern zugeordneten Waffen und Munitionsbeutel ab, stellten sie zur Mittagspause wieder hin und gaben meinen zeltverantwortlichen Mitarbeitern so die Möglichkeit, alle benutzten Waffen zu reinigen oder mangelhafte Waffen auszutauschen und die Munitionsbeutel aufzufüllen. Nach der Mittagspause gab es bis Jagdende die gleichen Abläufe. Die Gäste bzw. ihre Begleiter gaben alles wieder ab. Da wie gesagt die Nummerierung der Waffenständer mit der Gästenummer übereinstimmten, konnte ich innerhalb kurzer Zeit die Vollständigkeit des Waffenbestandes feststellen. Noch bevor die Jagd offiziell beendet war, standen unsere Helfer der Auf-, Abbau- und Transportgruppe schon bereit, alles was wir mitgebracht hatten auch wieder ordnungsgemäß in die Lagerräume in Zippelsförde zurück zu bringen. Ich bedanke mich noch heute für Umsicht und Einsatz bei meinen Mitarbeitern in der Erfüllung dieser Aufgabe.

Nach der Abfahrt des Waffen-Munitionskonvois gab es das Abendessen der Helfer, also mir schmeckte es erst und war wohler, wenn die Rückmeldung der problemlosen Ankunft der Konvois in Zippelsförde bei mir angekommen war.

Für die am 16.12.1988 ausgeführte Jagd hatte die Bereitstellung Waffen, Munition und materille Sicherstellung durch die StJW Lindow folgenden Umfang.

		Fahrzeuge
-	Leiter der Bereitstellung	Lada NIVA
-	Besatzung Zelt „Rot“, 2 Kollegen	1 ARO
-	Besatzung Zelt „Grün“, 2 Kollegen	Bus ROBUR
-	Besatzung Zelt „Gelb“, 2 Kollegen	Bus ROBUR
-	Besatzung Zelt „ORANGE“, 2 Kollegen	Bus ROBUR
-	Munitionskontrolle, 1 Kollege	Selbstfahrer
-	Fahrer und Aufsteller, 4 Kollegen	Bus ROBUR
-	Reserve in Zippelsförde, 3 Kollegen	B 1000 Bus

Erstaunlicherweise gab es bei allen Großjagden im doch äußerst sensiblen Sicherheitsbereich für Waffen und Munition nur zwei ungewöhnliche Ereignisse.

Bei einer Jagd im Bezirk Erfurt waren zum Jagdende zwei Waffen zu viel in den Waffenständern von Zelt „ROT“, also bei der höchsten Sicherheitsgruppe! Sie standen in zwei nichtbesetzten Fächern des Waffenständers.

Das klärte sich so: die meisten Politbüromitglieder hatten eigene Waffen. Diese wurden von einer für die Bewaffnung der Führungskräfte zuständigen Gruppe vor Beginn der Jagd in den Waffenständern unserer Zelte abgestellt und von meinen Mitarbeitern zusammen mit der Munition ausgegeben. Nach Jagdende, aber noch im Zeitraum der Abschlussansprache Honeckers, wurden diese Waffen sofort abgeholt und abtransportiert. Aber an diesem Tag hatten die „Spezialisten", wie sie oft bezeichnet wurden, einfach zwei Waffen stehen lassen. Ich informierte neben dem offiziellen Ende sofort den Leiter der ISJ. Richter rieb sich die Hände und sagte lächelnd sinngemäß: nun kann ich den Großkotzen auch mal eins auswischen, die tun immer so, als würden sie für die Sicherheit sorgen! Die beiden Waffen wurden in unser Waffendepot mitgenommen und nach einigen Tagen von zwei sehr kleinlauten Mitgliedern der „Abteilung Bewaffnung" abgeholt.

Ganz anders war ein in seiner Art einmaliges Vorkommnis, ebenfalls bei einer Diplomatenjagd in Erfurt. Da kam plötzlich zum Jagdende mein für das Zelt „GELB" zuständiger Mitarbeiter völlig erregt an und rief: „Bei und fehlt ´ne Waffe!" Nun zeigte sich der Vorteil der Zuordnung von Namen, Stand- und Waffennummern der jeweiligen Gäste. In diesem Fall ging es um Botschafter eines afrikanischen Landes.

Ich schickte sofort zwei Mitarbeiter los, um den gerade beim Einsteigen vor dem Bus stehenden Gast ruhig nach der Waffe zu befragen. Gleichzeitig informierte ich unseren Kontaktmann vom Außenministerium. Aber da kamen schon waffenschwenkend meine beiden Kollegen zurück. Der freundlich reagierende Gast hatte angenommen, die Waffe als Geschenk behalten zu können. Damit war alles geklärt.

Ergänzend eine wieder völlig andere und sehr heikle Episode. Unmittelbar vor der Diplomatenjagd 1982 im Bezirk Erfurt kam der Leiter der ISJ zu mir, und sagte sinngemäß: „Du musst heute einen Sonderauftrag erfüllen, aber niemals mit jemanden darüber sprechen. Ich brauche unbedingt einige Hasen außerhalb der Strecke, die müssen frisch sein und sofort nach Berlin gebracht werden! So wie das Treiben begonnen hat, suchst du dir einen geeigneten Stand, du weißt schon, am Rande der Schützengruppe ROT, da wo der Generalsekretär mit den Hauptgästen steht, gibt es sowohl im ersten als auch nachmittags im zweiten Treiben immer unbesetzte „Nahtstellen" zu den anderen Schützenlinien". Na gut, dachte ich, das ist ein "heißes Ding"! Aber solche Situationen reizen natürlich auch die Selbstbestätigung. Ich schickte einen Mitarbeiter los, um den LKW Robur mit Allrad samt zwei

Mann Besatzung zu holen, stieg ein und fuhr mit den letzten die Gäste verteilenden Fahrzeugen unbehelligt an die vorgesehene Stelle.

Sowohl vormittags, als auch nachmittags konnten wir den LKW gut gedeckt aufstellen. Da das Fahrzeug deutlich mit „ISJ" gekennzeichnet war, fiel es nicht auf. Und dann ging es los! Ich hatte 20 Schrote im Patronengurt bei mir und da einige Traktoren in Vorbereitung der Jagd auf die Feldflächen unterwegs gewesen waren, nutzten die aufgestandenen Hasen diese regelrechte Laufbahn in erster Linie natürlich zur Freude der Hauptgäste, aber im großen Bogen die Ausfahrt vom Feld nutzend kamen sie für mich auf den „Präsentierteller"

Kurz und gut: Vormittags erlegte ich 16 und nachmittags 18 Hasen, natürlich mit nachgefüllten Patronen. So wie einer rollte, „apportierten" im wahrsten Sinne des Wortes meine beiden Vertrauten Mitarbeiter die „Langohren", lüften sie und brachten sie auf den LKW unter. Richter sagte am späten Abend, als alles offiziell beendet war, sinngemäß: ich weiß gar nicht, wie ich mich bei dir bedanken soll, aber halt bloß die Klappe, du hast mit 34 Hasen ein paar mehr als die meisten Hauptgäste gestreckt! Das muss unbedingt unter uns bleiben! Blieb es auch. Die Hasen wurden noch vor dem offiziellen Strecke legen in ein anderes Fahrzeug geladen und rollten Richtung Berlin. Meine beiden Helfer erhielten jeder eine Flasche Wodka! Immerhin bewirkte dieser „riskante Einsatz" merkwürdigerweise, dass meine Freude an oder mein Bedürfnis auf große Hasenstrecken dauerhaft gebremst wurde. Im Gegensatz zur Jagd auf Fasanen habe ich nie wieder auf getriebene „Löffelmänner" gejagt.

Völlig anders geartet ist mir auch noch eine erheiternde Situation anlässlich einer Hasenjagd im Bezirk Erfurt in Erinnerung: In der Mittagspause kam Honecker auf der Lagergasse aus dem Versorgungszelt und sprach mit einigen Gästen. Etwa 30 m entfernt davon standen an der Absperrung viele Einwohner des nahen Dorfes und Honecker ging laut rufend auf die Leute zu. Dichtauf folgte ihm ZDF-Reporter Pleitgen. Er hatte mit diesem „Zwischenspiel" offensichtlich nicht gerechnet und winkte mit beiden Armen rudernd seine Kameraleute, welche bis dahin nur langsam gefolgt waren, heran. Pleitgen schwang sein Mikrofon wie ein Dirigentenstab und die nachgereichten Kameraleute konnten wohl doch noch den nicht erwarteten Ablauf dokumentieren.

Die Ansprüche an Ordnung und Sicherheit waren wegen der Hochrangigkeit der nationalen und internationalen Gäste verständlicherweise äußerst hoch. Im Nachhinein gab es eigentlich nur ein Vorkommnis, welches mich beunruhigte:

Anlässlich einer Diplomatenjagd im Bezirk Erfurt war die Witterung währen der Anfahrt der Fahrzeuge mit Waffen und Munition durch starken Nebel auf der gesamten Strecke gekennzeichnet. Ich war wie immer bereits zwei Tage vor der Jagd angekommen und rechnete am Vorabend der Jagd in Erwartung des Waffen- und Munitionstransports durchaus mit Verspätung. Als aber Stunde um Stunde über den festgelegten Ankunftszeitpunkt hinaus ohne die Ankunft meiner Kollegen samt Waffen und Munition verging, wurde mir – es war ja der Abend unmittelbar vor der Jagd – die Situation immer kritischer. Da wir nicht über Funkgeräte verfügten, blieb nur die Nachfrage bei der Volkspolizei. Es dauerte eine ganze weitere Stunde, ehe die erlösende Nachricht kam, dass der Transportkonvoi in unmittelbarer Nähe eingetroffen war und von einem Blaulichtfahrzeug eskortiert zum Jagdlager begleitet wurde. Der Gesamtaufwand zur Sicherung der Sonderjagden hinsichtlich Kosten, Material und Personalaufwand ist im Detail für den beschriebenen Zeitraum nicht mehr nachweisbar.

Als Beispiele sollen die Angaben aus einigen noch erhaltenden gebliebenen Unterlagen gelten. Sie sind in Reihenfolge und Inhalt nicht mehr exakt einzuordnen.

Bei den Diplomatenjagden wurden ab 1980 jährlich etwa 10.000 Stück Schrotmunition, überwiegend im Kal.12, verschossen. Nachstehend der Munitionsverbrauch bei der Diplomaten-Jagd am 16.12.1988 in Erfurt:

Kal. 12/70	7695 Stück
Kal. 12/65	925 Stück
Kal. 16/70	706 Stück
Gesamt :	9326 Stück,

das entspricht bei einer Strecke von ca. 1500 Hasen einem Munitionsverbrauch von über 6 Schuss pro Hasen.

Für alle Sonderjagden 1985 waren zusätzlich zum vorhandenen Bestand folgende Mengen geplant:

Kal. 12/70	7500 Stück
Kal. 12/65	4200 Stück
Kal. 12/70	3800 Stück
Gesamt:	15500 Stück

Annähernd die gleichen Mengen wurden bei den Jagden der Militärattachés und auch den mehrfachen Fasanenjagden in Liepe/Oderberg verbraucht. Die Preise einschließlich der Nebenkosten wie Transport, Lagerung, Personalaufwand usw. wurde in der Jahresabrechnung der StJW Lindow zwar detailliert nachgewiesen, erschien aber nicht als gesonderte Kostenposition. Insgesamt lag der Preis pro Schrotpatrone in der Abrechnung bei etwa 1M. Der Gesamtbestand kam in Zippelsförde, je nach Anzahl der geplanten Jagden, in einigen Jahren auf einen Umfang von etwa 30.000 Stück Schrotpatronen und sank gegen Saisonende dann auf manchmal unter 1000 Stück.

Infolge der Bestandesschwankungen dienten regelmäßige Inventuren sowohl der exakten Nachweisführung als auch der Einhaltung der Sicherheitsbestimmungen und natürlich auch der finanziellen Aufwendungen bzw. Rückerstattungen wie bei den Attaché-Jagden.

Die Fahrtaufwendungen für Munitionstransporte zur Abholung aus Schönebeck und dann zu den einzelnen Jagden wurden in den Fahrtenbüchern nach km, Fahrtzeit und Fahrziel exakt erfasst, aber nicht gesondert abgerechnet. Vom 13. Zum 14. Januar 1982 wurden z.B. für die Jagd des Diplomatischen Korps insgesamt 22.720 Stück Schrotpatronen Kal.12/70 und 3.620 Kal.16/70 zum Jagdlager transportiert. Bei der bereits im Vorjahr erfolgten Abholung der Hauptlieferung aus Schönebeck wurden rund 30.000 Stück transportiert. Wie gesagt, lassen sich Verbrauch und Zulieferung von Munition nicht mehr geschlossen nachweisen. Gleiches gilt für die Weitergabe und Weiterverrechnung. Aus den unvollständigen Nachweisen ist aber sicher der Aufwand für Transporte, Lagerung und exakte Bestandesführung sowie ständiges Beachten der notwendigen Sicherheitsbestimmungen erkennbar.

Einige Zahlen zum Personalaufwand. Ab 1985 entstanden für Übernachtung und Verpflegung bei jeder Diplomaten- oder Attachee Jagd Kosten in Höhe von etwa 5.000 M. Damit wurden die Aufwendungen für die als Begleiter der Schützen eingesetzten Jagdleiter der ISJ und die mir zugeordneten Helfer in den Waffenzelten beglichen. Alle derartigen Abrechnungen erfolgten zu Lasten der Kosten über die StJW Lindow und wurden von mir gesondert nachgewiesen. Insgesamt wurden sämtliche Kosten für Waffen, Munition, Transporte, Unterbringung, Verpflegung und Sonstiges über die StJW Lindow geplant abgerechnet und nachgewiesen. Selbstverständlich erreichte der von mir nachzuweisende „Kostenberg“ im Vergleich zu anderen StJG teilweise erstaunliche Höhen, weil er neben den pauschal unter „Gästebetreuung" allgemein anfallenden Kosten eben diese Mehrkosten für die Hasen- und Fasanenjagden enthielt. Ein gesonderter Nachweis wurde weder von der ISJ-Zentrale noch von anderen Kontrolleuren, sondern erst nach Bildung der ZAG beleghaft erstellt.

Insgesamt waren alle Hasenjagden natürlich nicht nur durch den ständigen hohen Verantwortungsdruck wegen des Umgangs mit Waffen und Munition gekennzeichnet, sondern gaben auch interessante Einblicke in sonst wenig zugängliche Bereiche und Verhaltensweisen.

Schalk, Schürer und einige Minister, welche ich als Jagdgäste geführt hatte, kamen auf ein paar Worte vorbei. Dagegen zeigte Mielke erstaunlicherweise kein Interesse an den Waffenzelten, er und Honecker sagten nur im Vorbeigehen ab und zu: „Na wie geht's, alles in Ordnung?" Ja, es war alles in Ordnung. Und abends, spät nach der Jagd, saßen wir, wie erwähnt, also die Mitglieder der Zentrale der ISJ, die Leiter der Staatsgebiete, welche als persönliche Begleiter oder Schützengruppenführer eingesetzt waren mit dem Rest der noch anwesenden Helfer und Organisatoren zusammen und ließen das Tagesgeschehen noch einmal ablaufen. Mein „Warteproblem" habe ich bereits geschildert und es erging mir wie allen anderen: alle waren z.T. übermüdet und auch erschöpft. Die großen Auswertungen durch die Zentrale der der ISJ erfolgten immer erst später im Rahmen der Dienstberatungen und z.T. auch in Einzelgesprächen.

Die Hasenjagden für die Militär-Attachés fanden ebenfalls jährlich, aber räumlich zwischen den Bezirken Erfurt, Magdeburg und Leipzig wechselnd, und natürlich nicht ganz so umfangreich vom Aufwand her ausgestattet, statt. Vorbereitung und Ausführung lagen ebenfalls im Zuständigkeitsbereich der ISJ und wurden deshalb mit Kompetenz und Routine durch Richter und Ißleib gesichert. Meine Aufgabe, benötigte Waffen und Munition bereitzustellen, unterschied sich grundsätzlich nicht von den Sicherheitsanforderungen bei den Diplomatenjagden. Der Gesamtaufwand war im Verhältnis zu den „Honecker- Jagden" doch geringer, aber Stimmung, persönliche Kontakte und nicht zuletzt ein unkompliziertes „Schüsseltreiben" ließen diese Jagden meist angenehm enden.

Neben den alljährlichen Hasenjagden für Diplomaten oder Militär-Attachés fanden in Liepe / STJG Oderberg ebenso alljährlich mehrere Fasanenjagden statt. Auch zu diesen Jagden musste die STJW Lindow, nachdem ausreichend Waffen und Munition vorhanden waren, drei bis fünfmal pro Jahr eben diese Waffen und benötigte Munition bereitstellen. Das bedeutete, dass ich

Auslaufen zur Fasanenjagd für Mitarbeiter der StJW Lindow im StJG Oderberg

Ansehnliche Strecke für Flugwild unerfahrene Schalenwildjäger

manchmal allein mit vier bis sechs Doppelflinten und Munition zu Jagden nur im Kreise spezieller Gäste der Minister Kuhrig und Lietz oder aber mit zwei bis drei Fahrzeugen sowie 30 bis 40 Doppelflinten und der nötigen Munition bei größeren Schützenzahlen unterwegs nach Liepe war. Dort musste ich zum einen meist mehrere Schützen anstellen und zum anderen immer bis zur Abreise aller Gäste für meinen „Minister" z. V. stehen. Das waren immer sehr lange Tage, denn am Jagdtag musste ich vor Eintreffen der Gäste schon da sein und spät abends konnte ich erst nach Hause fahren, wenn „mein Minister" abgefahren war. Aber zu später Stunde, ob abends oder frühzeitig war damals auf den Landstraßen kaum Verkehr und die etwa 80 km lange Heimfahrt konnte relativ ruhig zurückgelegt werden.

Die Hauptjagden in Liepe waren alljährlich um die Jahreswende die Fasanenjagd des Ministerrates, an der alle jagenden Minister teilnahmen, sowie Jagden für spezielle Gäste der Mitglieder der Bezirksverwaltungen Frankfurt /O und Potsdam. Für die Mitglieder des Politbüros fand 1982 eine Fasanenjagd statt. Honecker und Stoph nahmen nicht teil. Die Hauptakteure waren Günter Mittag, Egon Krenz und Harry Tisch. Ich entsinne mich noch, dass die Stimmung gut, aber die Strecke nur mäßig war. Es lagen nur 60 Fasanen, an anderen Tagen weit über 100. Alljährlich gab es auch anlässlich einer Dienstberatung der ISJ eine kleine, zeitlich begrenzte Fasanenjagd mit den Leitern der Staatsjagdgebiete. Außerdem durfte ich mit meinen Jagdleitern und Jägern ab 1983 am Ende der jeweiligen „Fasanensaison" eine Nachlesejagd machen. Das galt als „Dankeschön" für meine Mitarbeiter, welche genau wie ich in ständiger Bereitschaft zuverlässig für Transporte von Personen, Waffen und Munition sorgten.

Auswertung des Jagdtages durch den Leiter des StJG Oderberg, S. Mehlhorn

Zusammenfassend noch einige Zahlenangaben und Nachweise zur Information.

1. Jährlicher Zugang an Schrotmunition in Stück.

Kaliber	12/70	12/65	16/70
1981	35.000	-	5.000
1982	15.000	-	5.000
1983	37.000	2.000	4.860
1985	35.000	5.500	6.000

Alle Schrotpatronen wurden vom VEB Sprengstoffwerk Schönebeck bezogen.

2. Weiterberechnung von Munitionskosten:

Rechnungsempfänger:

2.1 Ministerium für Nationale Verteidigung, Abt. Internationale Verbindung

1981 : 9.379 M
1982 : 4.384 M
1983 : 6.540 M
1984 : 4.026 M

2.2 Ministerium für Auswärtige Angelegenheiten

1984 : 9.700 M

Alle Angaben zum Zugang an Schrotmunition und zur Weiterberechnung sind unvollständig und nicht mehr Original belegbar.

Insgesamt nahm ich an zehn Diplomatenjagden, acht Hasenjagden der Militärattachés und mindestens 12 Fasanenjagden teil. Soweit noch nachweisbar zeige ich dies in folgender Darstellung nach Jahr und Jagdort.

1. Hasenjagden für das Diplomatische Korps

Jahr	Bezirk	Jahr	Bezirk
1978	Erfurt	1984	Magdeburg
1979	Magdeburg	1985	Magdeburg
1980	Erfurt	1986	-
1981	Erfurt	1987	Erfurt
1982	Erfurt	1988	Erfurt
1983	Erfurt		

2. Hasenjagden für Militärattachés

Jahr	Bezirk	Jahr	Bezirk
1979	Erfurt	1984	Erfurt
1980	Magdeburg	1985	Magdeburg
1981	Magdeburg	1986	Leipzig
1982	-	1987	-
1983	Magdeburg	1988	Magdeburg

3. Fasanenjagden im StJG Oderberg

Jahr	Teilnehmer	Jahr	Bezirk
1978	Ministerrat der DDR	1984	Ministerrat der DDR
1979	Ministerrat der DDR	1985	Gäste des Ministers LFN
1980	-	1986	-
1981	Ministerrat der DDR	1987	Ministerrat der DDR
1982	Politbüro der SED	1988	Ministerrat der DDR
1983	Ministerrat der DDR		

Dabei ging es grundsätzlich nur um eine Hauptaufgabe: Verantwortung für Transport, Bereitstellung, Ausgabe und Rücknahme von Waffen und Munition einschließlich der Gewährleistung höchstmöglicher Sicherheit für diesen Bereich. Unterstützung dieser Aufgaben erfolgte bereits 1979 im Rahmen der jährlich stattfindenden Klausurwoche der ISJ in der Jagdschule Zollgrün, eine Belehrung aller Gebietsleiter mit dem Ziel, einfache Waffendurchsichten hinsichtlich der technischen Sicherheit durch die zuständigen

Leiter rechtlich gesichert zu ermöglichen. Dazu referierte Herr Bornmüller vom Amt für Standardisierung, Messwesen und Warenprüfung – Fachgebiet Handfeuerwaffen.

Er verband die rein technischen Einweisungen mit sehr interessanten Berichten über Erlebnisse mit Käufern von Suhler Jagdwaffen aus aller Welt. Alle Teilnehmer der Belehrung erhielten die Erlaubnis zur technischen Überprüfung von Jagdwaffen im Rahmen des Kontrollplanes nach GBL 712 vom 10. August 1971. Erlaubt waren nur Überprüfung der technischen Funktionen, Besonderheiten und der Zieloptik. Technische Veränderungen, Eingriffe oder Reparaturen waren grundsätzlich nicht erlaubt!

Da, wie beschrieben, der Waffenbestand in der StJW Lindow immer schneller anstieg, bedurfte es eines zusätzlichen großen Zeitaufwandes für mich, um alle Waffen ordnungsgemäß zu kontrollieren. Die erste Überprüfung dieser Art beendete ich am 3.4.1980 und teilte das Ergebnis der Zentrale mit. Bis auf eine waren alle Waffen in einwandfreiem Zustand. Die entstehende zusätzliche Belastung meines Aufgabenumfangs war auf Dauer nicht mehr tragbar und als logische Schlussfolgerung kam durch die Vermittlung von M. Ißleib regelmäßig ein ausgebildeter Waffenfachmann aus Suhl nach Zippelsförde. Um Schwierigkeiten durch zeitweiligen möglichen Ausfall des Waffenmechanikers wegen Krankheit oder Urlaub zu vermeiden, wurde meine Berechtigung zur technischen Überprüfung von Jagdwaffen verlängert. Es zeigte sich allerdings, dass die weitergehende Erhöhung des Waffenbestandes einen ebenso stark steigenden Aufwand an Kontrollen und zunehmenden Reparaturen mit sich brachte. Nach eingehender Diskussion mit Richter wurde entschieden, in Zippelsförde eine der ISJ unterstellte geeignete Waffenwerkstatt mit sicherheitsrelevanten Waffenräumen unter Leitung eines ausgebildeten Jagdwaffenmechanikers aufzubauen. Damit sollten sowohl alle Jagdwaffen aus dem Bestand aller StJG als auch aus dem Eigentum von Jagdgästen und, bei freier Kapazität, auch von Jagdgesellschaften technisch betreut bzw. repariert werden. Das ging natürlich nicht so ohne weiteres, sondern musste direkt durch die Zentrale der ISJ beim „Leiter der Hauptabteilung Schutzpolizei" im Ministerium des Inneren beantragt werden. Dieser Antrag wurde im April 1987 gestellt und in der Folge bestätigt und genehmigt.

Sofort nach Eingang der Zustimmung begann die Planung und Ausführung des notwendigen Neubaus eines geeigneten Gebäudes in Eigenleistung durch die Bauabteilung der StJW Lindow. Diese neue Aufgabenstellung mit der Perspektive bis zu vier Fachkräfte einzustellen, zeigte genau in die Richtung der geplanten weiteren Entwicklung der StJW Lindow zu einem „Dienstleistungsbetrieb der Jagd- und Forstwirtschaft: Bis Ende 1989 wurde mit der Einrichtung der Werkstatt- und Lagerräume begonnen und vor allem der benötigte Geräte- und Maschinenbedarf ermittelt und geplant. Für die Leiter des Gebietes, die Jagdleiter und ihre Stellvertreter sowie die jagenden Mitarbeiter wurden Jagdwaffen und entsprechende Munition aus dem Fonds der ISJ zur Verfügung gestellt. Grundsätze der Zuführung, Aufbewahrung und Kontrolle wurden bereits beschrieben. Für die Jahre 1976,1983 und 1988 ist der Bestand an Kugelwaffen in Zippelsförde wie folgt nachweisbar;

Waffenart	1976	1983	1988
Bockbüchsflinten	3	6	9
Drillinge	4	4	8
Bockdrillinge	-	1	1
Bockdoppel Büchse	-	1	2
Kipplaufbüchse	-	1	1
Karabiner	1	3	4
Kleinkaliber 22long	2	2	4

Die beiden Bockdoppelbüchsen, eine Bockbüchsflinte und 2 Karabiner wurden für „unbewaffnete Gäste" in Reserve gehalten. Die Erweiterung des Bestandes an Drillingen und Bockbüchsflinten wurde notwendig, da im Zusammenhang mit der Gebietsvergrößerung 1986 insgesamt 9 Weidgenossen aus der von der Veränderung betroffenen Jagdgesellschaft übernommen wurden. Die Bereitstellung der Munition für Kugelwaffen erfolgte in den ersten Jahren direkt über die Zentrale und wurde dann dem Diplomatenjagdgebiet Märkisch-Buchholz übertragen.

Die Kosten für den Munitionsbedarf der Jagdleiter, Stellvertreter und einiger Gäste beliefen sich jährlich, mit Schwankungen aus verschiedenen Gründen, auf etwa 500 M bis maximal 1000 M. Im Durchschnitt waren jährlich etwa 80 Patronen 8x57 IRS und 8x57 IS, 180 Patronen 7x57 R, 100 Patronen 7x65 R, 60 – 80 FLG Kal.12 und 16 sowie 50 Patronen 22long als Verbrauch nachgewiesen.

Infolge der Zunahme der jagenden Mitarbeiter und aus der Jagdgesellschaft übernommenen Jäger stieg der Verbrauch ab 1986/87 z.B. bei Kal. 8x57 IRS auf 140 Stück, bei 7x57 R auf 220 Stück und bei 7x65 R auf 220 Stück an.

Probe- und Übungsschießen wurde auf einem provisorischen Schießstand in einer ehemaligen Kiesgrube in unregelmäßigen Abständen durchgeführt. Es gab Jahre mit spürbar geringem Munitionsverbrauchsnachweis, weil noch ausreichende Bestände aus dem Vorjahr vorhanden waren. Der angegebene Munitionsverbrauch ist deshalb nicht mit dem realen Verbrauch im Verhältnis zur jährlichen Schalenwildstrecke identisch. Verteilung und Ausgabe der Munition erfolgte durch mich an die Jagdleiter und durch diese an die Jäger.

Neben dem Einsatz an Waffen und Munition gab es auch Interesse an jagdlicher Optik. Ab 1985 gab es Kontakte zu Kombinat VEB Carl Zeiß Jena – Direktion für Technologie und Rationalisierung – hinsichtlich der Erprobung von Ferngläsern und Zielfernrohren in der Praxis. Mit dem zum Kombinat gehörenden Betrieb Eisfeld und dem zuständigen Leiter für den Verkauf von Ferngläsern wurden Erprobungsverträge abgeschlossen. So wurde über den Zeitraum von zwei Jahren ein Zielfernrohr 1,5-6x42-M und ein Fernglas 8x50 B in der jagdlichen Praxis erprobt. Die Ergebnisse waren zufriedenstellend und wurden dem Betriebsteil Eisfeld im November 1987 mitgeteilt. Eine weitere Zusammenarbeit war vorgesehen, fand aber aus bekannten Gründen nicht mehr statt.

Wirtschaftsleitung

Nach endlich im November 1976 erfolgtem Umzug wurde meine Frau als Wirtschaftsleiterin eingestellt. Im gleichen Maße wie der Umfang der gesamten Aufgabenstellung stieg nach und nach auch der Anspruch an die Wirtschaftsleitung. Während bis etwa 1980, also vor der Fertigstellung des Haupthauses, die Gäste meist nur stunden- oder tageweise betreut werden mussten, änderte sich das grundlegend, weil neben der Übernachtung oft noch eine „Freizeitbetreuung" außerhalb des Jagdbetriebes notwendig wurde. Bis zu diesem Zeitpunkt waren zunächst in der Aufbauphase solche Aufgaben wie Büroleitung mit kompletter Nachweisführung aller Belege, Postein- und -ausgang, alle Materialnachweise sowie sämtliche Schreibarbeiten bestimmend. Nach der Fertigstellung des Haupthauses, der Gästeräume und infolge der zunehmenden Beschäftigtenzahlen musste die Anzahl der Mitarbeiterinnen in der Wirtschaftsleitung nach und nach auf sechs erhöht werden. Neben der lfd. Betreuung der Aufenthalts– und Schlafräume mussten natürlich die Versorgung mit Speisen und Getränken für Gäste sowie die Einhaltung eines Ordnungs- und Sicherheitssystems entwickelt werden. Dazu kam die Absicherung der werktäglichen Essensausgabe für alle Beschäftigten und der Hygieneanforderungen in allen benötigten Räumen. Im Laufe der Jahre überstieg die Fülle der Aufgaben die Zuständigkeit der Wirtschaftsleitung. Es entstanden neue Leistungsbereiche wie „Allgemeine Verwaltung" und später die „Zentrale Arbeitsgruppe (ZAG)".

Ab 1982 hatte das Aufgabengebiet „Wirtschaftsleitung" etwa folgenden Umfang:

- Führung der Leitungsdokumente wie lfd. Planung, Nachweise der Grund-l und Arbeitsmittel
- Gästebetreuung mit Abrechnung, Inventarverzeichnis, Inventarbedarf, Gesamtversorgung an Nahrungs- und Genussmitteln
- Rechnungswesen mit Kassenordnung, Kontoführung, lfd. Rechnungen, Nachweis der Grund- und Arbeitsmittel, Abrechnung der Kraftstoffvorgabe, Führung der Sondernachweise des Leiters der StJW
- Sonstiges wie Abrechnung Wildbretverkauf, Ordnung und Pflege von Essenausgabe und Außenanlagen sowie Einhaltung von Ordnung und Sauberkeit im Gesamtbereich.

Als Beispiel für den Umfang einzelner Aufgaben und gleichzeitig auch erklärend für den Nachweis des Umfanges des Wildbrets wird der Wildbretanteil dargestellt, welcher 1989 nicht zum Aufkauf an den StFB geliefert, sondern in Eigenregie der StJW verkauft oder verbraucht wurde:

Verkauf an Gäste:	Schwarzwild	3 Stück	mit 56 kg
Verkauf an ISJ:	Schwarzwild	2 Stück	mit 44 kg
	Rotwild	1 Stück	67 kg
Verbrauch zur Gästebetreuung im Objekt:			
	Rotwild	3 Stück	mit 146 kg
	Schwarzwild	8 Stück	209 kg
	Rehwild	3 Stück	38 kg
Verbrauch für Werkshilfe und Beschaffung:			
	Rotwild	2 Stück	mit 99 kg
	Schwarzwild	7 Stück	207 kg

Der Anteil für Werkshilfe und Beschaffung wurde überwiegend an die Werksküche oder ähnliche Einrichtungen von Lieferbetrieben oder Kooperationspartnern übergeben.

Die entstandenen Kosten wurden genau wie der Verbrauch zur Gästebetreuung im Objekt als Selbstkosten nachgewiesen.

Die Angaben beziehen sich auf Eingangsgewichte, also mit Haupt, Decke oder Schwarte. Im Eigenverbrauch und z.T. auch für die Küche. Zur Arbeiterversorgung wurde nur Wild mit „Küchenschüssen" eingesetzt. Der reale, verwertbare Anteil an Wildbret lag bei 50 % bis 60 % der Eingangsgewichte.

Im Rahmen dieser immer umfangreicher werdenden Verwaltungs- und Versorgungsaufgaben bekam die Gästebetreuung einen ständig steigenden Stellenwert. Während die regelmäßigen Gäste, wie die Minister Kuhrig und Lietz oder Dr. G. Weiss und W. Claussen im immer wiederkehrenden Besuchsablauf mit bekannten Gewohnheiten und persönlichem guten Miteinander relativ wenig Aufwand erforderten, änderte sich das bei plötzlichem „Erscheinen" hochrangiger DDR-Gäste oder internationaler Gesprächs- oder Handelspartner. In diesen Situationen konzentrierte sich die Wirtschaftsleitung voll auf die jeweilige Aufgabenstellung und der Bürobetrieb lief nur stundenweise bzw. wurde, wenn möglich, auf Wochenende oder gästefreie Zeiten verschoben. Wesentlicher, als ich vorher annahm, war ein spürbarer

Anstieg der Laune aller Gäste, wenn Mahlzeiten in gepflegter Umgebung mit jagdlichem Stil und guter Qualität einerseits die seltenen Misserfolge bei der Jagd oder auch etwaige Stimmungswechsel bei der Führung sondierender Gespräche in geradezu angenehmer Weise milderten.

Im Laufe der Jahre überstieg die Fülle der neuen Aufgaben den für die Wirtschaftsleitung vorgesehenen Rahmen. Die Bildung der ZAG brachte vor allem Entlastung für Büroarbeiten. Dadurch hatte sich die Wirtschaftsleitung wieder voll auf ihre Aufgaben orientieren können.

Meine Frau hatte die Aufgabe von Anfang an übernommen und bis zum unerwarteten Ende in bewundernswerter Weise erfüllt. Sie stand stets an meiner Seite und erbrachte eine Leistung, die ich kaum in Worten ausdrücken kann. Danke!

Schlusspunkt

Noch einige Bemerkungen zum Schluss. Im Verlaufe der Wende war es so richtig „Mode" geworden, die „Staatsjagd" als Synonym für Amtsmissbrauch und Eigennutz der DDR-Führungsriege darzustellen. Dafür gab es auch gute Gründe: Vor allem die sinnlosen Geheimhaltungsversuche und Sonderregelungen mit Rechten, welche der Allgemeinheit nicht zur Verfügung standen und gar nicht bekannt waren. Die Folge waren allerdings Bewertungen eben der „Staatsjagd" ohne Sachkenntnis oder einfach gezielte Negativäußerungen entsprechend des „herrschenden Zeitgeistes". Es wurde überall nach einem Ventil gesucht, um sich Luft zu machen.

Im Gegensatz zur zumindest formalrechtlich entstandenen Inspektion Staatsjagd haben die an sich wenigen „Spielverderber" in der Schorfheide und anderen kleinen Jagdgebieten ein allen selbst propagierten Grundsätzen widersprechendes Sonderdasein geführt.

Für alle Leiter von Staatsjagd- und Wildforschungsgebieten waren neben der vorgegeben politische Aufgabe der Gästebetreuung der Umgang mit der Praxis der Jagd in einem nach Gebietsgröße und örtlicher Lage unterschiedlichem Umfang, die Suche nach jagdwissenschaftlichen Erkenntnissen und praktischen Problemlösungen ein fast emotionales Bedürfnis. Natürlich gab es dabei persönlichkeitsbedingte Unterschiede. Das betraf grundsätzlich auch die Haltung zu den aus dieser spezifischen Aufgabe entstandenen Problemen mit den Regelungen in der DDR-Forstwirtschaft. Von „Waldzerstörung" im Zusammenhang mit der Jagd konnte wohl überwiegend nur in den nicht der Inspektion Staatsjagd unterstehenden Gebieten wie wiederum vor allem der Schorfheide und den Gebieten der bewaffneten Organe gesprochen werden.

Infolge des öffentlichen Meinungsdrucks erfolgte eben eine Generalisierung der Berichterstattung. Die Leiter und viele Beschäftigte der Staatsjagdgebiete fragten sich, warum ausgerechnet dieser doch eher für die Probleme der DDR unwichtige Themenkreis „Staatsjagd" regelrecht nach oben gespült und wichtig gemacht wurde.

Nach unserer Ansicht gab es ausreichend andere Probleme zu diskutieren und neu zu ordnen. Aber, wie damals gerne gesagt, „exorbitante Jagdvergnügen" und vergoldete Wasserhähne sogar in den Wohnungen der Leiter der Staatsjagdgebiete und der „hohe Anteil an Westgeld“ am Gehalt waren halt doch Themen für intensive Befragung und interessante Veröffentlichungen. Übrigens hat nicht ein einziger aller Autoren, welche sich mehr oder weniger sachlich mit der Staatsjagd im umfassenden Sinne befassten, mit mir persönlich über Fakten, Zahlen oder Zusammenhänge gesprochen. Einige Leiter örtlicher Betriebe diskutierten, wohl berechtigt, über die allgemeine Bevorzugung der Staatsjagdgebiete mit technischer Ausrüstung und eine Gruppe interessierter Bürger besichtigte in Zippelsförde die Wohn- und Schlafräume der Gäste und stellte „Interhotelniveau“ fest.

Zur Abwicklung des gesamten Umfangs der Staatlichen Jagdwirtschaft Lindow kann ich nur auf die ordnungsgemäßen Übergabeprotokolle an den Forstbetrieb Neuruppin verweisen. Verbleib sowie Ab- und Verwicklung aller Sachgüter und Immobilien im umfassenden Sinne einschließlich der forst- und jagdwirtschaftlichen Situation kann ich weder bewerten noch kommentieren.

In Presseveröffentlichungen wurden völlig irreale Wunschvorstellungen über die weitere Nutzung des gesamten Objektes und der Entwicklung der Jagd insgesamt dargestellt. Den meist unkundigen, aber auf sensationell aufgemachte „Kontrollen“ gierigen und meist sachunkundigen Lesern wurde eben „neues Gedankengut“ serviert. Die Autoren oder selbsternannten „Kontrolleure“ hatten offensichtlich keine Vorstellung, was politisch real auf die verschwindende DDR, ihre gesamte Arbeits- und Lebenswelt und speziell auch auf die Jagd zukam. Ex-Minister B. Lietz hatte mir in den letzten Monaten und Wochen des Jahres 1989 mit klaren Prognosen die zu erwartenden Veränderungen, für mich und meine Frau schmerzhaft, aber unausweichlich, bewusst gemacht. Diese Erkenntnisse halfen mir aber auch, denjenigen Unverständnis, Neid und Häme sowie plötzlichen Gesinnungswandel zu überlassen, die sich damit hervortaten oder plötzlich aus dem „Hinterhalt schossen“.

Im Nachhinein ist es aber wichtig festzustellen, dass Entscheidungen zu Wald, Wild und Jagd und die Einbindung der damals bekannten oder vermuteten Probleme im gesamten Umgang mit Natur und Umwelt überwiegend von Betroffenen und sachkundigen Wissenschaftlern und nicht von idealisierenden „Neudenkern“ getroffen wurden. Beispielsweise wurden Durchführungsbestimmungen zum Jagdgesetz in Diskussionsrunden mir Jagdwissenschaftlern und -praktikern besprochen und erst dann verbindlich veröffentlicht.

Völlig unabhängig von allgemeinen oder persönlichen Erfahrungen war die in der DDR entstandene enge Verbundenheit zwischen jagdlicher Praxis, Wildforschung und weitgehendster Akzeptanz der Jagd in der Bevölkerung die beste Voraussetzung für einen zeitgemäßen Umgang mit jagdbaren und anderen wildlebenden Tieren. Teile der damaligen Regelungen aber wären sicher auf Dauer nicht mehr haltbar gewesen und vom Zeitgeist durch neues Wissen ersetzt worden.

Ich habe durchaus Verständnis für Weiterentwicklung der Grundsätze des Umgangs mit unserer Umwelt, sowie für Naturnähe und Naturschutz. Aber Schuld- oder gar Reuegefühle für mein Jägerleben kann ich nicht finden. Wohl eher geistert durch Nebelnacht oder strahlendes Morgenlicht noch alter Beschwörungszauber – zur Menschwerdung gehörte eben auch Fleischnahrung.

Ohne Fleischnahrung wären wir wohl noch friedliche Baumbewohner.

Nach der Wende konnte ich mit vielen alten und neuen Berufskollegen die für mich unverletzbare Einheit von Wald und Wild noch eine Zeit lang erhalten. Ich leitete noch elf Jahre lang eine Oberförsterei in der Bergbaufolgelandschaft der Niederlausitz und gründete 1994 zusammen mit erfahrenen und traditionsbewussten Waidgenossen die Hegegemeinschaft Senftenberg/Nord, die ich von Anfang an bis heute, Ende 2021, leiten durfte.

In meiner Erinnerung tauchen immer noch Erlebnisse mit Menschen unterschiedlichster Meinung und Haltung, aber auch der Umgang mit Pflichten, psychischen Belastungen und natürlich auch Erfolgen auf. Ich habe noch nicht alles verdaut. Auch nicht nach dreißig Jahren.

Medaillen und Wimpel der Inspektion Staatsjagd der DDR

Anlage 1: Protokolle der letzten Dienstberatungen des ISJ in 1989

Ludow 1/0

Ministerium für Land-, Forst- und Nahrungsgüterwirtschaft

- Inspektion Staatsjagd -

Protokoll zur Dienstberatung am 23.06.89 in Leipzig/Agra

Anwesend:	Leiter der stJG und WFG Gen. Dr. Goretzki, Abt. Jagdwirtschaft/IFE Gen. Grellewitz, i.V. vom stJG Nossentiner Heide
Entschuldigt:	Gen. Ulbrich stJG Liebenberg Gen. Bruchholz WFG Spree Genn. Stüve Leiter ZAG
Tagesordnung:	1. Auswertung des Führungskaderseminars der Forstwirtschaft auf der Agra 2. Fragen der Planung und Abrechnung der stJG und WFG, sowie der Industriepreisänderungen 1990 3. Abstimmung des Bedarfs an Hoch- und Fachschulabsolventen 1991 4. Verschiedenes 5. Besichtigung der Ausstellungshallen der Agra

Zu TOP 1:

Ausgehend von den inhaltlichen Schwerpunkten der 8. Tagung des ZK der SED sind vom Leiter der stJG und WFG u.a. folgende Kriterien stärker in den Mittelpunkt ihrer Arbeit zu stellen:

- Wird die Arbeitsorganisation den Anforderungen an Produktivität, Effektivität und Qualität der Arbeit gerecht ?
- Ist die Anleitung und Kontrolle der nachgeordneten Leiter ausreichend ?
- Wie wird gewährleistet, daß die nachgeordneten Leiter ihre eigene Verantwortung für die Lösung der Aufgaben wahrnehmen können ?
- Entspricht die Kaderarbeit den Anforderungen ? (Einschätzung und Leistungsbeurteilung der Kader, Sicherung des Kadernachwuchses, der weiteren Qualifizierung, der Klärung persönlicher Probleme)
- Entspricht die Öffentlichkeitsarbeit und die Zusammenarbeit mit den territorialen Organen dem erforderlichen Niveau, um die Ursachen für Eingaben von Bürgern vorbeugend zu beseitigen ?
- Werden regelmäßig Dienstberatungen durchgeführt, verbunden mit der Einschätzung der Erfüllung der gestellten Aufgaben durch die nachgeordneten Leiter ?

- Wird von diesen Leitungskadern turnusmäßig eine Einschätzung zur politischen Situation im Territorium abgefordert ?

In diesem Zusammenhang wurde auf die stärkere Überwachung und Kontrolle des forstlichen Produktionsprozesses verwiesen.

(Holzaushaltung, Rücke - und Abfuhrreste, Qualität der Aufforstungen und Pflegemaßnahmen, Ordnung und Sauberkeit)

In die Endnutzung sind alle abgeharzten Bestände einzuordnen.

Eine zweckentsprechende Nutzung der Trassen als Wildäcker bzw. Weihnachtsbaumplantagen ist zu gewährleisten.

Bezugnehmend auf diesbezügliche Ausführungen auf der 8. Tagung des ZK der SED wird jeder Leiter verpflichtet, dahingehend zu einer Aussage zu kommen, unter welchen Voraussetzungen das stJG bzw. WFG neben der selbstplanenden und selbstabrechnenden Einheit sich auch selbst finanzieren könnte.

Zu TOP 2:

Die Ergänzung der Vereinbarung zwischen dem MLFN und dem Stellvertreter des Vorsitzenden für Land- und Nahrungsgüterwirtschaft der SPK zur Planung der Staatsjagd vom 31. Mai 1989 wurde jedem stJG und WFG übergeben.

Über den Stand der weiteren Arbeiten (Pkt. 5 o.g. Ergänzung der Vereinbarung und Ziffer 8 der Anlage) wurde mündlich informiert.

Die staatlichen Aufgaben 1990 wurden den stJG/WFG ausgehändigt.

In Vorbereitung auf den Fünfjahrplan 1991 bis 1995 ändern sich zum 01.01.1990 eine Vielzahl von Industriepreisen von Ausrüstungs- , Bauinvestitionen, Material und Leistungspreisen, die Auswirkungen auf die Planung der Investitionen und der Kosten (Stützung aus dem RELAF) haben.

T. Die Auswirkungen der Industriepreisänderungen sind einheitlich nach der folgenden Nomenklatur nachzuweisen und der ISJ bis 07. August 1989 zu übergeben. (Tag des Posteingangs bei der ISJ)

ELN Nr.	Kosten alter Preis	neuer Preis	Differenz	Menge lt. PE 1990	Auswirkungen in 1000 M (mit einer Kommastelle)
1	2	3	4	5	6

Analog ist der Nachweis bei: Bauinvestitionen (objektweise) und Ausrüstungsinvestitionen zu führen.

Zu erfassen sind: • Preiserhöhungen
aber auch • Preissenkungen.

Grundlage dafür bilden:

- Anordnung Nr. 3 über die Ordnung der Planung der Volkswirtschaft der DDR 1986 -1990 vom 27.02.1987 Teil N, Planung der Preise, Seite 43 -66,
- Liste der Preisänderungskoeffizienten für Erzeugnisse und Leistungen, deren Industriepreise am 1. Januar 1990 geändert werden vom 31. März 1989,
- Nachtrag zur " Liste der Preisänderungskoeffizienten ......" vom 16. Mai 1989.

Die Übergabe der Auswirkungen der Industriepreisänderungen an den StFB ist zu sichern. Der Termin der Übergabe ist mit dem StFB abzustimmen. Die StFB haben diese Auswirkungen in den Planentwurf 1990 des StFB mit einzuarbeiten und als Differenz zwischen Preisbasis 1 und Preisbasis 2 nachzuweisen.
Die Einzelpreise können durch die Abnehmer von den Lieferern angefordert werden.
Die Listen der Preisänderungskoeffizienten sind vom StFB auszuleihen oder bei der ISJ einzusehen und abzuarbeiten (werden nicht ausgeliehen).
Gültig ist der PAEK IAP.
Die ELN NR. sind fortlaufend aufgeführt, so daß beim Abarbeiten der Planteile 2, 3, 5, 6 die Auswirkungen auf die einzelnen Positionen schnell erfaßt werden können.

Grundlage jeder Abrechnung bilden die Plankennziffern der staatlichen Planauflage (Ausrüstungsinvestitionen, RELAF, Lohnfonds als Beispiele) und die davon abzuleitenden Kennziffern (z.B. Kosten, Erlöse). Die Planungsgröße des Planentwurfs ist in diesen Fällen keine Abrechnungsbasis !
Das ist auch von den stJG bzw. WFG
Rosenthal, Wriezen, Schlaubemühle, Trautenstein, Nedlitz, Born, Eixen, Dreiherrnstein mit den zuständigen StFB zu klären, da diese ihrer Abrechnung falsche Sollstellungen (z.B. beim RELAF) zugrunde gelegt haben.

Desweiteren gibt es unterschiedliche Zahlen in der Abrechnung zwischen stJG/WFG und dem StFB (Beispiel RELAF 1988).
Das betrifft: Hohenbucko, Spree, Milkwitz, Rosenthal, Oderberg, Wriezen, Schlaubemühle, Leutenberg, Trautenstein, Nedlitz, Nossentiner Heide, Müritz, Serrahn, Damelack, Johannismühle, Born, Eixen.

Eine Klärung der Ursachen ist durch den Leiter der Gebiete mit dem StFB herbeizuführen, um solche Unterschiede in der Inanspruchnahme des RELAF bzw. bei der Erfüllung anderer Plankennziffern in Zukunft auszuschließen.
Werden Leitungskosten (BLK) oder Produktionsfondsabgabe nicht geplant, so können sie in der Erfüllung auch nicht abgerechnet werden.
Beim Nachweis der Erfüllung bestimmter Plankennziffern am Jahresende durch die stJG/WFG sind bei Unter - oder Übererfüllung die Ursachen zu analysieren (z.B. bei Kosten, Erlösen) und bei der Abrechnung und Übergabe an die ISJ zu begründen.

Zu TOP 3:

Der Bedarf an Hoch- und Fachschulkader 1991 wurde wie folgt abgestimmt:
Hochschulkader: Born und Lindow je 1 Absolventen
Fachschulkader: Schlaubemühle,Nedlitz, Müritz, Dreiherrnstein je 1 Absolventen

Zu TOP 4:

- Weisung des Ministers, Gen. Lietz:
  - Neuanlagen von Waldschweinemastanlagen sind nicht zu genehmigen;
  - noch bestehende Anlagen sind in Abstimmung mit den Betreibern zu schließen;
  - durch Waldschweinemast geschädigte Waldbestände sind zu saniere
- Lt. Protokoll der Beratung zur Einweisung in die Umrüstung der NKW L 60 zur Gewährleistung der Funkensicherheit der Abgasanlagen am 8.06.89 im MLFN, Pkt. 5 erfolgt die Umrüstung durch die VEB Kombinate für Landtechnik des jeweiligen Bezirkes. Die Umrüstung wird den Nutzern der KFZ in Rechnung gestellt.
- Es wird noch einmal darauf hingewiesen, daß die Düngemittel grundsätzlich in Reinnährstoffen zu planen sind (nicht als Handelsdünger).
- Bei der Beantragung der Ausstellung von Jagderlaubnissen ist die ausgefüllte Karteikarte, sowie zwei Paßbilder (in Uniform bzw. Jagdbekleidung mit Hemd, Binder und Jacke ohne Parteiabzeichen oder andere Abzeichen) mit einzureichen.

Richter
Oberstlandforstmeister

Genossen Resold

Ministerium für Land-, Forst- und Nahrungsgüterwirtschaft
- Inspektion Staatsjagd -

Protokoll zur Dienstberatung am 15. 03. 1989 in Zollgrün

Anwesend: Leiter der stJG und WFG
Leiter der Abt. Jagdwirtschaft des IFE
Leiter ZAG Lindow

Entschuldigt: Weidgen. Dr. Stubbe - WFG Hakel
" Seidlitz - stJG Damelack

Tagesordnung:
1. Plandurchführung 1989
2. Planung 1990 und Folgejahre
3. Aktuelle Aufgaben der Wildbewirtschaftung
4. Zusammenarbeit mit den StFB
5. Marschstraßen und Übungsflächen der GSSD

Zu TOP 1.

- Das Schnittholzkontingent 1989 wurde verteilt an:
  15 m³ stJG Dreiherrnstein
  50 m³ " Born
  10 m³ WFG Serrahn, davon 2 m³ an WFG Milkwitz
  3 m³ Reserve ISJ

- Pkw-Anhänger werden 1989 zusätzlich ausgeliefert an:
  1 Stück WFG Hohenbucko
  1 " stJG Meiseberg
  2 " WFG Nedlitz
  1 " stJG Müritz

- Die Aussonderung von Kfz 1989 ist durch die folgenden Gebiete noch mit der ISJ zu klären:
  WFG Rothemühl (1 ARO, 1 Trabant)
  stJG Nossentiner H. (1 ARO, 1 Lada)
  stJG Liebenberg (1 Lada)
  stJG Märkisch Buchh. (1 Trabant)
  stJG Born (2 Trabant)
  stJG Rosenthal (1 Lkw B 1000)

Zu TOP 2.

Die Leiter der stJG und WFG sind verantwortlich, jährlich im Februar des Jahres vor der Plandurchführung (z. B. Februar 1989 für das Jahr 1990)

a) den Mehrbedarf an Arbeitskräften

b) die Bauinvestitionen

bei der Plankommission und dem Bauamt im Kreis und Bezirk anzumelden. Dabei ist zu gewährleisten, daß die Anmeldung in der Höhe mit den Angaben des Planentwurfs übereinstimmt.
In den Bezirken, in denen mehrere stJG bzw. WFG liegen, nehmen die Leiter folgender Gebiete die Anmeldung beim Bezirksbauamt und der Bezirksplankommission wahr:

Bezirk	Verantwortlich:
Dresden	stJG Rosenthal
Frankfurt/O.	WFG Wriezen
Halle	stJG Meiseberg
Karl-Marx-Stadt	stJG Oberwiesenthal
Magdeburg	WFG Nedlitz
Neubrandenburg	stJG Nossentiner Heide
Potsdam	stJG Lindow
Rostock	stJG Born

Die Leiter der stJG/WFG, die in diesen Bezirken liegen, werden verpflichtet, jeweils bis spätestens 31. Januar des Vorjahres den verantwortlichen Genossen für die Bezirksanmeldung schriftlich zuzuarbeiten und sich persönlich mit ihnen dazu abzustimmen.

Zu TOP 3.

- Zur Äsungsverbesserung sind die bisherigen wissenschaftlichen Erkenntnisse in den stJG/WFG praxiswirksam umzusetzen. Diese Möglichkeiten, insbesondere der kleinflächigen Äsungsverbesserung durch das Scheiben und Einsäen von Schneisen und in Beständen in Verbindung mit Schutzpflanzungen gegen Betreten und Beunruhigung werden bei weitem noch nicht voll genutzt.
  Den stJG/WFG wird die Aufgabe gestellt, diese Möglichkeiten bis 1995 voll auszuschöpfen.
  Das ist erforderlich, um bei der Zunahme der Umweltbelastungen und der Frequentierung der Wälder durch Erholungssuchende die Wildbestandsdichte ohne größere Wildschäden annähernd zu halten.

- Die Aufgabe zur Schaffung von Ruhezonen für das Wild ist gründlich zu durchdenken. Als natürliche Ruhezonen sind nicht nur große Flächen, sondern auch die sich anbietenden kleineren Flächen auszuscheiden. Sinnvoll ist es, die Flächen - soweit Möglichkeiten dazu bestehen - als Naturschutzgebiete einzustufen, die als Ruhezonen mitgenutzt werden; das gleiche trifft für Flächennaturdenkmäler zu.

Unsere Aufgaben sind in guter Zusammenarbeit mit dem Naturschutz zu erfüllen. Der positive Kern an ehrenamtlichen Naturschutzhelfern ist für die Lösung der Aufgaben in unseren Gebieten zu gewinnen und weiter zu qualifizieren.

- Für die Beurteilung unserer Tätigkeit in der Wildbewirtschaftung bildet die Wildschadensituation den Schwerpunkt. Wildschäden in der Landwirtschaft sind eine Frage der Sicherung der Ernährung der Bevölkerung und der Versorgung der Volkswirtschaft mit Rohstoffen.
  Eine großflächige Abgrenzung der Waldfeldgrenze mittels Zaun kann u. U. notwendig werden, wenn alle übrigen Maßnahmen zur Verhütung von Wildschäden versagen. Das bedeutet aber einen erheblichen Aufwend an Arbeitskräften, Material und Kosten, der volkswirtschaftlich gerechtfertigt sein muß. Solche Maßnahmen müssen mit den territorialen Organen intensiv abgestimmt werden.
  Um optimale Lösungen zu finden, ist eine tiefgründige Abstimmung im Leitungskollektiv des stJG/WFG erforderlich. In der Regel sind Wildschäden der Weiser für zu hohe Wildbestände. Eine Reduzierung der Wilddichte ist erforderlich, wenn die üblichen Maßnahmen der Wildschadensverhütung versagen.

- Verstärkt ist zu verzeichnen, daß reife Trophäenträger aus den stJG/WFG abwandern und außerhalb erlegt werden. In den Leitungskollektiven sind die Ursachen zu analysieren und Maßnahmen festzulegen, die die Ernte reifer Trophäenträger im eigenen Gebiet gewährleisten.
  Es wird einheitlich festgelegt, daß alle Vergleichsrechnungen und statistischen Angaben auf 100 ha bonitierte Fläche (beim Medaillenaufkommen auf 1000 ha bonitierte Fläche) zu beziehen sind.

- Ausgehend davon, daß mit der "Bewirtschaftungsrichtlinie Schalenwild" der Inspektion Staatsjagd vom Mai 1985 in allen stJG und WFG gearbeitet und Erfahrungen über die Anwendbarkeit in der
  T. Praxis gesammelt wurden, haben die Leiter der Gebiete bis 15. Mai 1989 Vorschläge zur Überarbeitung und Ergänzung dieser Richtlinie einzureichen (s. Anlage).

- Zur Öffentlichkeitsarbeit: Die stJG und WFG müssen noch mehr Gebrauch davon machen, unsere Anliegen und Probleme (keine Dienstgeheimnisse!) der Öffentlichkeit vorzustellen und die Bevölkerung für die Lösung unserer Aufgaben zu gewinnen. Das bietet sich an in der Zusammenarbeit mit den örtlichen Staatsorganen, in Gemeindevertretersitzungen und Einwohnerversammlungen, bei Exkursionen, Arbeitseinsätzen mit Schulklassen, durch Veröffentlichungen in der Tagespresse u. a. Maßnahmen. Wir müssen sagen, was die Bürger machen und wovon sie Abstand nehmen sollen. Wir müssen stärker emotionell-ideologisch unsere Anliegen durchsetzen. Die Presse ist ein wichtiges Instrument dazu und eine gute Zusammenarbeit mit den Presseorganen die Voraussetzung.

  Erkenntnisse und Ergebnisse der stJG und WFG in der Wildbewirtschaftung sind auch selbst zu veröffentlichen.

  Alle Veröffentlichungen bedürfen entsprechend ihrer Rangigkeit der Bestätigung durch den Leiter des Gebietes oder der ISJ.

Zu TOP 4.

In der Zusammenarbeit mit dem StFB gehört es zur Verantwortung des Leiters als Stellvertreter des Direktors, daß er durch den Direktor über die Hauptprobleme und Aufgaben des StFB informiert wird und selbst auch dem Direktor den notwendigen Umfang an Information zukommen läßt. Für eine kameradschaftliche Zusammenarbeit ist das Voraussetzung.
Der Leiter muß in der Lage sein, dem ständigen Gast/Gästenauch über die Schwerpunktaufgaben, Probleme und Lösungswege im gesamten Betriebsbereich eine Auskunft zu geben.

Der Direktor des StFB hat nicht das Recht, die staatliche Planauflage eines stJG oder WFG zu verändern.

Zu TOP 5.

- Die bestätigten Übungsflächen und Marschstraßen für Übungen liegen der Abt. I der Räte der Bezirke kartenmäßig vor;

- die Leiter der Gebiete informieren sich bei der Abt. I über den Grenz- bzw. Trassenverlauf nach Einsichtnahme in die Unterlagen bei der Abt. I des MLFN (vorherige Abstimmung mit der ISJ);

- sie nehmen Verbindung mit dem Leiter der Abt. I auf, um über vorgesehene Veränderungen informiert zu werden und auf die Notwendigkeit der Abstimmung mit dem MLFN hinzuweisen;

- nur die bestätigten Übungsflächen und Marschstraßen dürfen benutzt werden.

Richter
Oberstlandforstmeister

Anlage

Zur Überarbeitung der Bewirtschaftungsrichtlinie werden folgende Arbeitsgruppen gebildet:

1. Redaktionskommission für die Endfassung

Genosse Mahnke (Leiter)
Herold
Dr. Stubbe, Ch.
Dr. Paustian
Dr. Piegert
Puppe
Wolf

2. Kommissionen für die einzelnen Wildarten:

2.1. Rot- und Damwild

Genosse Dr. Paustian (Leiter)
Hanf
Freitag
Klier
Schulz
Wietasch

2.2. Schwarzwild

Genosse Dr. Plöntzke (Leiter)
Karla
Runze
Schlicker

2.3. Muffelwild

Genosse Dr. Piegert (Leiter)
Oeste
Polz
Schmidt (Leutenberg)

2.4. Rehwild

Genosse Bruchholz (Leiter)
Schmidt (Oderberg)
Waurisch

Terminplan:

1. Entwurf bis 15. 05. 1989 an Genossen Mahnke
Verantwortlich: Arbeitsgruppenleiter und Leiter der Gebiete über Arbeitsgruppenleiter

2. Überarbeiteter Entwurf (2. Fassung) bis 15. 07. 1989 an Gen. Mahnke
Verantwortlich: Arbeitsgruppenleiter

3. Vorschlag (Fassung zur Bestätigung durch den Minister) bis 15. 09. 1989 an ISJ
Verantwortlich: Redaktionskommission

Ministerium für Land-, Forst- und Nahrungsgüterwirtschaft
- Inspektion Staatsjagd -

Berlin, den 08. 02. 198

Dienstsache!

1/0

Festlegungsprotokoll zur Dienstbesprechung am 02. 02. 1989 in Liepe

Anwesend: Leiter der stJG und WFG
stJG Trautenstein - Vertretung Gen. Zapf
Leiter der Abt. Jagdwirtschaft des IFE

Entschuldigt: Leiter der ZAG Lindow

Tagesordnung:
1. Vorbereitung des Lehrganges der Leiter und anderer Mitarbeiter der ISJ an der Jagdschule Zollgrün
2. Fragen der Aus- und Weiterbildung von Jagdleitern, des Absolventenbedarfs und deren Qualifizierung im Praxiseinsatz
3. Zur Abrechnung des Planjahres 1988, der Plandurchführung 1989 und der Ausarbeitung des Planentwurfs 1990
4. Zur Ordnung und Sicherheit im Jagdbetrieb; Auswertung von Jagdunfällen
5. Verschiedenes

Zu TOP 1.

Für den Lehrgang der Leiter/Mitarbeiter der ISJ vom 13. - 17. 03. 198 in Zollgrün werden folgende Themen vorgeschlagen:

- Forschungsvorhaben und -ergebnisse	Gen. Dr. Stubbe		2 Stunden
- Auswertung der Waldfondskontrolle	Gen. Helbig		2 Stunden
- Zur Forstschutzsituation	Gen. Dr. Keßler/IFE		4 Stunden
- Methoden, Ziele, Ergebnisse, Probleme der Schalenwildbewirtschaftung (Wilddichte, Medaillenaufkommen, Durchschnittsgewichte der Alttiere)			
. Rotwild	Leiter	WFG Rothemühl	0,5 Std
	"	stJG Born	0,5 "
	"	stJG Oberwiesenthal	0,5 "
. Damwild	"	WFG Serrahn	0,5 "
	"	stJG Nossentin	0,5 "

. Muffelwild	Leiter	stJG	Dreiherrnstein	0,5 Std.
	"	stJG	Leutenberg	0,5 "
	"	WFG	Hohenbucko	0,5 "
. Rehwild	"	WFG	Milkwitz	0,5 "
	"	stJG	Liebenberg	0,5 "
. Schwarzwild	"	stJG	Märkisch Buchholz	0,5 "
	"	stJG	Müritz	0,5 "

- Reservethema:
  Fragen der Ökologie — Prof. Dr. Hofmann, IFE — 2 "

Zu TOP 2.

- Die stJG/WFG, die ihren Bedarf an Hoch- und Fachschulabsolventen für die Jahre 1990 - 1995 bisher nicht gemeldet haben, holen das schriftlich bis 15. 02. 1989 nach;
- dabei ist der Wohnungsbau in Übereinstimmung zu bringen mit dem Absolventenbedarf;
- die Leiter der Gebiete müssen sich darauf einstellen, daß der Kaderbedarf zum überwiegenden Teil durch Absolventen der Bildungseinrichtungen abgedeckt werden muß. Das verpflichtet die Leiter, die jungen Kader rasch mit den jagd- und forstwirtschaftlichen Aufgaben sowie denen des Naturschutzes vertraut zu machen, sie kameradschaftlich anzuleiten und die Erfüllung der Aufgaben zu kontrollieren, sie zu fordern und zur Selbständigkeit in der Arbeit zu erziehen, ihnen praktische Erfahrungen zu vermitteln.
- Jagdlich laufen die jungen Kader mindestens 1 Jahr als Jäger und bereiten sich in dieser Zeit auf den Jagdleiterlehrgang und die Prüfung an der Jagdschule Zollgrün vor.
- Der nächste Lehrgang für die Neuausbildung und Weiterbildung von Jagdleitern der ISJ findet in der Zeit vom 12. 06. - 23. 06. 1989 in Zollgrün statt.
  Die Jagdleiter legen die Wiederholungsprüfung aller 2 Jahre in den stJG/WFG ab; für diese Prüfungen können sich auch mehrere Gebiete zusammenschließen. Jagdleiter, die über 50 Jahre sind, sind nur nach Abstimmung mit der ISJ zu Lehrgängen an die Jagdschule Zollgrün zu delegieren.

Zu TOP 3.

1988: Die Abrechnung des "Ist" per 31. 12. 1988 und des Jahresberichtes 1988 ist lt. der übergebenen Nomenklatur bis 28. 02. 89 an die ISJ zu übergeben.
Grundsätzlich ist bei der Abrechnung der Erfüllung von Plankennziffern die staatliche Planauflage bzw. die Fortschreibung der staatlichen Planauflage die Grundlage (= 100 %)

1989: - Die Gebiete, die 1989 auf Grund ihrer Bautätigkeit bzw. der zugesicherten Investitionsausrüstungen das materielle Volumen der staatlichen Planauflage überschreiten, melden der ISJ schriftlich bis 15. 02. 1989 ihren Mehrbedarf an

T. erl

. Bauinvestitionen bzw.

. Ausrüstungsinvestitionen.

Zur Planfortschreibung

Es ist zu begründen, warum die Plankennziffer nicht ausreicht (Ursachen) und in welcher Größenordnung (ME: 1000 Mark) ein Mehrbedarf vorliegt;

. objektweise bei Bauvorhaben unter der Voraussetzung, daß der bauausführende Betrieb die Realisierung zusichert;

. bei Ausrüstungen nach einzelnen Ausrüstungspositionen.

T. erl

Die Bauprotokolle sind bis 28. 02. 1989 an die ISJ nachzureichen.

- Die Gebiete, die die Kfz.-Aussonderung (in Höhe der Neuzuführung 1989) noch nicht gemeldet haben, holen das bis 15. 02. 1989 nach.

T. erl.

- Den stJG/WFG wurde eine Information der Nutzungsstrategie zur Sicherung des zusätzlichen Aufkommens an Fichtenfaserholz 1989 übergeben.

- Den Gebieten mit einem Jahresverbrauch von über 100 t fester Brennstoffe wurden die mit der Staatlichen Plankommission abgestimmten Mengen an Braunkohlenbriketts und BHT-Koks mitgeteilt.

- Es wurden alle Gebiete nochmals darauf hingewiesen, daß bei allen Problemen die ISJ über deren Lösung zu informieren ist.

1990: - In einer ersten Auswertung der von den stJG und WFG vorliegenden Planentwürfe 1990 wurden für die weitere Arbeit folgende Festlegungen getroffen:

. Die Qualität, Ordnung und Disziplin einiger Gebiete bei der Lösung der Aufgaben ist zu verbessern;

. die vorgegebenen Termine sind einzuhalten;

. die vorgegebene Nomenklatur ist exakt einzuhalten;

. wichtige Kennziffern sind in einer kurzen Begründung zu erläutern (z. B. Abweichungen vom Fünfjahrplan);

. grundsätzlich gehen keine Ausrüstungen und kein Material außerhalb der Gebiete an Dritte; im Ausnahmefall nach Abstimmung mit der ISJ (z. B. WFG Wriezen - IFE).

- Die Gebiete Hohenbucko, Wriezen, Trautenstein, Serrahn, Johannismühle, Born, Eixen erläutern schriftlich, warum die Zielstellungen des Fünfjahrplanes 1986 - 1990 im Holzeinschlag nicht erreicht werden.
T. [handwritten initials] An ISJ bis 15. 02. 1989

- Vom WFG Spree und stJG Märkisch Buchholz
T. [handwritten initials] ist der Plan 116, Blatt 1, Spalte Einschlag bis 15. 02. 1989 an die ISJ nachzureichen.

T. [handwritten initials] - Die stJG und WFG melden bis 15. 02. 1989 an die ISJ lt. Plan 625

. Leitungs- und Verwaltungspersonal - VbE
. " " - Lohnfonds (TM)

Zu TOP 4.

Alle Vorkommnisse auf dem Gebiet der Jagd sind zu melden an: KD, BdVP, ISJ, MfS Berlin (von Gebieten mit ständigem Gast).

Zu TOP 5.

- Der Bedarf an Saatgutmischungen für 1989 ist Genossen Dr. Bähr
T. [handwritten initials] bis 15. 02. 1989 zu melden

- Unter Leitung vom stJG Oderberg ist gemeinsam mit WFG Wriezen, Glasien, IFE, Klein Wanzleben, Rat des Bezirkes Erfurt ein Programm zur Rebhuhnaufzucht und die Zusammenarbeit mit der VR Polen
T. [handwritten initials] auf diesem Gebiet auszuarbeiten und bis 28. 02. 1989 an die ISJ zu geben.
Beim Lehrgang der ISJ in Zollgrün sind die Teilnehmer darüber zu informieren.

[signature]
Richter
Oberstlandforstmeister

Anlage 2: Teile des Jahresberichtes der StFW Lindow für das Jahr 1988

3. Erfüllung der Aufgaben in den Leitungsbereichen der StJW Lindow.

3.1 Bereich Jagd

Wildbewirtschaftung/ Entwicklung der einzelnen Wildarten?

- Rotwild: Durch gezielte Übererfüllung des Abschusses bei weibl. Rotwild und Zurückhaltung bei männlichen Rotwild wurde weiterhin auf eine Verbesserung des Gesxchlechtsverhältnisses hingewirkt. Seit der Erweiterung unseres Gebietes haben sich neue Gesichtspunkte über Gesamtbestand, Einstandsverhalten in den einzelnen Jagdzeiten für männliches und weibliches Rotwild sowie den Einfluß der Anbaustruktur der Landwirtschaft auf die Wildkonzentrationen ergeben. Die wesentlichsten Gesichtspunkte der unserer bisherigen Bewirtschaftsungsmethoden haben sich bestätigt.

  Das sind in erster Linie:
  - konsequente Schaffung von Ruhezonen
  - organisierte und disziplinierte Beobachtung und Bejagung,
  - Einschätzung der aktuellen Bestandesentwicklung unter Berücksichtigung der gesamten Bedingungen im Gebiet
  - Dynamische Reaktion auf Höhe und Zusammensetzung des Abschusses je nach wechselnder Bestandessituation.

  Der Abschuß konzentriert sich auf die Reduzierung des Kahlwildes, vor allem in den reproduzierenden Altersklassen. Bei männlichen Rotwild wurden die Kälber und Spießer fast planmäßig gestreckt. In der Altersklaas der 2-4 und 5-9 jährigen Hirsche wurde vorfristig bejagt. Hier sind immer noch die bis 1984 anhaltenden starken Eingriffe in die Jugendklassen spürbar.
  Die Brunft verlief gleichmäßig mit kurzen, witterungsbedingten Unterbrechungen und konzentrierte sich wie seit Jahren in den Einstandsgebieten. Nach unserer Einschätzung erweist sich die Durchsetzung der neuen Bewirtschaftungsrichtlinie bei Rotwild als vorteilhAFT, da die mittelalten Hirsche in ausreichender Zahl vorhanden sein müssen, auch um eine Gesamteinschätzung der Qualität des Gesamtbestandes erhalten zu können. Das ist ohne eine Mindestzahl von Individuen kaum möglich, und eine Begrenzung der Qualitätseinschätzung auf die relativ geringer Anzahl vorhandener reifen Hirsche und " Spitzenhirsche " kann langfristig zu Fehleinschätzungen führen.
  Es wurden 1988 1 Rothirsch mit Silbermedaille und 5 Bronzemedaille erlegt. Die SilbermedAILLE resultierte aus 2o4.52 IP. und damit ergab sich eine neue Spitzenleistung für Rothirsche in der StJW Lindow. Sowohl die kontinuität des Medaillenanfalls bei Rothirschen als auch neue Spitzenleistungen (1985: 2o3,o8 IP, 1988 : 2o4,52 IP) deuten darauf hin, daß die Gesamtheit aller Faktoren der Bewirtschaftung des Rotwildes in der StJW Lindow derzeit in positiver Hinsicht wirken. Es bedarf eingehender weiterer Beobachtungen und ständiger Analyse, um eine nochmalige Verbesserung der Spitzenleistungen zu erreichen.

Ziel ist, die Kontinuität der Ernte von jährlich 3bis 4 Medaillenhirsche langfristig zu sichern und dabei zu sichern, daß jährlich möglichst eine Silbermedaille geerntet werden kann. Perspektive soll der Anteil der Rothirsche mit mehr als 2oo IP erhöht und stabilisiert werden.

- Damwild: Eine Zunahme des bei uns nicht bewirtschafteten Damwildes führte zu überplanmäßigen Verstärkung des Abschusses von weiblichen Damwild zugunsten des Rehwildes. Die Zurückhaltung beim Abschuß männlichen Damwildes in den letztenr Jahren führte zu einem geringen zahlenmäßigen Anstieg des mittelalten Schauflers mit guter Qualität. Es wurde ein reifer Schaufler mit 179,3o IP erlegt. Eine deutliche Damwildbrunft war erneut nicht feststellbar.

  Das Damwild wird weiterhin als Nebenwildart bewirtschaftet.

- Rehwild: Der Rhwildbestand zeigt im Frühjahr 1988 sowohl nach Stückzahl als auch nach Qualität der zu erwartenden Trophäen stagnation bzw. Rückgang. Zulasten des Damwildes wurde deshalb der Plan bei weibl. Rehwild auf 2o Stück festgelegt, dann aber mit 38 Stück erfüllt, wobei allein im Monat Dezember 11 Stück. weibl. Rehwild durch Gäste gestreckt wurde.
  Das männl. Rehwild wurde stückzahlmäßig planmäßig erfüllt.
  Die Qualität der Trophäen ist nach wie vor gering.

- Schwarzwild: Der Abschußplan wurde erfüllt. Medaillentrophäen wurden nicht geerntet. Die Bestandesentwicklung zeigt fallende Tendenz, obwohl eine hohe Zuwachsrate zu verzeichnen war.
  Die Durchsetzung der neuen Bewirtschaftengsrichtlinie mit der Möglichkeit, zur Vermeidung von Bestandeserhöhung den Bachenabschuß zu erhöhen, führt offensichtlich zu wirksameren schnelleren Ergebnissen.

- Muffelwild: Erstmals wurden in einem Jagdjahr vier Stück M Muffelwild gestreckt. Leider kamen die beiden stärksten Widder nicht zu Strecke. Der Bestand von ca. 15 Stück Muffelwild in freier Wildbahn hat sich seit 1986 nicht verändert und soll 1989/9o weiter verringert werden.
  Im Gatter befinden sich 14 Stück Muffelwild, welche weiterhin als begrenzter Bestand bewirtschaftet werden.

- Raubwild/Raubzeug: Trotz Erreichen einer neuen Rekordstrecke bei Füchsen konnten die Vorgaben bei Raub wild/Raubzeug insgesamt nicht erfüllt werden. Die starke Differenzierung der Streckenergebnisse der einzelnen Jäger zeigt, daß zweifellos noch reserven bei der Bejagugg des Raubwildes und Raubzeuges vorhanden sind.

- Abschußplanerfüllung: Die Erfüllung des Abschußplanes ist aus der Meldung per 31.12.1988 ersichtlich.

- Maßnahmen zur Äsungsverbesserung 1988

Die vorhandenen Daueräsungsflächen wurden weiterhin in voller Leistungsfähigkeit gehalten. Gleiches gilt für die Wildäcker, wobei der Schwerpunkt der Bewirtschaftung auf die Versorgung mit organischem Dünger gelegt wurde. Zur besseren Ausstattung mit masttragenden Holzarten wurden wie im Vorjahr 2oo Roßkastanienheister ausgepflanzt. Sie fielen leider infolge des abnormalen Witterungsablaufssdes Jahres 1988 fast vollständig aus. Die Heuwerbung zur Versorgung der Pferde und zur Wildfütterung auf den zur Nutzung übernommenen Wiesen brachte qualitativ und quantitativ AUSREIchende Erträge.Es wurde mit der Anlage einer eigenen Vermehrungszucht von Topinambur begonnen.

- Wildschadensverhütung, Wildschäden

Erstmals seit lo Jahren traten 1988 wieder Wildschäden in starkem Maße auf. Sie hatten eine Höhe von 47 TM und konzentrierten sich auf eine einzige mit Maisbebaute Fläche, welche infolge ihrer Lage (Dorfnähe, Begrenzung durch Straße und Eisenbahnlinie sowie unmittelbares Angrenzen an den Waldrand) durch Bejagung außerordentlich schwer zu schützen war. Da das Äsungsangebot durch die extreme Witterung bedingt auch auf anderen landwirtschaftlichen Flächen gering war , kam es zu einer [illegible] Wildkonzentration in diesem Maisschlag. Zur Vermeidung ähnlicher Situationen werden in Zukunft spezielle Maßnahmen zum Schutz derart gefährdeten Kulturen getroffen.

Allgemein ist feststellbar, daß die Toleranz der Landwirtschaftsbetriebe gegenüber Wildschäden infolge der für Sie hohen Zielstellung in ertragsmäßiger und damit ökonomischer Hinsicht spürbar geringer wird. Dies trifft vor allem auf LPG mit geringem Ertragsniveau zu. Die b-estehendenVereinbarungen über die Verminderung von Wildschäden müssen 1989 neu überarbeitet werden.

- Jagdhunde

Der Bestand an leistungsgeprüften Jagdhunden zeigt per 31.12.1988 folgendes Bild:

2 Deutsche Jagdterrier
1 Langhaar Teckel
1 Deutscher Wachtelhund
2 kleine Münsterländer
1 Deutsch Drahthaar
1 Hannoveraner Schweißhund

In der Ausbildung befinden sich 2 Teckel und 2 Rüden aus dem Schweißhund- Experimentalwurf.
Die Bemühungen um die Förderung der Schweißhunde wurden fortgesetzt. Es fanden mehrere Beratungen und eine Überprüfung der Experimentalwürfe statt. Eine Schaffung

der Schweißhundezucht und - Haltung innerhaLB der ISJ erscheint dringend notwendig. Dazu müßten Verantwortliche festgelegt und regelmäßige Beratungen gesichert werden. Welche hervorragenden Leistungen mit Schweißhunden erreichbar sind, zeigt auch das in der Abschußmeldung ausgewiesene Ergebnis der Hündin " Traudel von Springelbach " mit 14 erfolgreichen Nachsuchen. Die dieser Hündin eigene geringe Wildschärfe wird durch hervorragende Nasenleistung und Fährtenwille voll ausgeglichen.

- Beizvögel

Z. Zt. stehen in der StJW Lindow 3 Habichte, 2 Turmfalken und ein Uhu. Ein weiterer Uhu wurde an Nossenthin abgegeben. Es wurden für Gäste 4 Schaubeizen auf Fasanen mit hohem Schauwert durchgeführt.
Weiterhin wurden im Kreis Neuruppin in Abstimmung mit der Kreisjagdbehörde 3 Beizen auf Kaninchen durchgeführt.
Die Greifvögel befanden sich durchweg in guter Kondition.
Mit den Bau einer neuen Greifvogelanlage mit erhöhtem Schauwert für Gäste wurde begonnen.

- Pferdezucht

1988 wurden erstmalig zwei Hengstfohlen geboren.Dadurch stiegt der Bestand auf 8 Haflinger an. Es wurden zwei neue Koppeln errichtet und das benötigte Rauh- und Grünfutter in Eigenleistung bereitgestellt. Der Pflegezustand und die Kondition der Pferde wurde von Gen. Dr. Richter, Berlin , als sehr gut eingeschätzt. Der Bestand an Wagen, Kutschen, Geschirr und sonstigem Zub-ehör ist ausreichend und in gutem Zustand.

- Jagdliche Einrichtungen

1988 wurde begonnen, die ersten seit etwa 1o JAHRen stehenden geschlossenen Kanzeln zu erneuern. Bedingt durch die hohen Anforderungen an den Bereich Bauwirtschaft konnten nur die 3 der wichtigsten Kanzeln neu aufgebaut werden.Als weiterer Schwerpunkt war die Erneuerung des Zaunes am Muffelgatter v vorgesehen. Dies konnte nicht realisiert werden, da die gep geplanten Betonzaunsäulen vom Hersteller nur zu 2o % ausgeliefert werden konnten.
Das bestehende System der Pirschsteige und Blenden wurde ständig instandgehalten und innerhalb der Einstandsgebiete erweitert.

- Waffenwerkstatt

Schwerpunkt der Arbeit der Waffenwerkstatt war 1988 die Pflege und Vorbereitung der Flinten für die Staatsjagden sowie einige Schäftungen und Systemreparaturen an Kugelwaffen. Das Fehlen entsprechender Maschinen und die noch nicht abgeschlossene Ausbildung des Waffenmechanikers, Gen. Knittel, haben eine bessere Auslastung der Waffenwerkstatt noch nicht gestattet.

3.2. Bereich Produktion-Technik-Material

Der Bereich Produktion-Technik-Material wurde erst 1988 als gesonderter Leitungsbereich neu formiert. Dieser neue Bereich hat sich schon gut stabilisiert un d eine gute Aufgabenerfüllung erreicht.
Am Sägegatter wurden trotz wiederholter Havarien insgesamt 38om³ in Einfachschnitt und 22o m³ im Doppelschnitt in sehr guter Qualität eingeschnitten. Alle Aufträge wurden qualitäts- und termingerecht erfüllt. 12
Die ³Schlosserwerkstatt sichert die ständige Einsatzbereitschaft der Fahrzeuge und Maschinen in sehr guter Qualität ab. Gleiches gilt für die umfangreichen Bauschlosserarbeiten welchex zur Fertigstellung der Bauwerke, zur Gewährleistung von Ordnung und Sicherheit sowie zur ordnungsgemäßen Unterbringung zentralbeschafftes Materials dringend benötigt wurden. 13
Die Arbeitsgruppe"Technik" des Produktionsbereiches hat die Umfangreichen Transportaufgaben des Jahres 1988 sehr gut erfüllt. Schwerpunkt bildeten die Transporte für die ZAG, für die Versorgung des Gatters mit Sägeholz, sowie die Versorgung des Bereichs Bauwirtschaft mit Baumaterialien und des Bereichs Allgemeine VerwALTUNG mit den gesamten Brennstoffen. Gleichzeitig wurden die gesamtenEntsorgung des Objektes (Abwasser, Asche uns.) gelöst. 14
Die Beschaffung, Lagerung und Ausgabe des gesamten zum EigenverbrAUCH der StJw Lindow benötigten Materials wurde vorbildlich erfüllt. 15

3.3. Bereich Bauwirtschaft

Im Bereich Bauwirtschaft wurden 1988 bei großen Einsatz sehr gute Arbeitsleistungen erreicht.
Die laufenden Projektierungsleistungen wurden in notwendigen Umfang fertig-gestellt. Die Beratung anderer SSJG erfolgte entsprechend der Anforderungen.
Die Maurerarbeiten wurden so erfüllt, daß die Ausbaugewerke die geplaNTEN Bauten fertigstellen konnten. Insgesamt konnten die Mauser diegeplanten Arbeiten einschließlich des Vorlaufs für 1989 nicht erfüllen, da 3 von 6 Maurern aus unterschiedlichen Gründen im ersten Quartal 1988 aus unserem Betrieb ausschieden und Ersatz nicht möglich war.Die Kollegen der Tischlerei haben durch hohe Leistungen zusammen mit dem Fliesenleger, den Malern und dem Installateur dazubeigetragen, daß trotz der zwangsläufig geringen Leistungen der Maurer die geplanten Bauleistungen in den Bereichen Bau-Invest und Baureperaturen erfüllt wurden. 16 1
Insgesamt wurden 1988 der Ausbau und Umbau des Gästehauses, der Neubau und Ausbau der Sauna, der Neubau und Ausbau von Lagerräumen für zentral gelagertes Material (Batterien,Reifen) und als BaurepAratur der Aus- und Umbau der Wohnung im Haus Dierberg ausgeführt.

3.4. Bereich Allgemeine Verwaltung

Der Bereich " Allgemeine Verwaltung " wurde ebenfalls 1988 neugebildet. Durch die Aktualisierung aller Pacht- und Mietverträge sowie die Regelung der Flächennutzungsverträge wurde der Gesamtbestand der StJW Lindow an Gebäuden und Flächen weitgehendst aktualisiert. Weitere Aufgaben, wie die Sicherung der Arbeiterversorgung, die Durchführung von Sondertransporten, die Vorbereitung des Ein satzes von Funkanlagen, die durchgehende [illegible] der Objektbeheizung s sowie die Zuarbeitung zur Erstellung des Planes 1989/9o wurden initiativreich gelöst. Es wurde eine Wechselsprechanlage durch Verlegung der Kabel ebenfalls in Eigenleistung vorbereitet. 18

3.5. Bereich Wirtschaftsleitung

Im Bereich Wirtschaftsleitung wurden die speziellen Aufgaben der Gästebetreuung, allgemeinen Versorgung und Objektpflege sehr gut erfüllt. Gleiches gilt für die Durchführung der Verwaltungsarbeiten und die Sicherung der speziellen Material- und Lebensmittelbestände. 19

3.6. Naturschutz und Öffentlichkeitsarbeit sowie GAB

Die Arbeit auf dem Gebiet des Naturschutzes konzentrierte sich auf die Flächennaturdenkmale " Zechower Berge " und " Heinrichsdorfer Kiesgrube " sowie auf die Kontrolle der Horste von See-und Fischadler. 20
Mit den zuständigen Stellen des Rates des Kreises Neuruppin konnte eine sachdienliche Zusammenarbeit entwickelt werden. Hinsichtlich der Öffentlichkeitsarbeit wurden große Anstrengungen durch Veröffentlichung von 6 Artikeln in der Ortspress gemacht.
Probleme traten vor allem beim Entstehen " wilder " Müllablagerungen auf. Hier wurde durch gute Zusammenarbeit mit den örtlichen Organen eine Verbesserung der Situation erreicht.

Gemeinsam mit Genossen des VPKA Neuruppin wurden regelmäßige Kontrollen hinsichtlich Einhaltung der Park-,Befahren-und Betreteverbote bei Warnstufenauslösung und in den Wildeinstandsgebieten durchgeführt.
Durch Schaffung einer Betriebsverkehrsordnung und Durchführung Bereichsgebundener Arbeitsschutzbelehrungen konnten schadverursachende Havarien und Unfälle im Berichtsjahr 1988 verhindert werden.

3.7. Z A G

Die Arbeit der ZAG hat 1988 in Inhalt und Umfang an Niveau gewonnen. Das zeigte sich vor allem in der bedeutend verbesserten und erweiterten Vorbereitung der Planungsarbeiten für 199o (Formulartechnik, Beratung) sowie in der umfassenden Absicherung der für 1988 geplanten materiell-technischen Versorgung. 21
Die Nutzung des Computers ist wegen des fehlenden Druckers nicht möglich. Es wurden alle vorhandenen Möglichkeiten genutzt, die Ausbildung der Mitarbeiter der ZAG und von Kollegen aus anderen Leitungsbereichen als Datenerfasser bzw. Dateneingeber vorzubereiten.

3.8. Bereich Forstwirtschaft

Die Maßnahmen der Rohholzerzeugung wurde planmäßig erfüllt. Schwerpunkt war die Erreichung der Planaufgaben der Jung-bestANDSpflege. Das für den laufenden 5 - Jahrplan geplante Potential der Jungbestandspflege konnte damit zu über 8o% e erfüllt werden.
In der Rohholzbereitstellung wurden ebenfalls die Aufgaben unter Berücksichtigung der Operativen und mit dem StFB Neuruppin aufgrund von Lieferplanänderungen notwendigen Differenzen erfüllt.Der relativ hohe Anteil an arbeits-zeitintensiven Sortimenten aus Jungbestandsu.Bestandspflege bleibt auch für die nächsten 5 Jahre bestehen und weist nachdrücklich auf die Problematik des Bedarfs an Arbeitskräften vor allem für den Holzeinschlag hin. Die für den nächsten 5 - Jahrplan zu erwartende Steigerung des Nutzungssolls löst einen Bedarf von mindestens zusätzlich 3 bis 5 Arbeits-kräften im Holzeinschlag aus. Z.Zt. sind im Bereich der StJW Lindow keine Hinweise auf Massenvermehrung von pflanzlichen oder tierischen Schaderregern feststellbar (Ausnahme: territoriale Vergrößerung des Auftretens des Blauen Kiefern-prachtkäfers).Die notwendigen Forderungen nach Erhöhung dew Anteils der sauberen Waldkomplexe können wegen der z.Zt. ungünstigen Arbeitskräftelage zukünftig nur schwer realisiert werden. Mit Ausnahme im Jahre 1988 in außergewöhnlichem Maße notwendigen personellen und materiellen Aufwendungen z zur Sicherung der Wälder vor Bränden mußten in unserem Territorium keine bermerkenswerten Maßnahmen zum Schutz der Wälder eingeleitet werden.Zum Schutze der Kulturen wurden erstmalig in größerem Maße als bisher Zäune gebaut. 22

Produktionsergebnisse des Jahres 1988

Rohholzbereitstellung

Gesamteinschlag	Soll	14650 m3	Ist	14529 m3	[illegible]
Na. Sägeholz	Soll	5225 m3	Ist	5376 m3	103 %
Na.- Masten	"	40 m3	"	43 m3	[illegible]
Na.- L1	"	2800 m3	"	2790 m3	[illegible]
Na.- L2 System	"	4280 m3	"	4385 m3	[illegible]
Na.- L2 Waldhackung	"	1220 m3	"	1260 m3	[illegible]
Na.- KHS	"				
Lb.- L2	"	---	"	89 m3	[illegible]
…ttenholz	"	460 m3	"	70 m3	[illegible]
…erholz	"	320 m3	"	195 m3	[illegible]
8	"	20 m3	"	21 m3	[illegible]
…ennholz	"	165 m3	"	160 m3	97
Schmuckbäume 6 tsd	"	60 m3	"	80 m3	[illegible]
Schmuckreisig	"	10 m3	"	12 m3	[illegible]
…chinen	"	50 m3	"	48 m3	[illegible]

Anteile bei Na.- Sägeholz Stärkegruppe 1b 730 m3 = 14 %
von der Gesamtmenge von 5376 m3.

(2)

Rohholzerzeugung 1988

	Soll	Ist
Vorräumen v. Unterstand	23 ha	23 ha
Räumen maschinell	37 ha	36 ha
Verbrennen Schlagabraum	35 ha	32 ha
Bodenarbeiten maschinell	32 ha	32 ha
EA Kiefer	2o ha	2o ha
EA Fichte	1 ha	1 ha
EA Unterbau	3 ha	3 ha
Weihnachtsbaumplantage	2 ha	2 ha
Nachbesserungen	2 ha	2 ha
Kulturpflege	1o9 ha	116 ha
Zaunbau	1ooo lfm	848 lfm
Wildverbißschutz	1o4 ha	1o4 ha
Kult.-Pflege Teilarbeiten	18 ha	18 ha
Jungbestandespflege Vorarbeit.	1o3 ha	12o ha
Jungbestandespfl. i. opt. Höhe	25 ha	26 ha
Jungbestandespfl. a.opt. Höhe	11o ha	113 ha
Bestandespflege	32o ha	322 ha

1. Gesamtholzbodenfläche 57oo ha
   davon bearbeitbare Waldfläche 4937 ha = 87 %
2. Pflegeblöcke insges. 27 Stck
   davon sauber 17 Stck = 63 %
3. Bruch- und Dürrholz p. 31. 12. 88 763 ha mit 98o m3
4. Altlagerbestände p. 31. 12. 88 Ki-L2 Waldhackung 45o m3.

4. Zahlenteil

Zum Zahlenteil lt. Anlage:

Anstelle der geplanten 58 VBE standen ganzjährig nur 5o,7 VBE z.V. Der geplante ~~Gehaltsfdn~~Gehaltsfond wurde nicht verbraucht. Gleiches gilt zwangsläufig für den geplanten BGF und weitere geplante betriebliche Umlagen (FZR,SV,unfallumlage usw.). Die Abschreibungen wurden nicht in der vorgesehenen Höhe verbraucht weil die zu erwartenden materiellen Investitionen (Gägegatter) nicht realisierbar waren. Die dadurch freigewordenen Mittel in Höhe von ca. 474 TM wurden in den Kostenarten Material für folgendes eingesetzt:

zusätzlicher Aufbau eines Fernsprechverstärkers	:	73,5 TM
Bedarf ISJ	:	9o,o TM
Übernahme von Kosten für StJG Liebenberg	:	6o,o TM
Übernahme von Beständen der ZAG	:	192,o TM
Übernahme von Baumaterialien aus Beständen	:	19,5 TM
Zusätzlicher Kauf von Arbeitsschutzbekleidung	:	39,o TM
		474,o TM

Die geplanten Erlöse wurden durch Veränderungen im Bauablauf übererfüllt. Dadurch brauchte die geplante Stützung nicht voll in Anspruch genommen zu werden.Eingehendere ökonomische Aussagen über Eigenleistungen sind erst bei intensiverer Planung und Abrechnung nach wirksam werden des Sägegatters und der Schnittholztrocknung möglich. Die verbale Darstellung der einzelnen Leitungsbereiche der StJW Lindow sollte hauptsächlich den Umfang der Aufgabenstellung sichtbar machen.

5. Schwerpunktaufgaben 1989

1. - Absicherung des Jagderfolges und der Betreuung der Gäste

2. - Intensivierung der Bewirtschaftung des Rot- und Schwarzwildes zur Stabilisierung des Medaillenaufkommens

3. - Weiterführung der Erneuerung der jagdlichen Anlagen

4. - Sicherung der Bauleistungen zum Aufbau des Schnittholztrockners und der neuen Sägegatterhalle

5. - Sicherung der Aufgabenerfüllung in allen Leitungsbereichen der Staatlichen Jagdwirtschaft Lindow

6. - Sicherung der forstlichen Produktion

(Herold)
Landforstmeister
Ltr. der StJW Lindow

Fondsträger 2497 **Dienstsache!**

Abrechnung per 31. 12. 1988

stJG/WFG Lindow

Planteil 4a - Kosten, Erlöse, Stützungen aus RELAF

Bezeichnung der Kennziffer	Kostenart	Plan 1988 Wert in TM	Ist 1988	%
- Abschreibungen, Mieten, Pachten Nutzungsentgelte	30	496	315,6	64 %
- Material in-sgesamt	31	797	1.271.o	159 %
- Fremde Reparaturleistungen . Baureparaturen (aus Planteil 5)	321	35	28,5	81 %
. Technik	321			
- Fremde Kooperationsleistungen und sonstiger Verbrauch produktiver Leistungen	320 322-326	9o	86,9	97 %
- Lohnkosten, Zuschläge	34	5oo	5oo.o	1oo %
- Gehälter	341	31o	16o,5	52 %
- Beitrag gesellschaftlicher Fonds (70 % von Lohn- und Gehaltsvolumen)	38	567	463,5	82 %
- BLK (Verrechnungsbasis Grundlohn, Abschreibungen, Mieten, Pachten)	-	-	-	
- Sonstige, nicht genannte Kostenarten (sind nach Hauptpositionen detailliert darzustellen, z. B. zentrales Materiallager)		4o3	399,o	99 %
	Kostenreserve	25o	25o,o	1oo %
FZR, Grundsteuer, SV, Umlage	-	162	121,5	75 %
Kosten insgesamt		3.61o.o	3.596.5	99,

Fondsträger 2497 **Dienstsache!**

Abrechnung per 31. 12. 1988

stJG/MFG Ldf Lindow

Planteil 4b

Bezeichnung der Kennziffer (Wert in TM)	Plan 1988	Ist 1988	%
Erlöse			
- aus Wildbret/Wildware	6o,o	62,7	
- aus industrieller Warenproduktion			
- aus Materialverkauf			
- aus sonstigen Einnahmen (Bau)	6o,o	135,4	
Erlöse insgesamt	12o,o	198,1	165 %
Stützung aus RELAF	3.49o,o	3.393,o	97 %

	Ist 1988 Jagdwirtschaft	Ist 1988 Forstwirtschaft
Arbeitskräfte insges. VbE	5o,7	37,6
davon Produktionsarbeiter VbE	4o,o	31,6
Angestellte VbE	1o,7	6,o
Lohnfonds Arbeiter u. Angestellte TM	66o,5	433.3

		Ist 1988
Investitionen insgesamt (materielles Volumen)	TM	1.478
davon Bau	TM	3oo
Ausrüstungen	TM	1,178
Aufforstung insges.	ha	26,o
Jungbestandspflege (LA 31 500 + 31 000)	ha	139,o

Abkürzungen

BdVP	Bezirksbehörde der Deutschen Volkspolizei
ISJ	Inspektion Staatsjagd der DDR
MfS	Ministerium für Staatssicherheit
MLFN	Ministerium für Land-, Forst- und Nahrungsgüterwirtschaft der DDR
NVA	Nationale Volksarmee
PB	Politbüro der SED
RdB	Rat des Bezirkes
RdK	Rat des Kreises
StFB	Staatlicher Forstwirtschaftsbetrieb
StJG	Staatsjagdgebiet, als Plural auch einschließlich der Staatlichen Jagdwirtschaften
StJW	Staatliche Jagdwirtschaft
VPKA	Volkspolizeikreisamt
VVB	Forstwirtschaft Vereinigung Volkseigener Forstwirtschaftsbetriebe
WfG	Wildforschungsgebiet
WKK	Wehrkreiskommando der Nationalen Volksarmee